国家科学技术学术著作出版基金资助出版

"十三五"国家重点图书出版规划项目·重大出版工程

高超声速出版工程

连续爆轰发动机原理与技术

王健平　姚松柏　著

科学出版社

北京

内 容 简 介

本书主要分为三部分：第1章主要介绍爆轰的基本理论和爆轰发动机的研究背景；第2章与第3章分别介绍连续爆轰发动机的实验研究手段与数值模拟方法；从第4章开始主要以作者近十年来的研究成果为基础，以专题的形式对连续爆轰发动机的研究进行介绍，包含国内外的最新研究进展。

本书可供高超声速推进理论与工程专业的工程技术人员和师生参考。

图书在版编目(CIP)数据

连续爆轰发动机原理与技术　王健平，姚松柏著.
—北京　科学出版社，2018.1
"十三五"国家重点出版物出版规划项目・重大出版工程　高超声速出版工程
ISBN 978-7-03-055444-4

Ⅰ.①连…　Ⅱ.①王…　②姚…　Ⅲ.①航空发动机—研究　Ⅳ.①V23

中国版本图书馆CIP数据核字(2017)第283673号

责任编辑：潘志坚
责任印制：谭宏宇 / 封面设计：殷　靓

科学出版社 出版
北京东黄城根北街16号
邮政编码：100717
http://www.sciencep.com
南京展望文化发展有限公司排版
广东虎彩云印刷有限公司印刷
科学出版社发行　各地新华书店经销

*

2018年1月第　一　版　开本：B5(720×1000)
2024年11月第十一次印刷　印张：16　插页：2
字数：260 000

定价：140.00元

高超声速出版工程

丛书专家委员会

高超声速出版工程

高超声速推进与动力系列

作者简介

王健平，1980年中国科学技术大学近代力学系学习，1982年教育部选派出国，1991年获日本名古屋大学航空航天系博士并留校任助理教授。曾任日本国家航空航天研究所研究员和四日市大学副教授、教授。1996年回国任北京大学力学与工程科学系教授、博士生导师、航空航天研究所副所长、燃烧推进中心主任。现任中国航空学会高级会员、空气动力学会理事、国际爆炸与反应系统学会理事、AIAA增压委员会、国际计算流体力学会议等委员，军委科技委、装发部、陆装部、国家自然科学基金工程三处、两机专项专家组成员。*CFD J*.和气体物理副主编以及10个中英文期刊编委。发表英文中文期刊论文120篇，引用480次。1998年，获组织部、人事部、中国科协中国青年科技奖。1999年，获国家杰出青年基金。

丛 书 序

飞得更快一直是人类飞行发展的主旋律。

1903 年 12 月 17 日，莱特兄弟发明的飞机腾空而起，虽然飞得摇摇晃晃犹如蹒跚学步的婴儿，但拉开了人类翱翔天空的华丽大幕；1949 年 2 月 24 日，Bumper-WAC 从美国新墨西哥州白沙发射场发射升空，上面级飞行速度超越马赫数 5，实现人类历史上第一次高超声速飞行。从学会飞行，到跨入高超声速，人类用了不到五十年，蹒跚学步的婴儿似乎长成了大人，但实际上，迄今人类还没有实现真正意义的商业高超声速飞行，我们还不得不忍受洲际旅行十多小时甚至更长飞行时间的煎熬。试想一下，当我们将来可以在两小时内抵达全球任意城市的时候，这个世界将会变成什么样！这并不是遥不可及的梦！

到今天，人类进入高超声速领域快 70 年了，无数科研人员为之奋斗终身。从空气动力学、控制、材料、防隔热到动力、测控、系统集成等众多与高超声速飞行相关的学术和工程领域内，一代又一代科研和工程技术人员传承创新，为人类的进步努力奋斗，共同致力于推动人类飞得更快这一目标。量变导致质变，仿佛是天亮前的那一瞬，又好像是蝶即将破茧而出，几代人的奋斗把高超声速推到了嬗变前的临界点上，相信高超声速飞行的商业应用已为之不远！

高超声速飞行的应用和普及必将颠覆人类现在的生活方式，极大地拓展了人类文明，并有力地促进人类社会、经济、科技和文化的发展。这一伟大的事业，需要更多的同行者和参与者！

培根说：书是人类进步的阶梯。

实现可靠的长时间高超声速飞行堪称人类在求知探索的路上最为艰苦卓越的一次前行,将披荆斩棘走过的路夯实、巩固成阶梯,以便于后来者跟进、攀登,意义深远。

以一套丛书,将高超声速基础研究和工程技术方面取得阶段性成果和宝贵经验固化下来,建立基础研究与高超声速技术应用的桥梁,为广大研究人员和工程技术人员提供一套科学、系统、全面的高超声速技术参考书,可以起到为人类文明探索、前进构建阶梯的作用。

2016年,科学出版社就精心策划并着手启动了"高超声速出版工程"这一非常符合时宜的事业。我们围绕"高超声速"这一主题,邀请国内优势高校和主要科研院所,组织国内各领域知名专家,结合基础研究的学术成果和工程研究实践,系统梳理和总结,共同编写了"高超声速出版工程"丛书,丛书突出高超声速特色,体现学科交叉融合,确保了丛书的系统性、前瞻性、原创性、专业性、学术性、实用性和创新性。

该套丛书记载和传承了我国半个多世纪尤其是近十几年高超声速技术发展的科技成果,凝结了航天航空领域众多专家学者的智慧,既可为相关专业人员提供学习和参考,又可作为工具指导书。期望本套丛书能够为高超声速领域的人才培养、工程研制和基础研究提供有益的指导和帮助,更期望本套丛书能够吸引更多的新生力量关注高超声速技术的发展,并投身于这一领域,为我国高超声速事业的蓬勃发展做出力所能及的贡献。

是为序!

2017年10月

序　言

爆轰波(或爆震波)是超声速燃烧波,与传统发动机中的缓燃或爆燃不同,是等容燃烧。从热力学循环角度看,采用爆轰燃烧的动力装置,由于其自压缩性质,热效率远高于其他等压燃烧系统。虽然爆轰现象发现已超过130年,爆轰发动机概念的提出也有70年的历史,但迄今没有实际应用。

连续爆轰发动机的爆轰波不驻定、不排出,而是在燃烧室内旋转传播,这就保证了可燃混合物连续充入,燃烧产物连续排出,发动机连续做功,加之燃烧速度快、流量推力可调、可多次熄点火、结构简单紧凑等优点,有望成为新型航空航天动力。

王健平教授从20世纪90年代起,就从事旋转爆轰波的机理研究,在国内最早实现连续旋转爆轰的数值模拟和试验验证。他领导团队开展了系统深入研究,在基础研究方面一直处于领先地位,在国内外相关领域受到广泛关注并产生重要影响。

本书是王健平教授课题组十年来连续爆轰发动机研究的全面总结。书中包含如空心圆筒燃烧室、粒子跟踪热力循环分析法、离散进气方式、阵列式小孔进气方式、激波反射效应、黏性效应、喷管效应、信号震荡机理、点火延迟机理、爆轰波生成湮灭机理和稳定过程等多项原创性成果。本书涵盖了连续爆轰发动机的主要基本问题的理论分析、实验研究和数值模拟结果,包括进气方式、燃料掺混、点火起爆、流场结构、热力学分析、多波面现象、喷管设计等。本书的内容不仅有助于理解连续爆轰发动机的物理化学力学机理,而且为进一步的工程应用提供了重要参考。

随着美国国防部先进研究计划局、空军研究办公室、海军研究办公室、能源部、通用电气，以及日本、法国、俄罗斯等国家相关计划的投入，连续爆轰发动机已成为航空航天新型动力的热点。相信本书的出版将在推动我国连续爆轰发动机的研究及应用上起到重要作用。基于此，我向感兴趣的院所师生、专家学者、工程技术人员推荐本书。

李应红

2017 年 12 月

前　　言

与已有的活塞、涡轮、火箭发动机的爆燃（又译为缓燃，deflagration）不同，爆轰发动机采用的是爆轰（又译为爆震，detonation）燃烧。爆燃近似于等压燃烧，传播速度在米/秒量级。爆轰波近似于等容燃烧，是与激波紧密耦合的超声速燃烧波，传播速度千米/秒量级。

连续爆轰发动机（continuous detonation engine，CDE），又称旋转爆轰发动机（rotating detonation engine，RDE），其工作原理为：在同轴圆环形或圆筒形燃烧室的头部，持续不断地充入燃料和氧化剂，并使两者掺混；爆轰波沿着圆周方向旋转传播，波后产生的高温高压工质沿着圆轴方向膨胀排出；工质通过喷管加速产生反作用力，或者推动涡轮带动压气机、风扇做功，从而产生推力。

连续爆轰发动机具有燃烧速度快、熵增小、热效率高、比冲大、燃料流量大幅可调、结构紧凑、推力稳定、容易控制等优点，是最具潜力的新型航空航天动力装置之一。关于连续爆轰发动机的研究逐年增多，在国内外都成为了热点问题。美国、俄罗斯、日本、波兰、法国等国家都高度重视，正投入大量人力、物力、财力开展研究。

连续爆轰发动机可能的应用方向为火箭式、涡喷式和冲压式发动机。三种发动机主体结构（特别是燃烧室结构）仍未确定。对应的燃料、喷注、雾化、蒸发、掺混、起爆、波的传播、稳定工作、模态转变、热传导和冷却、排气与做功都蕴含着以往未见的特点和难点。由于连续旋转爆轰波（continuously-rotating detonation waves）是一种新的燃烧过程和方式，对许多重要机理还没有研究清楚，对许多设计方法还没有大胆尝试，对许多潜在规律还没有归纳总结，对许多关键技术还没有攻关突破。

本书第一作者从 20 世纪 90 年代初在名古屋大学任助理教授时，就在实验室主任、国际爆轰领域权威、Oppenheim 奖得主 Toshi Fujiwara 教授指导下，开展了旋转爆轰波的三维流场结构及胞格结构的数值模拟研究。20世纪末21世纪初，在国家自然科学基金“空天飞行器”重大计划的支持下，王健平带领学生开展了脉冲爆轰发动机（pulse detonation engine，PDE）的数值模拟研究。2007年，在张涵信院士的启发下，我提出用垂直于进气方向的连续旋转爆轰波产生工质的方案，并通过数值模拟验证了可行性。在北京大学培育计划、航空基金、航天创新基金、国家自然科学基金重大计划“面向发动机的湍流燃烧”等项目的资助下，从实验、数值模拟和理论分析三个方面开展了系统性研究。研究内容几乎涵盖了上述连续爆轰发动机的基本问题。部分研究成果发表在国内外相关期刊和学术会议上，目前被引用数超过480次。2015年美国航空航天学会全年综述中，用1/4的篇幅对北京大学研究成果给予了评价，认为取得了重大进展，具有重要意义。

本书由王健平、姚松柏分工撰著，最后由王健平统编定稿。本书内容包含课题组研究生们的科研成果，如邵业涛博士、刘勐博士、李韶武博士、石天一博士、张佩光博士、唐新猛博士、王宇辉博士、周蕊博士、武丹博士、刘宇思博士、刘岩博士、李永生硕士、李洋硕士、韩旭东硕士。李韶武博士、张佩光博士、刘岩博士、博士生张树杰、张立锋、栾溟弋、夏之杰、陈岩亮及硕士生马壮参与了本书撰写过程中的讨论，并提出了许多修改意见和补充，博士生栾溟弋为本书的校对和修改做了大量工作。没有他们就没有本书付梓，可惜不能将所有学生列为共同作者。

衷心感谢国防科技大学王振国院士和孙明波教授、中国运载火箭技术研究院王珏总师、北京航空航天大学蔡国飙教授百忙之中审读本书，并提出宝贵修改意见。感谢清华大学姚强教授、西北工业大学范玮教授、中国航天空气动力技术研究院沈清总师的推荐。感谢中国空气动力研究与发展中心乐嘉陵院士、航天工程大学庄逢辰院士、中国航空发动机集团尹泽勇院士对本书撰写的指导。感谢中国航天科技集团包为民院士为首的丛书专家委员会对本书的支持。特别感谢空军工程大学李应红院士为本书作序。感谢科学出版社的大力支持和帮助。感谢国家科学技术学术著作出版基金的资助。

本书内容是课题组研究工作的阶段性总结，书中有错误或不当之处在所难免，恳请读者批评和指正。

王健平

2017年10月17日

高超声速出版工程

目　　录

第1章　概　　述

1

第2章　实验技术

23

第3章 数值模拟方法

第4章 进气与点火起爆

第5章 流场结构

第6章 粒子跟踪法与热力学分析

第9章 喷管与尾流

第 1 章 概 述

20 世纪 40 年代，我国著名科学家钱学森先生就提出了高超声速（马赫数大于 5）的概念。随着空天探索范围的不断拓展、空间安全认识的逐步加深以及空间攻防竞争的日益激烈，高超声速飞行器因其速度快、突防能力强等特点，已成为当今国际上航空航天强国竞相关注的发展方向，有着巨大的军事价值和潜在的经济价值。发动机是飞行器的“心脏”，因此高超声速推进技术是高超声速飞行器发展的核心。

1.1 爆轰发动机

基于传统化石燃料的推进系统中，燃烧是十分重要的过程。它通过化学反应将燃料的化学能转变为工质的热能，再通过膨胀转变为工质的动能，进而产生推力。燃烧有两种形式：爆燃（deflagration）和爆轰（detonation）。已有的航空航天动力推进装置几乎均基于爆燃燃烧模式，如活塞、涡喷/涡扇和火箭发动机。经过百年的发展，这些发动机已发展到一个相当成熟的阶段，要大幅地提高其推进效率和性能已经变得十分困难。若要实现航空航天推进技术的突破，需要寻求新的燃烧和热力循环模式，探索具有更高性能的新型推进技术，以满足高超声速飞行器对推进系统的要求。

1.1.1 驻定爆轰发动机

驻定爆轰发动机（standing detonation engine, SDE）中，爆轰波被正驻定或斜驻定在燃烧室壁面上。燃料在进气道前部喷注并与超声速气流掺混，通过激波进行预压缩和加热，随后可燃气在燃烧室内以爆轰的方式充分燃烧后膨胀排出。1946年，Roy[1]最早提出了利用驻定正爆轰波实现超声速燃烧推进的概念，通过热力学循环分析证实了驻定正爆轰波的可行性。但它对来流条件的限制非常高，入流需要达到接近马赫数5的爆轰C－J(Chapman-Jouguet)速度，而爆轰波后的燃烧产物却为亚声速。然而，亚声速的波后产物由于温度极高而组分开始解离，带来巨大的能量损失。这使得驻定正爆轰发动机在性能方面没有明显优势，相关研究并不多见。

Dunlap等[2]于1958年提出利用驻定斜爆轰波实现超声速燃烧推进的概念。斜爆轰波后虽然沿爆轰波面法线方向爆轰产物速度为声速或亚声速，但整体上爆轰产物为超声速，这样既避免了产物解离带来的巨大能量损失，又可发挥爆轰热效率高的优势。随后关于斜爆轰发动机的相关研究被广泛开展，Nicholls等[3]对超声速射流诱导驻定激波起爆来流的现象进行了实验研究。实验中为防止燃料提前燃烧，采用了将燃料直接喷入超声速氧化剂来流内部的方法。Pratt等[4]应用简化数学模型对驻定斜爆轰特性进行了理论分析，得到了斜爆轰波的稳定条件，以及入流马赫数变化和楔形体尖角变化对驻定斜爆轰波转角和火焰稳定性的影响。Lehr[5]对氢气/空气混合气中高速飞行弹丸诱导斜激波点燃气体现象进行了分析。实验中观测到了低频、高频不稳定现象及爆轰波的过驱和欠驱现象。Shepherd[6]于1994年综述了驻定斜爆轰推进技术的研究进展，分析了当时研究的成果与遇到的主要问题。Choi等[7]通过数值模拟分析了超声速入流时爆轰胞格与静止气体中爆轰胞格的差异。董刚等[8]对圆锥体诱导的氢气/空气预混气燃烧和爆轰的不稳定性进行了分析。Trotsyuk等[9]对不同入流马赫数下超声速流中双楔面反射的流场结构进行了分析。Starik等[10]通过等离子点火器对超声速入流中驻定斜爆轰起爆过程进行了实验研究。

虽然驻定斜爆轰发动机在原理上可以实现，并且可以避免超燃冲压发动机中的一些困难，但它在现实应用中遇到许多技术难题，例如，斜爆轰发动机对来流条件的限制非常苛刻，只能在一定的飞行马赫数(5～7)下运行；爆轰波难以长时间稳定在燃烧室内，容易造成发动机熄火。因此虽然国际上曾兴起过驻定爆轰发动机的研究热潮，但迄今还没有能长时间稳定运行的实验案例，更没有可靠性高的发动机样机，其研究大多局限在机理方面。

1.1.2 脉冲爆轰发动机

脉冲爆轰发动机(pulse detonation engine, PDE)是过去30年来爆轰推进研究的热点之一。脉冲爆轰发动机的工作过程分为可燃物填充、爆轰波起爆和传播、膨胀排气与扫气四个阶段,如图1.1所示。可燃物填充过程中,进气阀开启,燃料与氧化剂充入并混合,同时将燃烧室内原有的产物向尾喷口排出。当可燃物填充完毕时,关闭进气阀门,并在燃烧室前端固壁面附近用火花塞高能点火从而形成爆轰波。爆轰波在进气壁端起爆并向尾部高速传播燃烧可燃气。随后高温高压爆轰产物喷出燃烧室,外界稀疏波进入燃烧室使压强下降。当推力墙端压强降到接近外界环境压强时,进气阀开启,喷入隋性气体用于扫气,之后开始下一循环的充气过程。脉冲爆轰发动机主要通过爆轰波燃烧后的高压产物与环境气压的压差在推力墙端作用产生推力,此外,超声速排出的工质对发动机的反作用力也产生推力。

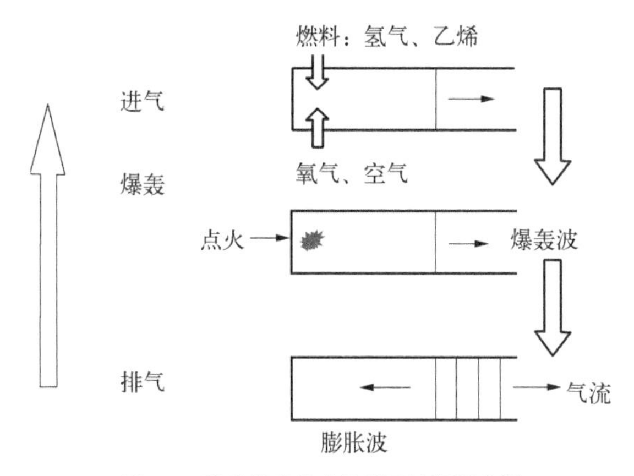

图1.1 脉冲爆轰发动机循环过程示意图

1940年,Hoffman[11]最早提出利用间歇式爆轰实现推力的概念。随后,Helman等[12]在美国海军的支持下,开展了广泛的吸气式脉冲爆轰实验。实验成功实现了多次脉冲爆轰循环,并首次使用预爆轰管点火实现了乙烯/空气的爆轰起爆实验。他们获得的最大循环频率为25 Hz。此后,脉冲爆轰发动机得到各国研究机构的广泛关注。相关研究从对脉冲爆轰发动机原理研究和实验尝试阶段过渡到研制具有实际推进能力的原理样机阶段。1996年,Bussing等[13]对脉冲爆轰发动机的基本理论、设计模型和当时的研究现状做了全面综述。美国国家航空航天局(National Aeronautics and Space Administration, NASA)的LEAP(low emission alternative power)计划、美国海军研究总署(Office of Naval Research, ONR)、通用电气(General Electric, GE)公司、美国普惠(Pratt & Whitney)公司、英国的Rolls & Royce公司、俄罗斯中央航空发动机研究院(Center Institute of Aviation Motors, CIAM)、“土星”科研生产联合体等机构和企业都不同程度地进行了脉冲爆轰发动机的研制工作。2004年,Roy等[14]详细综述了爆轰的基础研究及脉冲爆轰发动机的研究进展和发展前景。综合当时的研究成果,他们认为利用爆轰波脉冲式循环产生推力的方法在理论上是不存在基础性障碍的,脉冲爆轰发动机在低纬度亚声速飞行条件下较传统爆燃燃烧方式的发动机具有更高的热效率。2009年,Kailasanath[15]进一步综述了五年来脉冲爆轰发动机在爆轰起爆、喷管设计及基于整个系统层级上推进性能分析的最新研究,介绍了基于常用航空燃料的脉冲爆轰发动机研究,着重强调了中国、日本、法国等在爆轰发动机研究中的快速发展。

我国包括西北工业大学、南京航空航天大学、中国科学院力学研究所、中国科学技术大学、南京理工大学、北京大学等多家科研单位开展了如爆轰机理、数值模拟、实验设计等多个方向的研究课题,对脉冲爆轰发动机进行了深入的探讨,取得了可观成果。以严传俊、范玮、郑龙席等为代表的西北工业大学是我国最早进行脉冲爆轰发动机研究的单位之一,其进行了长期的理论、实验和数值研究[16-19],研究内容几乎涵盖脉冲爆轰发动机机理、结构、设计、性能等各个方面,掌握了脉冲爆轰发动机的关键技术。南京航空航天大学的王家骅、韩启祥、范育新课题组对气动阀的性能、两相流的脉冲爆轰发动机的激波反射起爆等进行了实验和数值研究,其结果可优化设计煤油/空气脉冲爆轰发动机样机[20, 21]。中国科学院力学研究所对脉冲爆轰发动机热射流起爆机理、爆轰基础物理机理和脉冲爆轰发动机性能等问题进行了数值模拟研究[22, 23]。中国科学技术大学数值模拟了脉冲爆轰发动机的喷管流动,研究了喷管形状及充气状况对脉冲爆轰发动机推进性能的影响,并对爆轰与激波的关系进行了实验研究[24, 25]。徐胜利等对爆轰在复杂管道中的传播情况进行了实验与数值研究[26, 27]。北京大学的王健平等对火花塞点火的激波转爆轰快速起爆过程和喷管对脉冲爆轰发动机推进性能影响等方面开展了数值模拟研究[28, 29]。2009年和2011年于北京大学分别召开的第一届和第二届爆轰与爆震发动机研讨会上，各单位对近年来在脉冲爆轰发动机研究中取得的进展和遇到的问题进行了深入研讨。

目前脉冲爆轰发动机的基本原理已经得到充分研究，实验技术也很成熟，实现了几十甚至上百赫兹的高频率工作，研究向进一步提升有效推力的方向开展。脉冲爆轰发动机可以在一个很宽的马赫数范围内工作，非常适合飞行器的需求。我国西北工业大学成功研制了6管组合的脉冲爆轰发动机，单管测得的最高比冲可达到160 s[30]。2008年1月，美国空军研究实验室(Air Force Research Laboratories, AFRL)对脉冲爆轰发动机做了第一次飞行测试，飞行的起飞和降落使用的是传统的涡轮喷气发动机，飞行过程中有10 s时间使用了脉冲爆轰发动机[31]。

虽然现在实验上可实现脉冲爆轰发动机的高频率工作，但由于脉冲爆轰发动机的整个运行过程是间歇性、周期性的多次起爆循环，每次起爆需要消耗较高的能量，现有技术很难实现这种高能量、高频率的起爆。另外，脉冲爆轰发动机目前的研究遭遇推力不足的难题。其问题根源在于发动机工作过程本身，即做功时间占整个循环过程的时间的比例太低，加之高速喷出的爆轰产物难以通过喷管膨胀做功。Kawai等[32]通过计算分析得出扫气与充气的时间约占爆轰循环时间的41.3%。虽然Brophy等[33]提到实验中可实现近百赫兹的爆轰循环，但若要求提供有效推力，这样的循环频率仍难以满足实际飞行的需要。

1.1.3 连续爆轰发动机

最近几年，关注度最高的爆轰发动机为连续爆轰发动机(continuous detonation engine, CDE)，又称旋转爆轰发动机(rotating detonation engine, RDE)，或连续爆轰波发动机(continuous detonation wave engine, CDWE)。与现有的航空航天动力装置及其他爆轰发动机相比，连续爆轰发动机其有明显的优势，有望带来航空航天推进技术的跨越式发展。

目前常见的连续爆轰发动机的燃烧室设计为同轴圆环腔结构，如图1.2所示。在进气壁，燃料和氧化剂通过细缝或圆孔喷入。实验中，多采用预爆轰管起爆爆轰波，一个或多个爆轰波在燃烧室头部沿圆周方向旋转传播，燃烧后的高温、高压产物经膨胀几乎沿圆轴方向迅速喷出，产生推力。在爆轰波斜后方伴随有斜激波和接触间断。在爆轰波传播过程中，可燃混合物从头部连续不断地充入燃烧室。未燃推进剂在爆轰波面前形成动态三角形区域，供爆轰波旋转燃烧。

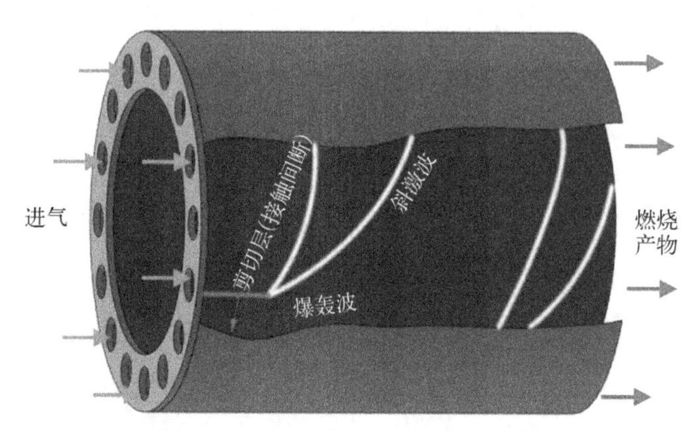

图 1.2 连续爆轰燃烧室结构及流场分布

相比于之前的爆轰发动机，连续爆轰发动机的优势主要体现在以下几个方面。首先，它只需要初始起爆一次，爆轰波便可持续地旋转传播下去。其次，由于爆轰波的自维持和自压缩性，可燃物可由爆轰波增压到一定压强，可以在较低的增压比下产生更大的有效功。另外，爆轰波传播方向与进气、排气方向独立，爆轰波被封闭在燃烧室内不喷出，主要用来燃烧产生高效工质，避免了爆轰波喷出管外而造成的巨大能量损失。连续爆轰发动机在宽范围入流速度(100～2 000 m/s)下均可以实现稳定工作，入射混合物的平均流量大幅可调。

1960 年，Voitsekhovskii 等最早提出驻定旋转爆轰的概念[34, 35]，实验中成功获得了圆盘形燃烧室内乙炔/氧气的短暂的连续旋转传播，其实验装置如图 1.3(a)所示。预混气沿圆盘内半径喷入，燃烧产物从圆盘外径排出，爆轰波在燃烧室内旋转传播。采用速度补偿技术观测到燃烧室内有 6 个波面的流场结构，

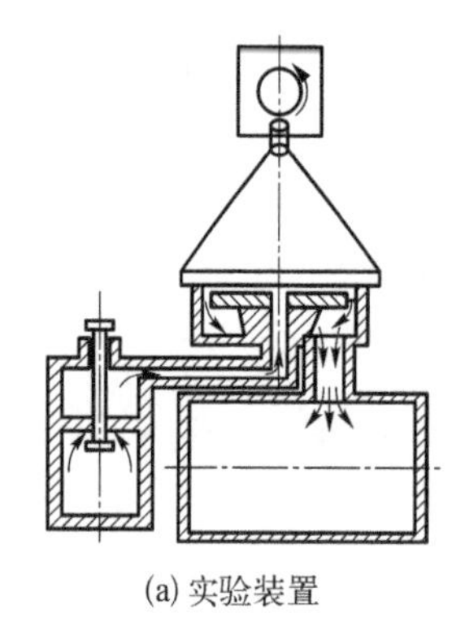

(a) 实验装置

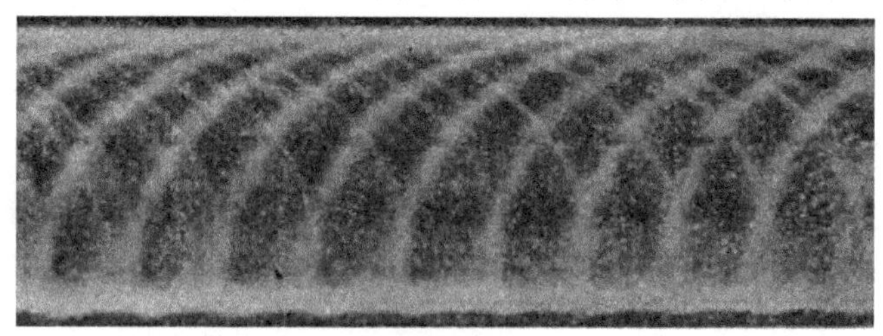

(b) 观测结果

图 1.3 Voitsekhovskii 等的实验装置[34, 35]

如图 1.3(b)所示。他们的实验是连续爆轰发动机研究的开端，为连续爆轰发动机日后的发展奠定了基础。

此后，美国密歇根大学的 Adamson 等[36]和 Nicholls 等[37]首次从理论和实验的角度分析将旋转爆轰波应用于火箭推进系统的可行性，指出虽然旋转爆轰还有许多技术难题需要攻克，但这种新概念发动机是有望应用于火箭推进的。Nicholls 等[37]采用的喷注方式与液体火箭发动机类似，采用氢气、甲烷、乙炔等多种燃料，氧气作为氧化剂，实验成功起爆，但爆轰波旋转一周后熄灭，不能实现长时间稳定传播。他们指出实验中喷注方式、提前燃烧、流量控制等因素对连续爆轰能否形成起到决定性作用。

连续爆轰发动机的早期实验研究主要针对其可行性以及爆轰波起爆等基本问题开展，多采用速度补偿技术粗略地捕捉连续爆轰流场的波结构。由于当时未能实现长时间稳定传播的连续爆轰，加上测量手段和数值计算能力的局限性，对连续爆轰的稳定性机理并没有深入了解，此后 20 多年的时间里连续爆轰发动机的研究未得到充分关注，未见更多的研究工作。

直到近些年，俄罗斯科学研究院西伯利亚分院的流体力学研究所的 Bykovskii 等[38,39]对连续爆轰开展了大量的实验研究。他们先后对多种气体、液体燃料在多种燃烧室结构内、不同喷注方式下实现了旋转爆轰波的连续多圈传播。不同燃烧室结构及喷注方式如图 1.4 所示。他们所用的燃料包括乙炔、氢气、丙烷、甲烷、煤油、汽油、苯、酒精、丙酮和柴油等。氧化剂有气态氧和液态氧以及氧气和空气混合物。他们实验获得煤油-氧气推进剂组合的连续爆轰发动机，在没有安装尾喷

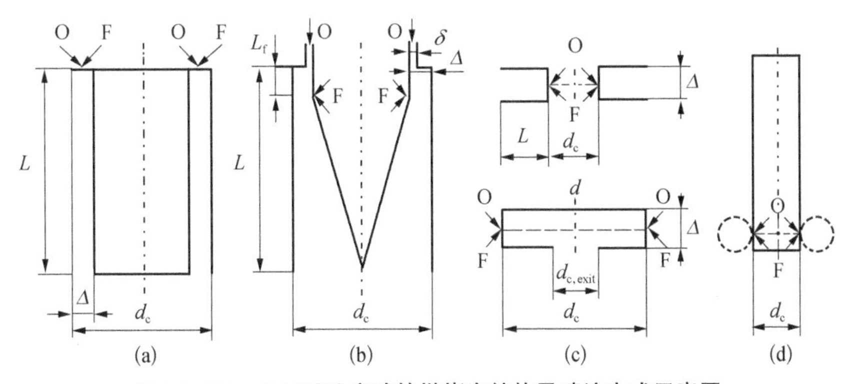

图 1.4 Bykovskii 等[38]实验的燃烧室结构及喷注方式示意图

O：氧化剂；F：燃料

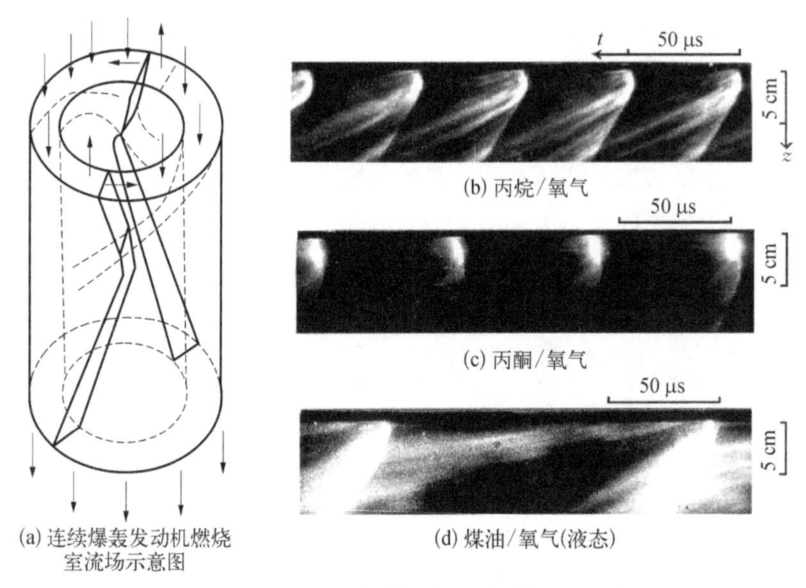

图 1.5　Bykovskii 等[38]实验得到不同燃料下流场波结构

管的情况下，发动机比冲可达到近 200 s。此外，他们基于速度补偿技术观测到不同燃料的流场波结构，如图 1.5 所示，得到了比较规则和稳定的连续爆轰流场。

在之后的研究中，他们还提出了燃烧室关键参数的设计准则，这些参数对能否形成长时间稳定传播的旋转爆轰起到决定性作用。例如，爆轰波前预混气要达到一定的临界高度 $h^*=(12\pm5)a$，其中 a 是当前工况下的爆轰波胞格尺寸。燃烧室最小长度为 $L_{\min}=2h^*$，若长度过短，则旋转爆轰波的稳定性下降。燃烧室厚度不能小于一个胞格尺寸，当使用液态燃料时，燃烧室厚度不能低于最小液滴直径。

波兰华沙工业大学的Wolański教授带领的课题组对连续爆轰发动机开展了广泛的实验研究[40,41]。他们在不同燃烧室尺寸(直径为 50～200 mm)、不同燃料(乙炔、氢气、甲烷、乙烷、丙烷、煤油)、不同氧化剂(空气、富氧空气、氧气)、不同入流总压和不同背压条件下开展实验研究，得到了长时间稳定传播的连续爆轰，实验装置如图 1.6 所示。

通过对实验结果的总结，结合理论分析，他们给出燃烧室内爆轰波波面数目的计算公式。随后，他们对火箭式连续爆轰发动机模型进行实验，并逐步对燃烧室进行优化设计，成功实现长时间稳定传播的连续爆轰，并测得了推力、比冲等性

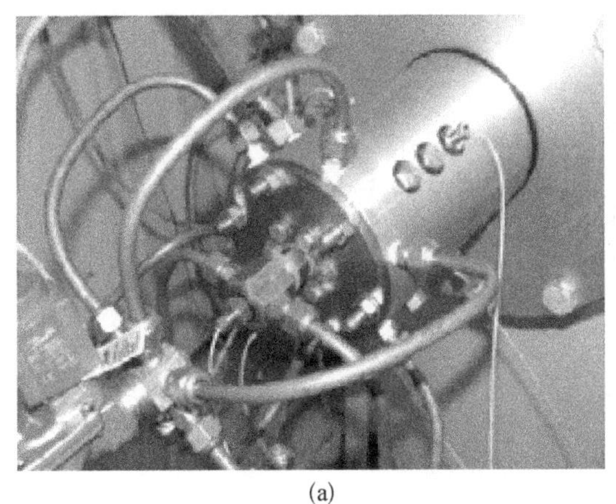

(a)

(b)

图 1.6 Wolański 教授课题组连续爆轰发动机实验装置图[41]

能参数。此外，Wolański 教授与日本的研究者合作，计划把旋转爆轰与涡轮发动机相结合，提出了“涡轮增强旋转爆轰发动机”(turbocharged RDE)的概念，已申请国际专利。他们认为该发动机具有效率高、结构简单、成本低等优点，有很好的发展前景。Wolański 教授带领的课题组正在开展连续爆轰应用于气体涡轮发动机的研究工作[42]。他们将传统的 GTD－350 气体涡轮发动机的燃烧室替换为连续爆轰燃烧室进行实验。在这个构型下，他们已初步测得稳定的压强信号。连续爆轰应用于涡轮喷气发动机中的可行性已初步得到验证。目前，他们正在开展不同工况、不同燃料下的实验研究。

2007 年 1 月 9 日，在国家自然科学基金重大计划“空天飞行器”项目汇报会上，在张涵信院士的启发下，王健平提出利用圆周方向爆轰实现连续爆轰发动机设想(图 1.7)。同年，在北京大学和“航空基金”的资助下，王健平带领学生开展连续爆轰的数值模拟研究[43]和实验研究[44]。他们自行设计了两代完整的连续爆轰发动机实验台与多代燃烧室，并进行了测试。他们自行研制了多代单片机控制系统，可以通过编程实现进气、点火和数据采集的控制，并加装了单向阀和手动气阀，自行设计了预爆轰管起爆装置，实验装置系统如图 1.8 所示。

王健平课题组在国内首次成功实现了氢/氧连续爆轰(图 1.9)，测得爆轰波传播速度为 2 041 m/s[44]。通过高速摄影拍摄到连续爆轰多圈旋转传播的过程，捕捉到连续爆轰流场中一个及多个爆轰波传播的现象，如图 1.10 所示。他们随后对连续爆轰发动机开展广泛的基础研究，进展迅速，取得了丰富的成果[45-48]。王健

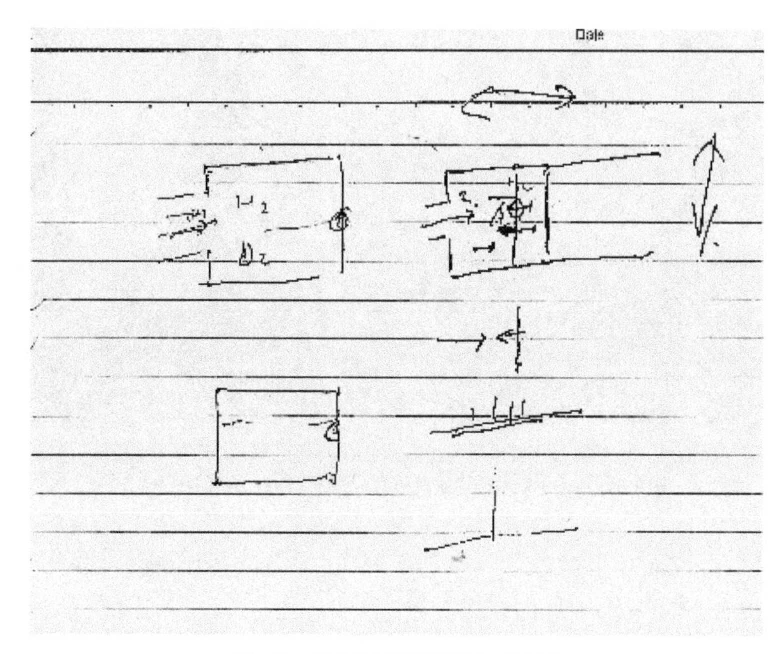

图 1.7 王健平与张涵信院士手绘图

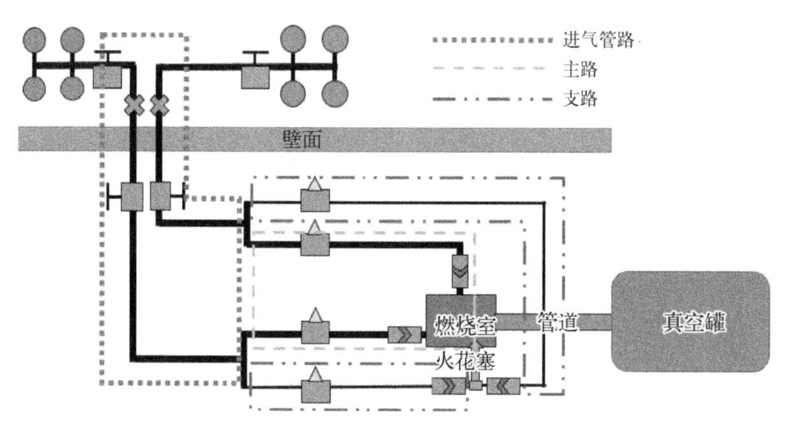

图 1.8 北京大学的王健平课题组连续爆轰实验系统示意图

平首次在国际上提出采用粒子跟踪法进行热力学循环分析，并提出全新的空心圆筒（无内柱）燃烧室模型[49]和阵列式小孔进气方式[50]。课题组已成功地在短内柱和空心圆筒燃烧室中实现了稳定的连续爆轰[51]，并在实验中验证了阵列式小孔进气方式的可行性[52]。他们发现了连续爆轰实验中的延迟起爆现象，开展了连续爆轰发动机的可视化研究、推力测量、不同燃料和喷管构型的连续爆轰

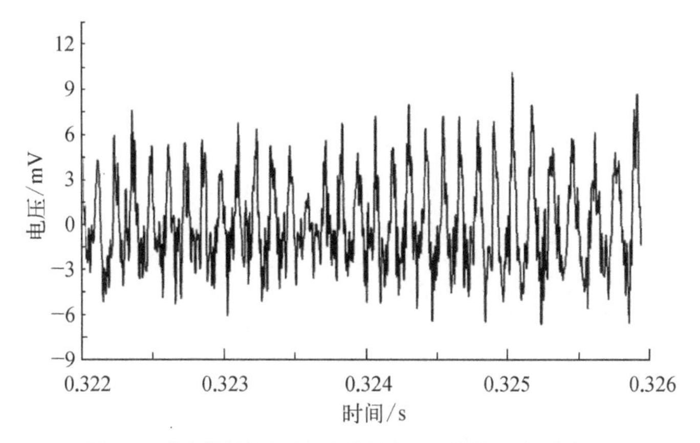

图 1.9 稳定传播的氢/氧连续爆轰压强信号(局部放大图)

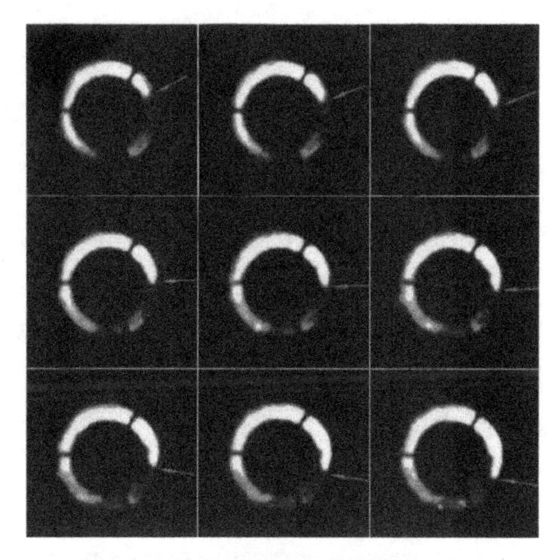

图 1.10 高速摄影拍摄到的旋转爆轰波

实验等。

近些年,各国军方关注连续爆轰发动机的前景,并相继资助这方面的研究工作,使连续爆轰发动机从概念研究阶段过渡到应用研究阶段。欧洲导弹集团(MBDA)法国公司与俄罗斯拉夫连季耶夫流体力学研究所(Lavrentiev Institute of Hydrodynamics)合作开展连续爆轰发动机的实验研究[53],它们设计了全尺寸的模型发动机,进行地面实验验证[54]。MBDA 法国公司在 2011 年公布了英仙座超声速导弹系统概念。它们指出"新型的冲压连续爆轰发动机大大提升了超声速导弹的性能"[53],并将这种新型号与原有布拉莫斯导弹进行对比。在有效载荷 200 kg,巡航速度 3 马赫数相同的情况下,新型号可将发射质量由 3 000 kg 降为

800 kg，弹长由 8.4 m 降为 5 m。它们还公布："基于冲压连续爆轰发动机的英仙座超声速导弹预计于 2030 年列装。"

法国国家科学研究中心（Centre National de la Recherche Scientifique, CNRS）燃烧和爆轰实验室（Laboratory of Combustion and Detonation, LCD）开展连续爆轰发动机的实验研究[54-56]。图 1.11 为燃烧室示意图及实验装置图。他们通过压力传感器测得稳定的周期性压强信号，并通过高速摄影捕捉到燃烧室内同时有多个爆轰波旋转传播，如图 1.12 所示。他们指出旋转爆轰波对推进剂流量具有一定的自适应性，随着推进剂喷注流量的增大，燃烧室内稳定的爆轰波波面数目会增加。

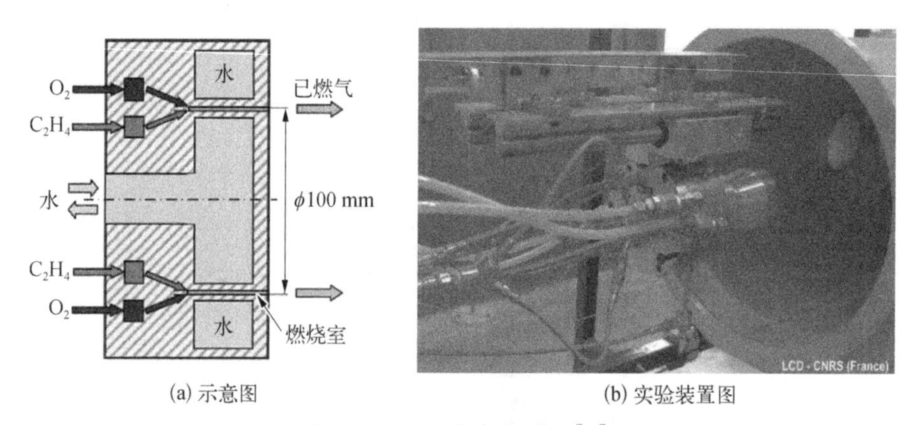

(a) 示意图　　(b) 实验装置图

图 1.11　CNRS 实验室燃烧室[54]

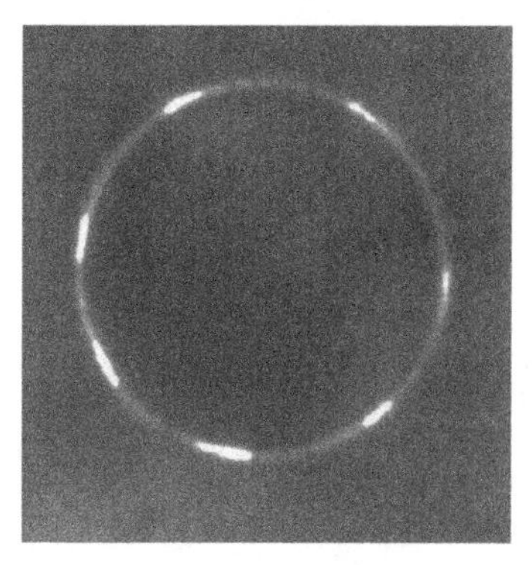

图 1.12　CNRS 实验室高速摄影拍摄到的燃烧室内 7 个爆轰波面[54]

图 1.13　美国空军研究实验室的燃烧室结构图[60]

美国的几家机构也陆续开展连续爆轰发动机的实验研究。美国空军实验室不仅与多所大学合作开展连续爆轰发动机的实验研究[57-60]，而且和美国创新科学方案公司(Innovative Scientific Solutions Incorporated, ISSI)合作开展的实验研究也取得了重要进展[61]。图 1.13 是它们使用的一种燃烧室结构。它们针对多种尺寸的燃烧室进行实验，采用氢气/空气、乙烯/空气推进剂，研究不同当量比、不同入流速率对燃烧室内波面数的影响。通过高速摄影拍摄到燃烧室内多波面现象，追踪压强信号，计算爆轰波的传播速度。此外，它们采用透明材料制作的燃烧室(图 1.14(a))进行实验，通过高速摄影追踪到不同燃烧室内爆轰波旋转传播的全过程，如图 1.14(b)所示。它们开展了安装不同类型尾喷管的连续爆轰发动机实验[61]，实验结果表明总压可以增加 7%，氢气/空气连续爆轰发动机的燃料比冲可以达到 5 000 s 以上。

(a) 使用透明材料的连续爆轰燃烧室

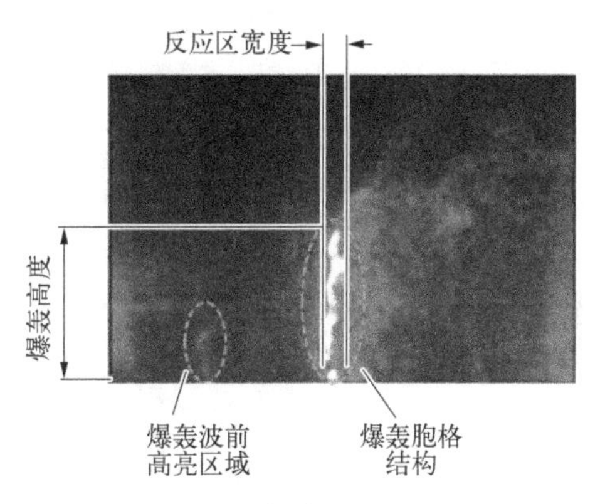

(b) OH^*化学发光成像

图 1.14 使用透明材料的连续爆轰燃烧室和 OH^* 化学发光成像[62]

美国普惠公司验证了连续爆轰发动机的可行性之后，针对多种燃料、多种喷注模型、多种喷管结构进行实验，均成功实现了长时间稳定传播的连续爆轰，并不断优化燃烧室结构[63]。实验过程中采用压力传感器和高速摄影两种测试手段，实验装置如图 1.15 所示，并指出连续爆轰发动机研究中的挑战是如何有效提高爆轰波释放的能量转化为推进功的效率。此外，美国 GHKN 公司与 Aerojet 公司分别开展了连续爆轰发动机的实验研究[64]。图 1.16 为 GHKN 公司装载在推力架上的连续爆轰发动机实验装置。美国得克萨斯州立大学也对连续爆轰发动机中的推进剂喷注和起爆过程开展了实验研究，其在实验中有效控制了起爆时的爆轰波传播方向[65]。

图 1.15　美国普惠公司连续爆轰发动机燃烧室结构[63]

图 1.16　GHKN 公司实验装置图[64]

俄罗斯科学院谢苗诺夫化学物理研究所的 Frolov 课题组[66]建造了四种小尺寸火箭发动机原理样机(图 1.17)。采用氢气/氧气非预混对冲掺混方式,流量小于100 g/s,同轴圆环腔内外半径分别为 45～50 mm,最高获得 110 N 的推力,比冲提高 6%～7%。图 1.18 是他们建造的大尺寸连续爆轰火箭发动机原理样机。采用氢气/空气非预混对冲掺混方式,同轴圆环腔内外直径分别为 356～406 mm,高 310 mm。流量为 5.4～7.5 kg/s,推力为 3 500～6 000 N,比冲达 3 200 s。数值模拟与实验定性符合(图 1.19),并预测最佳设计比冲可达 4 200 s。

图 1.17 四种小尺寸连续爆轰火箭发动机原理样机[66]

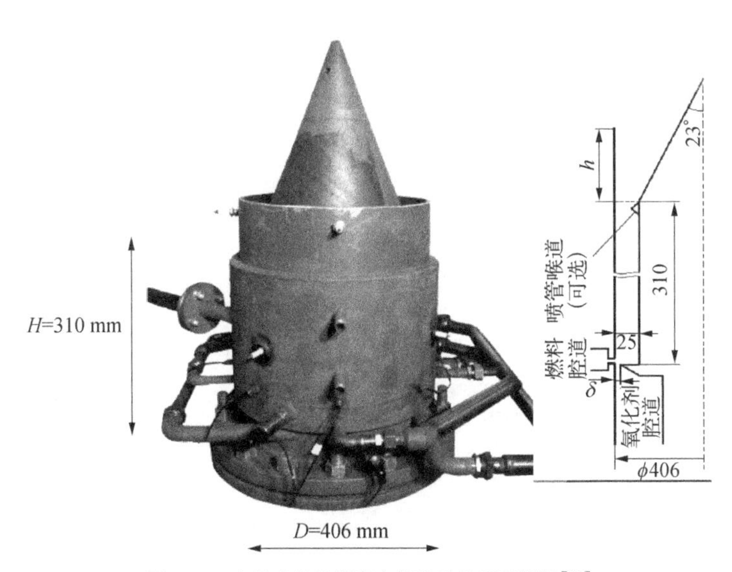

图 1.18 大尺寸连续爆轰火箭发动机原理样机[66]

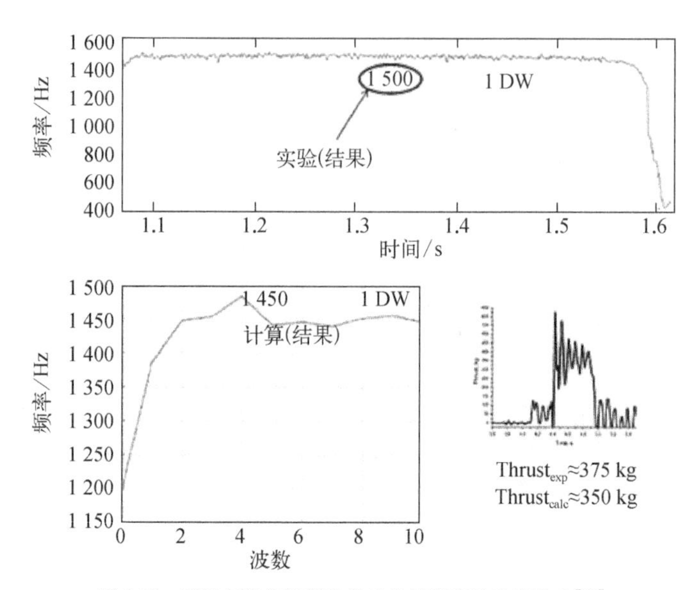

图 1.19 实验与数值计算获得的连续爆轰发动机推力[66]

日本名古屋大学的 Kasahara 课题组也开展了连续爆轰发动机的实验研究。他们开展了连续爆轰发动机的火箭橇实验[67](图 1.20),滑轨总长 100 m。火箭橇长 1 m,宽 0.3 m,重 68 kg,在实验中滑行距离为 70 m。在 2 s 的实验时间里获得的连续爆轰发动机的平均推力为 201 N。他们预计在 2018 年发射以连续爆轰发动机为动力的探空火箭[68](图 1.21)。

图 1.20 连续爆轰发动机火箭橇实验台[67]

国防科技大学的 Liu 等[69-71]广泛开展连续爆轰发动机的实验研究。他们采用预爆轰管起爆旋转爆轰波，论证了连续爆轰发动机的可行性。研究表明，由于预爆轰管的排气过程，从点火到形成稳定传播的旋转爆轰之间存在时间间隔。为提高旋转爆轰波的稳定性，需要对预爆轰管的起爆方式开展深入研究。图 1.22 为他们在实验中采集到的压强信号，实验成功起爆并实现了长时间稳定传播的连续爆轰波。南京理工大学的翁春生课题组[72, 73]也实现了稳定的连续爆轰。他们开展了连续爆轰波波面对撞模态研究，实现了煤油的连续爆轰，他们的实验装置如图 1.23 所示。此外，南京理工大学武晓松、马虎课题组[74-77]和 Pan 等[78]也开展了连续爆轰发动机的实验研究。

图 1.21 以连续爆轰发动机为动力的探空火箭(概念图)[68]

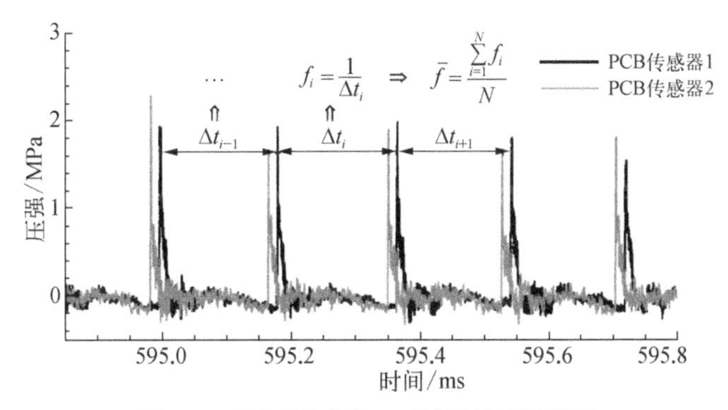

图 1.22 国防科技大学 Liu 等[70]的实验结果

图 1.23 连续爆轰发动机实验台[72]

1.2 爆轰理论

燃烧一般定义为：产生热或同时产生光和热的快速氧化反应；也包括只伴随少量热没有光的慢速氧化反应。燃烧在推进系统中起着重要作用，它通过化学反应将燃料的化学能转变为工质的热能，再转变为动能，进而产生推力。爆燃与爆轰的主要区别在于火焰传播的机理不同。爆燃时，热量是由反应区传递给其他混合物；而爆轰是由激波诱发火焰，是燃烧反应与激波双重作用的结果。爆轰过程中燃烧所释放的能量维持激波向可燃物推进的强度，同时激波压缩可燃物产生高温高压工质进行快速化学反应，释放出大量的热。因此，爆轰过程综合了流体流动、激波压缩和热化学反应（燃烧）等的交互作用。

1.2.1 爆轰理论的形成和发展

爆炸是自然界中早已存在的现象，然而人们在认识爆炸现象、制造爆炸现象并利用它们都是近一两千年的事情。在中国，黑色火药在晚唐时期（9 世纪末）就已正式出现。它是在适当的外界能量作用下，自身能进行迅速而有规律的燃烧，同时生成大量高温燃气的物质。在欧洲，爆轰现象的发现可追溯至 15 世纪，有学者发现当某些特定的化合物（如雷酸汞）受到强烈冲击或者振动时，通常会出现强烈的化学分解反应。随着工业革命的开展和科学技术的进步，新的实验测量与诊断手段被广泛运用，燃烧问题尤其是爆轰现象的研究逐渐开展。

1869 年，Abel[79]首次得到硝化棉的爆轰速度。19 世纪末期，煤矿竖井中的灾难性爆炸促使一些学者详细研究管道中的火焰传播。1881 年，Berthelot 等[80,81]，以及与此独立的 Mallard 等[82]，发现了气体爆轰现象。Berthelot 等[80,81]对一系列的气体燃料与不同氧化剂的混合物以及对惰性氮气的不同稀释度，系统地测量了爆轰速度。Mallard 等[82]采用滚筒相机观察了爆燃向爆轰的转变过程，证明了燃烧存在的两种模态。

基于冲击波理论描述的关于气体中爆轰波的第一个数学模型，是在 19 世纪末 20 世纪初提出来的[83]。Chapman[84]和 Jouguet[85]各自独立地提出了关于爆轰波的平面一维流体动力学理论，简称爆轰波的 C－J 理论或者 C－J 假说。该理论是以流体力学研究产物流场、爆轰波相互作用和对周围介质作用等问题的基础。

其成功之处是，即使利用当时已有的相当粗糙的热力学函数值对气相爆轰波的速度进行预报，其精度仍在1%～2%的量级[86]。因此，该理论至今在一般的工程应用中仍行之有效，得到了广泛应用。然而C-J理论完全忽略了爆轰波的结构，因而它不能用于解释爆轰波的传播机理。

对C-J理论的一个根本性改进是在20世纪40年代由苏联的Zel'dovich[87]、美国的von Neumann[88]和德国的Döring[89]分别独立地提出的基于有限化学反应速率的爆轰波结构模型，即ZND模型。该理论将爆轰波面视为前导激波与波后反应区的组合结构。其最重要的论断——爆轰波阵面存在压力升高的区域，后来也在实验中得到证实。ZND模型包含爆轰波点火、传播、熄灭等机制，虽然仍是简单的层流结构，但是很多真实爆轰波现象在此基础之上能够得到一定的解释。

1950年之后，通过对气体爆轰问题的详细实验观察，研究人员发现，真实的爆轰波波阵面尽管总体上仍然能够维持着一个稳态的传播速度，但是其本质上都是不稳定的瞬态的三维结构。这种结构被认为是由入射激波、横波和马赫杆组成的三波结构。具有平整波阵面的理想化的一维ZND模型，在强烈依赖于温度的实际化学反应情形中是不稳定的。之后的学者对爆轰波波面的稳定性以及不稳定性结构理论有诸多研究，例如，Erpenbeck[90]提出的爆轰的线性稳定性理论等。更多的爆轰理论可参见文献[91]。该文献详细给出了爆轰波的经典理论以及大量的数值和实验结果。作为爆轰研究中最经典最基础的两个理论——C-J理论和ZND模型，接下来的内容将对它们进行详细阐述。

1.2.2 C-J理论

爆轰过程是爆轰波沿反应物传播的过程。研究发现，爆轰一旦激发，其传播速度很快趋向于该反应物所具有的特定数值，即理想的特定爆速。通常情况下，爆轰波将以该特定速度稳定传播下去直至反应物终了。C-J理论以热力学及流体动力学理论为依据，把爆轰波视为伴随有化学反应热放出的强间断面，不计爆轰波阵面和反应区的厚度，提出并论证了爆轰波稳定传播的条件，从而计算出爆轰波的参数。

C-J理论的具体假设有以下四点：

(1) 流动平面是一维的，不考虑热传导、热辐射以及黏滞摩擦等耗散效应；

(2) 视爆轰波为一维强间断面，爆轰波通过后化学反应在无限薄的波阵面上瞬间完成并释放化学反应热，因此跨过波阵面激波守恒定律依然成立；

(3) 反应产物处于热化学平衡及热力学平衡状态，因此波后可用热力学状态方程来描述；

(4) 爆轰波阵面传播过程是稳定的，波阵面后刚刚形成的爆轰产物的状态不随时间变化。

将波阵面作为参考系，通过建立穿过波阵面流体在爆轰前后的流动方程和热力学方程，可以得到爆轰前后物理参数的对应关系，如图 1.24 所示[92]。由于此图也能显示爆燃前后的物理参数，下面将波阵面用广义的燃烧面代替。根据流体质量守恒和动量守恒，燃烧前后压强与密度的倒数满足斜率为负数的线性关系，在平面内为一条直线，称为 Rayleigh 线；根据燃烧前后放热的能量守恒，合乎方程的压强与密度的倒数在平面内需要在一条曲线上，此曲线被称为 Hugoniot 线。当这两个条件皆满足时，Rayleigh 线和 Hugoniot 线相交，交点即方程的解。但此时解不唯一。

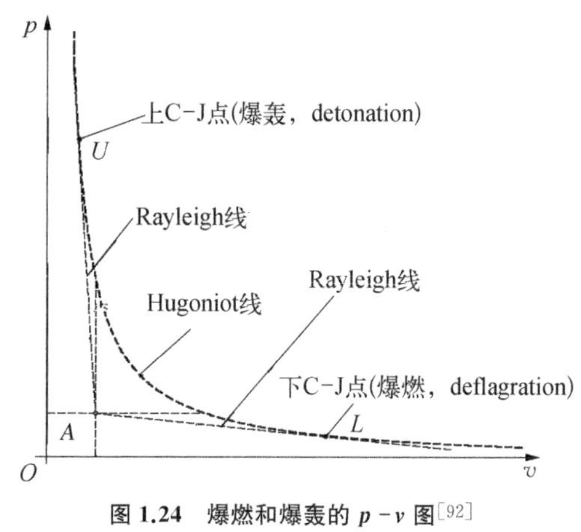

图 1.24 爆燃和爆轰的 $p-v$ 图[92]

对于给定的可爆反应物，实验中只能观测到唯一的爆轰速度。因此，要确定方程的唯一解，需要额外的约束条件。Chapman 选择最小速度解，认为方程的解是两条曲线的切点。Jouguet 研究了沿着 Hugoniot 线的熵变，发现了一个最小值并提出熵最小解即要求的解，此时爆轰产物满足声速条件。随后的研究表明，速度最小解对应于熵最小解，Chapman 和 Jouguet 的判断准则本质上是相同的。至此，爆轰波的理论传播速度可以唯一确定地给出，也就是现在所说的 C-J 理论。

C-J 理论第一次给出了爆轰的物理模型和数学模型，反映了爆轰是带化学反应的激波这一本质，可以成功用于爆轰理论分析，为以后的爆轰研究奠定了基础。C-J 理论把波阵面看成一个无厚度的强间断，认为化学反应瞬间完成，这和实际情况是不相符的，故该理论不能用来研究爆轰波波阵面的结构及其内部发生的过程细节。但是由于 C-J 理论计算出的爆轰速度值的与实验结果能吻合的非常好,所以它至今在爆轰研究中仍被广泛应用。例如,在爆轰波的数值模拟中,数值结果正确性验证中一个很重要的依据就是计算所得爆轰速度值与理论 C-J 速度值是否吻合。

1.2.3 ZND 模型

ZND 模型是对 C-J 理论的发展和推广,成功之处在于考虑并引入了有限反应速率。该模型认为爆轰波由先导激波和后面的反应区构成,并且假定[93]:

(1) 激波后的流动是平面一维层流;

(2) 激波是间断面,不考虑输运现象(如热传导、辐射、扩散、黏性等);

(3) 激波前反应物的反应速率为零,波后的反应速率为有限值,且反应是单向不可逆的;

(4) 除化学组分,其他热力学量处于局部热力学平衡状态。

ZND 模型的波结构和热力学参数的变化分别如图 1.25 和图 1.26 所示。该模型中爆轰波由前导激波、诱导反应区、放热反应区以及波后膨胀区组成。当爆轰波经过反应物(可燃混合气体)时,其前导激波将反应物迅速压缩,使其温度、密度和压强都急剧上升至燃点以上,组分开始解离,但是此时化学反应并不剧烈,也未释放大量热量,此段区域被称为诱导反应区(induction reaction zone)。诱导反应区宽度通常远大于激波面的厚度,约几百微米。经过一段点火延迟,组分重新结合并释放大量的热,温度迅速提高,而压强与密度迅速下降,直至燃烧达到反应平衡态。此区域称为放热反应区(exothermic reaction zone)。反应结束后,在 Taylor 膨胀波的影响下爆轰产物的压强和密度平缓地下降直至平衡。

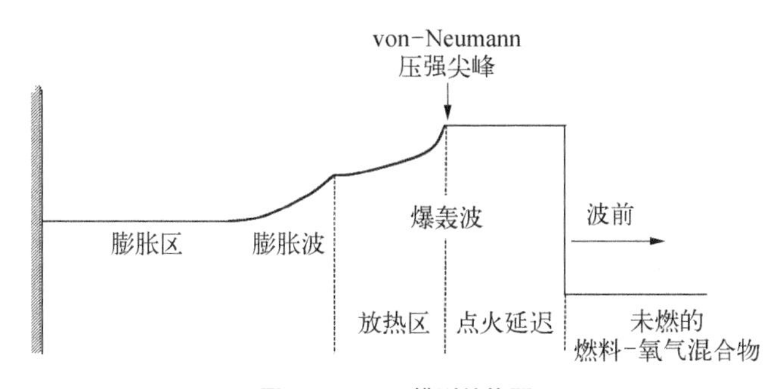

图 1.25 ZND 模型结构图

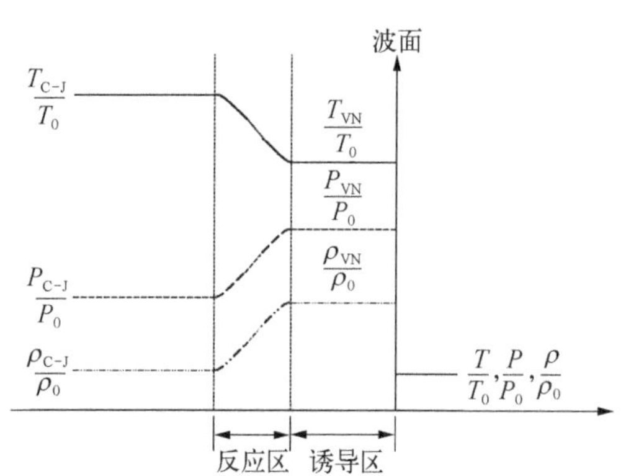

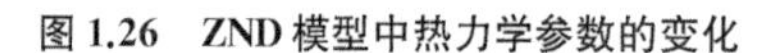

图 1.26 ZND 模型中热力学参数的变化

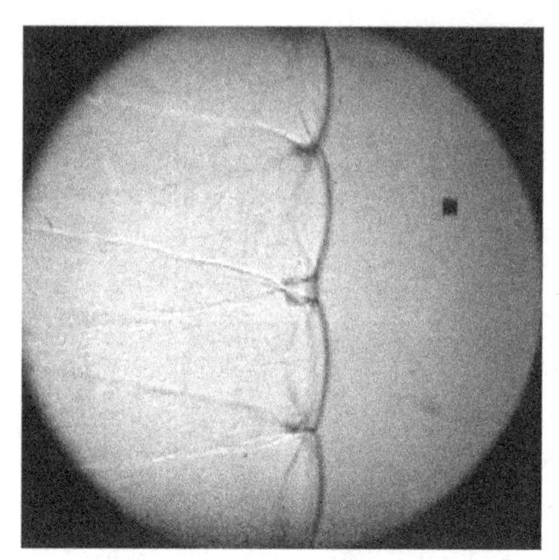

图 1.27 爆轰波结构纹影图[94]

虽然 ZND 模型比 C-J 理论更接近实际，但它仍然是一种非常理想化的爆轰波模型，并不能完全反映出波阵面内所发生的实际情况。例如，在反应区内所发生的化学反应过程，实际并不像模型所描述的那样井然有序。由于爆轰介质的密度及化学成分的不均匀性、起爆燃烧时化学反应的多样性、起爆后内部流场扰动波系的相互作用、分子输运造成的耗散效应、边界效应等，都可能导致对理想爆轰条件的偏离，引起爆轰波反应区结构失稳。因此，实验中真实的爆轰波波阵面其本质上都是不稳定的瞬态的三维结构，如图 1.27 所示。

C-J 理论和 ZND 模型都是典型的一维爆轰波理论，虽然均不能解释爆轰波失稳以及三波结构的机理，但是它们并没有因此失去价值。无论一维还是多维的不稳定爆轰现象，它们在平均意义上仍然具有一维理论预测的相关特性[95]。因此，C-J 理论和 ZND 模型在预测爆轰波波后产物特性及平均物理量方面能够提供定量且可靠的参考数据，现阶段关于爆轰波的理论与计算分析多是基于这两种模型。

总体来说，为了认识爆轰现象的本质，解释爆轰过程中的稳定性，弄清爆轰传播的机理及影响因素，探求建立爆轰波参数的计算方法和爆轰反应区内发生的化学反应流动的理论描述，半个多世纪以来，爆轰领域的专家和学者进行了大量的实验与理论研究，取得了诸多成果。同时，随着人们对爆轰现象理解的加深、军事需求的牵引以及现代科技的发展，爆轰也越来越多地从理论研究走向实际应用，本书介绍的连续爆轰发动机就是其中典型的代表。

第 2 章
实 验 技 术

本章以北京大学燃烧推进研究中心的实验设备为例介绍连续爆轰发动机的实验技术，该实验台自 2007 年开始搭建。本章将介绍包括燃烧室、供气系统、点火系统、控制系统、测量系统等在内的连续爆轰发动机实验台设计以及基本的实验方法。燃烧室结构如图 2.1 和图 2.2 所示。

图 2.1 连续爆轰发动机燃烧室

图 2.2 连续爆轰发动机燃烧室(带喷管)

2.1 燃烧室

目前常用的燃烧室结构模型为同轴圆环腔模型，如图 2.3 所示。为了测量推力和比冲等推进性能，有时还会在燃烧室尾部加装具有不同结构的喷管，图 2.4 所示为美国空军实验室和创新科学方案公司所使用的带有气动塞式喷管的直径 6 in(1 in=2.54 cm)的连续爆轰发动机燃烧室。图 2.5~图 2.12展示了世界各国其他连续爆轰发动机研究单位设计使用的燃烧室与实验装置。

图 2.3 连续爆轰发动机燃烧室(中国空气动力研究与发展中心)[96]

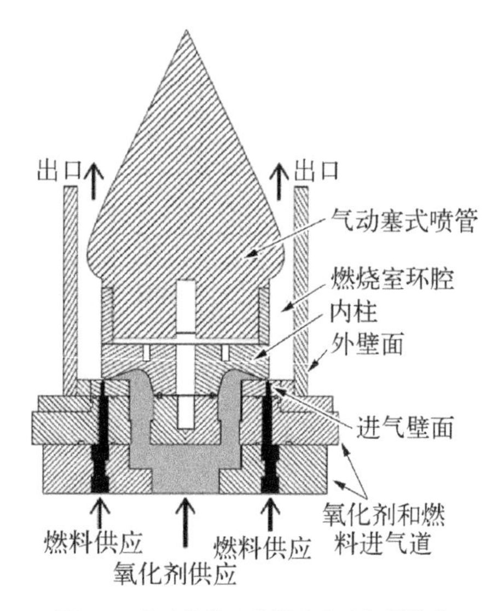

图 2.4 带喷管的连续爆轰发动机燃烧室(美国空军实验室)[61]

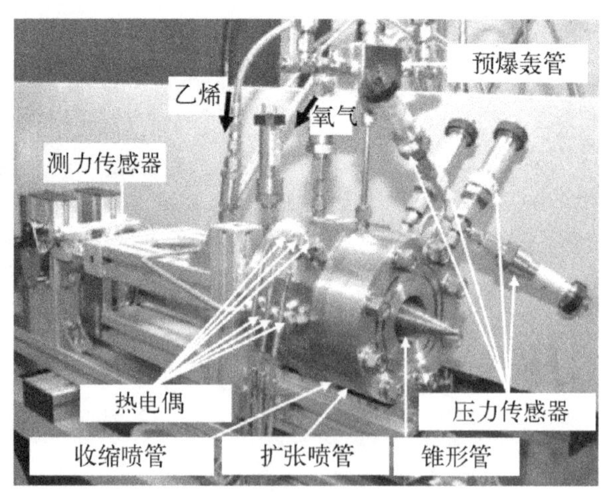

图 2.5 连续爆轰发动机试验台(日本名古屋大学)[97]

(a) (b)

图 2.6 连续爆轰发动机试验台(波兰华沙工业大学)[41]

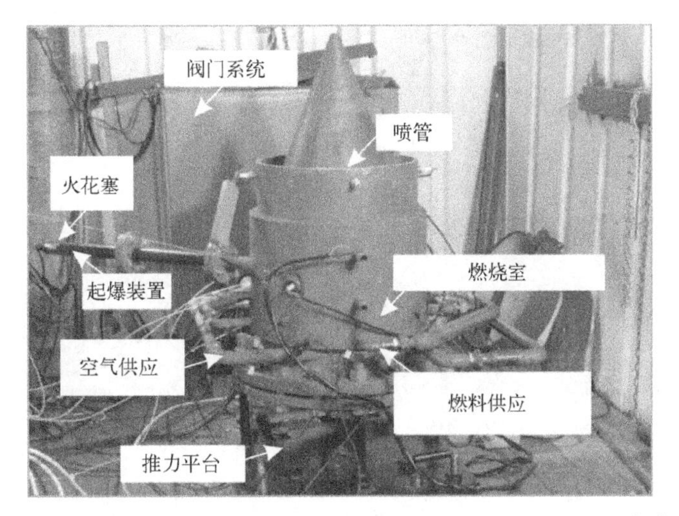

图 2.7 连续爆轰发动机燃烧室(俄罗斯科学院谢苗诺夫化学物理研究所)[98]

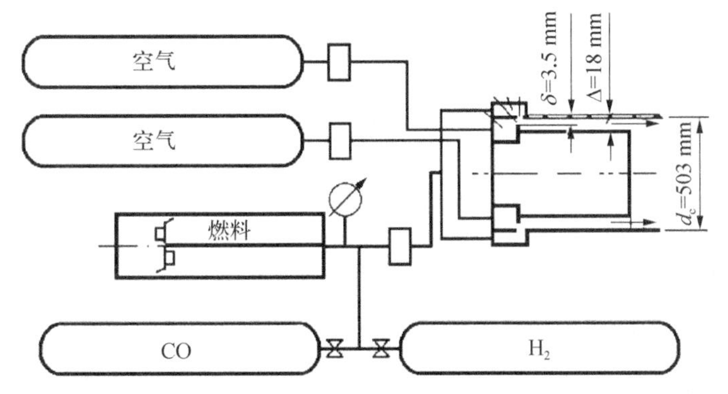

图 2.8 连续爆轰发动机实验台(俄罗斯科学研究院西伯利亚分院流体力学研究所)[39]

图 2.9 连续爆轰发动机试验台(MBDA 法国公司)[99]

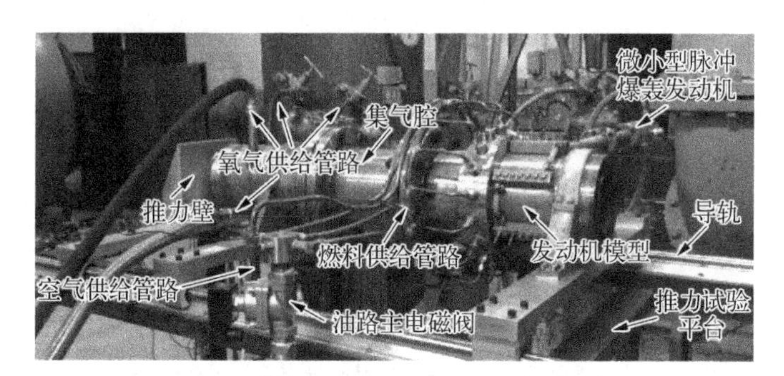

图 2.10 连续爆轰发动机试验台(南京理工大学)[72]

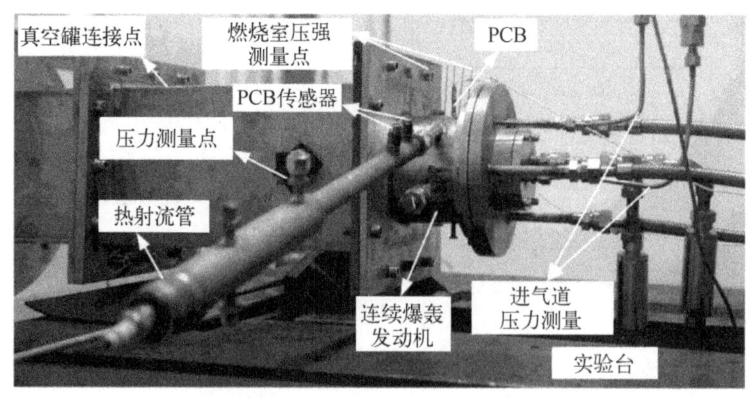

图 2.11 连续爆轰发动机实验台(国防科技大学)[69]

图 2.12 连续爆轰发动机试验台(美国辛辛那提大学)[100]

2.2 供气系统

供气是直接影响连续旋转爆轰能否形成及持续稳定传播的重要因素。对于特定的燃烧室结构,供气条件需要保持在一定的范围内,并且全过程保证持续稳定。

在机理探索阶段,为了减少外界环境的影响,同时简化模型,实验模型设计为自带氧化剂的火箭发动机的形式。供气系统的设计与装配须满足以特定的条件向燃烧室内供入燃料与氧化剂的需求。供气系统主要包括气库和供气管道,为了实现对供气条件的控制与调节,沿流动方向依次排布了减压阀、针阀、气体质量流量计、电磁阀和单向阀等设备。

图 2.13 氢气和氧气瓶组

2.2.1 气库

如图 2.13 所示,实验使用了容积 40.0 L,初始压强 13.5 MPa 的标准储气瓶作为供气气源，多个气瓶为一组，分成若干组。使用氢气、甲烷作为燃料，氧气、空气、富氧空气作为氧化剂。为调节与稳定气库出口的压强，需要在每一个管路上安装减压阀。减压阀的使用在使管路中压力下降的同时，也能有效地控制气库出口压强，为实验提供持续稳定的供气条件。所用减压阀高压端可承受 0～25 MPa 来流，低压端可输出 0～6 MPa 稳定气压，正常使用时不应超过低压表量程的2/3，即不超过 4 MPa。

2.2.2 针阀与质量流量控制器

针阀是一种微调阀。其阀塞一般用经过淬火的钢制长针，而阀座是用锡、铜等软质材料制成的，阀杆与阀座间的密封是靠波纹管实现的。阀针与阀座间的密封是依靠其锥面紧密配合达到的。针阀能实现阀口开启逐渐变大，从完全关闭到最大开启能连续细微地调节，在气体管道中主要用作调节气体流量。

图 2.14 针阀

在连续旋转爆轰实验装置中，使用针阀作为气库后供气管道中的第一道阀门，如图 2.14 所示。除使用其调节气体流量功能，更多是依靠其精密可靠的隔断作用，以及针阀内部流动的指向性，作为供气管路中分隔气库与实验环境，保证气库纯净不受回流污染的手动控制阀门，是气库的最后一道保障。在本章介绍的实验方法中，供气进行的过程中针阀保持全开的状态。

由于爆轰波波速快，研究中所需要的实验持续时间很短，手动调节针阀不能实现在实验过程中对流量的调节；另外，除了控制调节供气流量，也需要监控测量流量。为此，引入气体质量流量控制器，使用集成的电子设备实时地对流量进行监测并根据需要进行调节。

质量流量控制器连接在针阀下游，如图 2.15 所示。使用的气体质量流量控制器为 ALICAT 品牌产品，内部集成了压力测量、温度测量及相关运算，通过压力和黏性来测算流量。通过层状流量单元的差压测量来计算流量，这种测量方式具有固有的线性。采用差压、绝压和温度传感器来测量并补偿气体的压强、温度，测量标准状况(25℃，1 个大气压)下气体的体积流量。其具体工作原理依据泊肃叶方程：

$$Q = (p_1 - p_2)\pi r^4 / (8\eta L) = (p_1 - p_2) K / \eta \qquad (2-1)$$

其中,Q 为体积流量;p_1 为入口压强;p_2 为出口压强;r 为约束半径;η 为流体的绝对黏度;L 为约束长度;K 为由约束区域决定的常数因子。

图 2.15 质量流量控制器

该方程表明体积流量与压差成正比,与绝对黏度成反比。为了精确测量体积流量,使用流量控制器时必须确定所用气体类别,根据测量温度下的气体黏度来计算流量。绝对黏度受气压影响很小,因此流量计算不需要压力修正。

这部分参数测量与计算过程均在仪器固件中完成,而仪器输出气体的温度、入口总压、体积流量、质量流量等参数。其输出的质量流量单位统一为 SLPM (standard liter per minute,标准升每分钟)。对于氢气、氧气和空气,1 SLPM 分别相当于 0.001 37 g/s、0.021 9 g/s、0.019 84 g/s。

所使用的质量流量控制器量程为 1 000 SLPM,响应时间为 100 ms,耐压 145 PSIG (pounds per square, gauge),即 1.00 MPa,精度为±0.8%。所测量的数据除在机身液晶显示(liquid crystal display, LCD)屏幕实时显示,也可通过 RS-232接口数字输出,采样率为 10 Hz。

经测量,连续爆轰实验装置在实验进行中气库出口气压为 1.0 MPa 时,氢气质量流量约为 650 SLPM。因此,该质量流量控制器在其耐压范围内可以满足实验环境,正常使用。但当实验中需要高于 1.0 MPa 气库出口气压时,则超出其安全工作范围。

由于每次点火实验的持续时间常控制在 1 s 以内，质量流量控制器 10 Hz 的采样率使得记录的结果可以反映出流量变化的大致走向，却无法与压强测量中微秒量级的变化充分地匹配对应。

另外，该质量流量控制器通过设置内部阀门开启百分比来实现对流量的控制。这一控制操作可在远程数据采集计算上通过软件端(图 2.16)完成。气体流量变化至稳定到新设定的值约需 1～2 s，无法满足当前条件下较短时间的验证性实验的需求。但在后续性能测试等研究中，有望发挥更大作用。

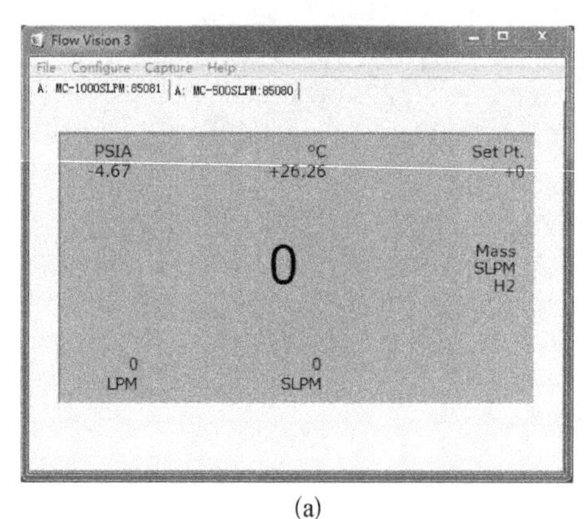

(a)

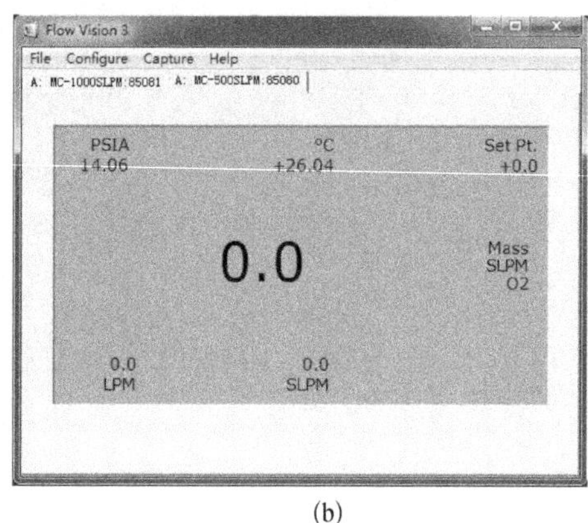

(b)

图 2.16 质量流量控制器控制软件界面

2.2.3 电磁阀

电磁阀内部活塞在电磁铁的吸引作用下动作，不同的电磁铁通电状态将活塞牵引至不同位置来开启或关闭不同的流通道。电磁作用使得阀门启闭控制的响应速度远高于手动控制，且可与点火、采集等其他相关电气系统联动，对实验控制的精度与便捷度都极为重要，故而实验中使用电磁阀作为控制向燃烧室与预爆轰管内供气开始及停止的最后一道阀门。共使用四个电磁阀分别控制对主燃烧室和预爆轰管供给燃料与氧化剂。

图 2.17 电磁阀

实验中采用的是 STNC 品牌 UH－08 型高温电磁阀，如图 2.17 所示。该型号为二位二通活塞先导式电磁阀，通电时，电磁力把先导孔打开，上腔室压力迅速下降，在关闭件周围形成上低下高的压差，流体压力推动关闭件向上移动，阀门打开；断电时，弹簧把先导孔关闭，入口压力通过旁通孔迅速进入上腔室，在关闭件周围形成下低上高的压差，推动关闭件向下移动，关闭阀门。电磁阀阀体为铸铜材质，耐高温、耐腐蚀、防水等性能较好；通径为 14 mm，使用压强范围为 0.3～5 MPa，温度范围为 0～90℃；使用 220 V 交流电供电，允许电压波动范围为±10%，最短励磁时间为 0.05 s。各项参数均充分满足实验条件需求。

2.2.4 单向阀

单向阀(check valve)又称止回阀或逆止阀，是依靠介质本身流动的力量而自动开、闭阀瓣，用于防止气体逆向流动的阀门。单向阀不能通过手动或电控其启闭。实验中将之安装在电磁阀下游，供气管道连续燃烧室或预爆轰管的最末端，作为防止回流污染上游气体甚至发生回火、爆炸等严重后果的第一道屏障，最直接的防护对象是供气管道中上一级的电磁阀。

图 2.18 单向阀

实验中采用 SS-118 单向阀，如图 2.18 所示。阀门为直通结构，正向流动损失小；弹性体密封，反向截止密封性好；具有开关灵敏、工作时振动和噪声小等特点。该型号公制管接头，出口入口直径 8 mm，通径为 6 mm，开启压强为 6 kPa，－10～30℃范围内工作压强可达 12 MPa。较好地匹配实验装置，且满足实验环境条件需求。

2.3 排气系统

如前所述，实验装置整体安放在室内环境中，且空间大小有限，连续旋转爆轰实验高温甚至伴随燃烧的工质不能直接向室内环境中排放，为此在燃烧室下游设计装配了排气系统，将实验工质封闭在有安全保障的空间中。排气系统由真空泵、引导管和真空卸爆罐组成。

真空泵如图 2.19 所示，通过抽气管道分别与引导管和真空卸爆罐连接(图 2.20)，可分别将这两个部分内的气体抽出，用于在实验开始前降低实验环境中的气压，提供更有效的安全保障。同时也可以实现在实验环境中气压的定量控制。

图 2.19 真空泵

图 2.20 引导管与卸爆罐

引导管由两段内径 78 mm，长 1 m 的直钢管连接而成，共长 2 m，用于连接燃烧室与卸爆罐。起爆阶段，爆轰波沿着引导管排到卸爆罐中。引导管可以减小环境对旋转爆轰波的影响，有利于爆轰波自持。引导管上装有压力真空表，量程为 0.1～0.5 MPa，可以监测内部气压。

卸爆罐体积为 1.36 m^3，安装有压力表用于监测气压，与引导管上的压力表互相校正。卸爆罐为工质的膨胀、降温等过程提供体积较大的低压空间，以保障室内环境的安全。卸爆罐上装有安全阀，罐内气压过大时会自动弹开排气，保证罐体安全。在罐体与引导管同样高度的位置，侧面与尾部分别各设置一个观察窗，可以通过摄影、摄像等方式对燃烧室进行观察。同时，在需要时调节真空卸爆罐内的初始气压，模拟不同高度气压环境。此外，卸爆罐的封闭还具有极大的降噪作用。

供气系统与排气系统分别连接在连续旋转爆轰燃烧室的上、下游，三者共同构成了封闭的实验环境，既保障了在室内开展实验的安全，同时也避免了隔绝外界空气对反应与流场的影响，为连续旋转爆轰波的稳定传播提供更为稳定的条件。

2.4　点火系统

爆轰波的起爆除了需要适当的可爆混合物，还必须为之提供足够的起爆能量。有效起爆并形成爆轰波，是进一步控制环境条件实现爆轰波连续旋转传播的前提。因此，点火起爆系统也是实验装置举足轻重的部分。

连续旋转爆轰实验选用常见的汽油活塞发动机的火花塞产生的电火花来引燃可爆混合物。所使用的 NGK－BPR5ES7422 型火花塞，是适用于多款量产汽车的传统单侧极标准火花塞，如图 2.21 所示。火花塞将高压导线送来的脉冲高压电放电，击穿火花塞中心极与侧极间空气，产生电火花。

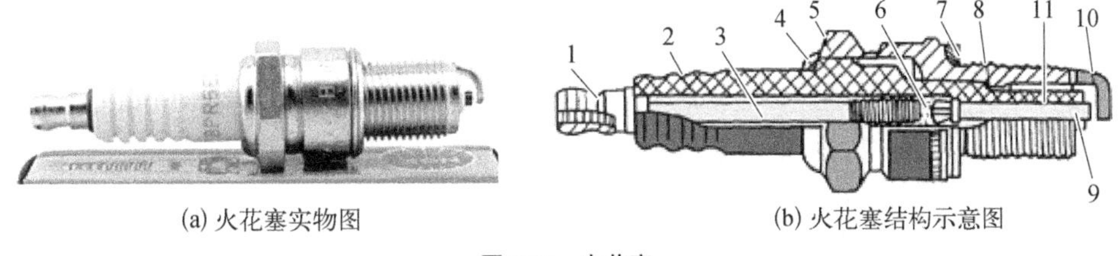

(a) 火花塞实物图　　　　(b) 火花塞结构示意图

图 2.21　火花塞

1－接线螺母；2－绝缘体；3－金属杆；4－内垫圈；5－壳体；6－导体玻璃；7－密封垫圈；8－内垫圈；9－中心电极；10－侧电极；11－绝缘体裙部

为火花塞提供高电压以击穿两电极间空气的装置是点火线圈。通常的点火线圈里面有两组线圈，初级线圈和次级线圈。初级线圈用较粗的漆包线，次级线圈用较细的漆包线，次级线圈的匝数通常为初级线圈的 50～80 倍。

点火线圈产生高电压的形式与普通变压器相同，初级线圈与次级线圈的匝数比大。但点火线圈工作方式却与普通变压器不一样，普通变压器的工作频率固定，故称工频变压器；而点火线圈则是以脉冲形式工作的，可以看成脉冲变压器。当初级线圈接通电源时，随着电流的增长四周产生一个很强的磁场，铁芯储存了磁场能；当开关装置使初级线圈电路断开时，初级线圈的磁场迅速衰减，次级线圈就会感应出很高的电压。初级线圈的磁场消失速度越快，电流断开瞬间的电流越大，两个线圈的匝数比越大，则次级线圈感应出来的电压越高。

实验中所用的点火线圈及其结构如图 2.22 所示。在点火系统中，点火线圈初级线圈的一端连接 24 V 直流电源(图 2.23)的正极，另一端与开关信号连接；次级线圈一端连接火花塞中心极，另一端连接初级线圈；火花塞侧极通过壳体接地。电路如图 2.24 所示。当来自控制系统的开关信号到达时，次级线圈即感应出高电压并传至火花塞两放电电极之间，从而击穿空气放电产生电火花。

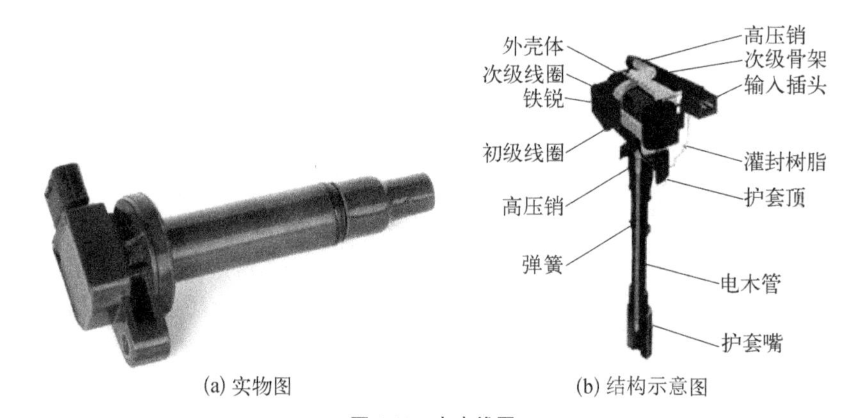

图 2.22 点火线圈

图 2.23 24 V 直流开关电源实物外观

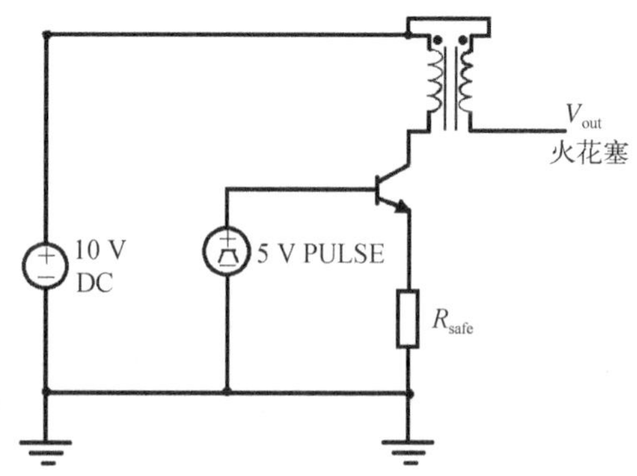

图 2.24 点火系统电路示意图

然而，火花塞的放电电火花的能量通常小于 10 mJ，虽可引发可爆混合物的反应，但远远达不到直接起爆形成爆轰波的条件。所以需要加强点火能量的装置。实验中使用预爆轰管来实现从引发反应到形成爆轰波的增强过程。预爆轰管是一段直的钢质管道，其通径为 10 mm，长度为 100 mm。一端安装火花塞，另一端与燃烧室的圆环腔切向连接。顶部的火花塞点燃预爆轰管内的混合气，经过爆燃转爆轰(deflagration to detonation, DDT)过程，形成爆轰波。预爆轰管中的爆轰波进入主燃烧室后与壁面碰撞和反射，爆轰波高速喷入主燃烧室，起爆主燃烧室内的爆轰波。整套点火系统通过预爆轰管形成的爆轰波传入燃烧室作为燃烧室的起爆源，实现点火能量的提高，有效起爆燃烧室中的爆轰波。有关连续爆轰发动机的点火起爆将在第 6 章作进一步的介绍。

2.5 控制系统

控制系统主要指实验过程中的控制管路和点火器工作的系统，不包括手动阀门等手动操作控制设备。连续爆轰实验较为剧烈危险，实验持续时间较短，手动控制的操作效率与反应时间都难以达到实验要求。使用电气化控制系统，可以实现供气开启关闭的灵敏性和及时性，以及供气启闭与点火的联动性，进而有效地进行相关的时序控制。

连续爆轰实验中控制系统主要实现三项操作：开启电磁阀、点火和关闭电磁阀。主要控制对象包括四个电磁阀以及启动点火的点火线圈。其中四个电磁阀分为两组，每组各两个：一个为预爆轰管供给燃料与氧化剂；另一个为燃烧室供给燃料与氧化剂。所以，控制系统共需三路相互独立的控制信号输出。

如图 2.25 所示，操作面板中共有五个输入区域，分别是氢主路阀、氢支路阀、氧主路阀、氧支路阀和点火器。“开”代表相应的电器件开始动作状态。例如，电磁阀为“开”的状态时，电磁阀通电打开，气流可以在管道中流动；点火器的“开”的状态代表点火器开始通电。“关”代表相应的电器件停止动作状态。对应输入区域分别代表开启和关闭时刻。确定对应的时序后，单击“运行”，各个电器件按照预先设定的时序开始工作。通过改变各个器件开始和停止动作的时刻，控制系统能够完成不同时序的连续爆轰实验。

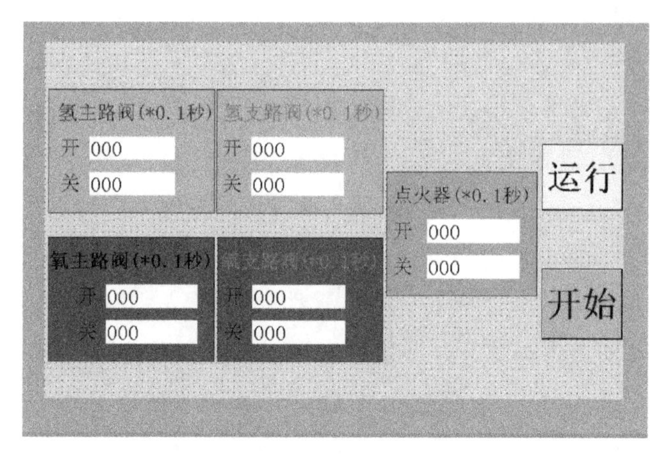

图 2.25 控制系统界面

2.6 测量系统

连续旋转爆轰实验中，爆轰波在燃烧室头部沿周向绕圆环腔旋转传播。由于外壁面的收缩作用，爆轰波在贴近外壁面处强度最大，也相对最为稳定。为了捕捉这样的爆轰波，实验测量主要采用压强传感器测量燃烧室外壁面上靠近供气头部区域的测点处压强随时间的变化，并通过模数转换(A/D转换)采集记录相应数据。连续旋转爆轰波每旋转一周扫过测点一次，测点处的压强会相应地出现一次脉动。

2.6.1 压强传感器

爆轰波的传播速度较高，在燃烧室中旋转一周的时间约在0.1 ms的量级。为了有效捕捉这将近10 kHz的高频脉动信号，对传感器的响应时间就有较高的要求，为此选择使用频响高的压电式传感器。

压电式压强传感器大多是利用正压电效应制成的。压电效应指当某些离子型晶体电介质(如石英、酒石酸钾钠、钛酸钡等)受到某固定方向外力的作用时，内部会产生电极化现象，同时在两个表面上产生符号相反的电荷；外力撤去后，晶体恢复到不带电的状态；当外力作用方向改变时，电荷的极性也随之改变；晶体受力所产生的电荷量与外力的大小成正比。压电式压强传感器是一种自发电式和机电转换式传感器，压电材料表面产生的电荷经电荷放大器和测量电路等后续设备的放大和变换阻抗后，形成正比于所受外力的电量输出。与压阻式压强传感器相比，具有频带宽、灵敏度高、信噪比高等优点，都是连续旋转爆轰实验中所需要的特性。但同时，压电式压强传感器通常只适用于测量动态压强变化而不适合测量静态压强。

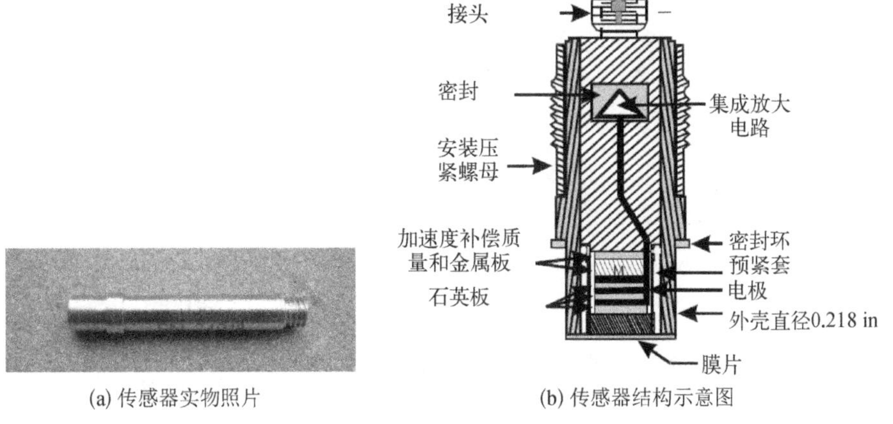

(a) 传感器实物照片　　(b) 传感器结构示意图

图 2.26 PCB－113B24 型压强传感器

实验中选择使用 PCB 公司 113B24 型压电式动态压强传感器。该微型传感器专门为激波管和爆炸测量等高频响应需求设计。该款传感器内部已集成了石英(二氧化硅)压电材料和电荷放大器，以 17－4 型不锈钢外壳封装。使用同轴线缆为其提供 20～30 VDC 的激励电压，可实现对外输入±10 V的可直接测量的电压信号。其供电输入与对外信号输出在同一线缆内叠加。在测量范围内，传感器标称灵敏度为 0.725 mV/kPa，分辨率为 0.035 kPa，标称谐振频率不小于 500 kHz，上升时间小于等于 1.0 μs，非线性小于等于 1% FS(full scale，最大量程)。

传感器的性能参数优越可完全满足连续旋转爆轰实验的需求，然而对于环境参数要求也较为严苛：安全适用环境温度为－73～＋135℃，耐受最高瞬时温度为1 649℃。连续旋转爆轰实验中，爆轰波面后的温度将达 2 000℃以上，而且在10 kHz的高频率下反复冲击，将对传感器造成非常严重的影响，因此必须对其进行一定程度的热绝缘，以减少热干扰，最低限度至少应保证传感器不会被过强的热冲击损坏。为此采用的是凹槽装配，使感应面适当离开流场。同时，在凹槽中涂抹 2 mm 硅脂作热绝缘，如图 2.27 所示。

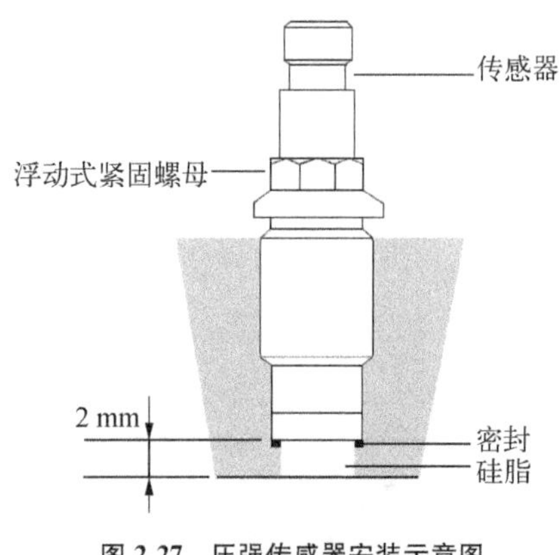

图 2.27 压强传感器安装示意图

凹槽与绝缘介质都将对传感器的灵敏度、谐振频率、上升时间等性能参数产生明显影响。由于流动的冲刷和反应的烧蚀等作用，隔热介质需要经常人工补充，每次补充后都无法确保与上次条件相同。这一系列的热防护措施使得压强实际测量值的准确性无法得到保证。然而，在连续旋转爆轰实验中，更多关注的是压强动态变化的趋势与历程，其绝对值的大小固然可以反应爆轰波的强度，但在具体研究中有时相对并不重要，所以这些隔热产生的影响并不妨碍正常使用并进行压强与时间相关的变化方面的探索。

2.6.2 数据采集记录

基于所选用的传感器，前级的信号采集系统与之相连的同轴线缆在接收传感器输出信号的同时，也需要具备向传感器供应 20～30 V 的直流电压的能力。在采集到传感器输出的电压信号后，需要将模拟信号转换为数字信号，并将数字结果存储、输出，以方便最终通过计算机及相关软件对结果进行分析处理。为此，向相应的设备厂商定制对应匹配的信号采集、A/D 转换、数据记录一体化系统。

实验中所使用的是由航天数据公司定制移动数据记录器（moving data register，MDR），如图 2.28 所示。设备共有四路采集通道可供需要时扩展使用。通道接口直接与传感器同轴线缆连接，为传感器提供 24 V 直流激励电压，并接收传感器输出信号。A/D 信号采样转换的最高频率可达 10 MHz，满足连续旋转爆轰约 10 kHz 旋转频率的采样需要。数据记录在采集的同时同步存储在移动数据记录器内部存储中，随后可通过以太网络连续传输到计算机终端进行后期分析。数据记录的起始可通过手动开始和自动触发两种方式。手动开始方式通过计算机终端控制软件（图 2.29）向其发送开始命令；自动触发则是在持续监控中采集到超过触发门限的信号时启动记录。

图 2.28 移动数据记录器

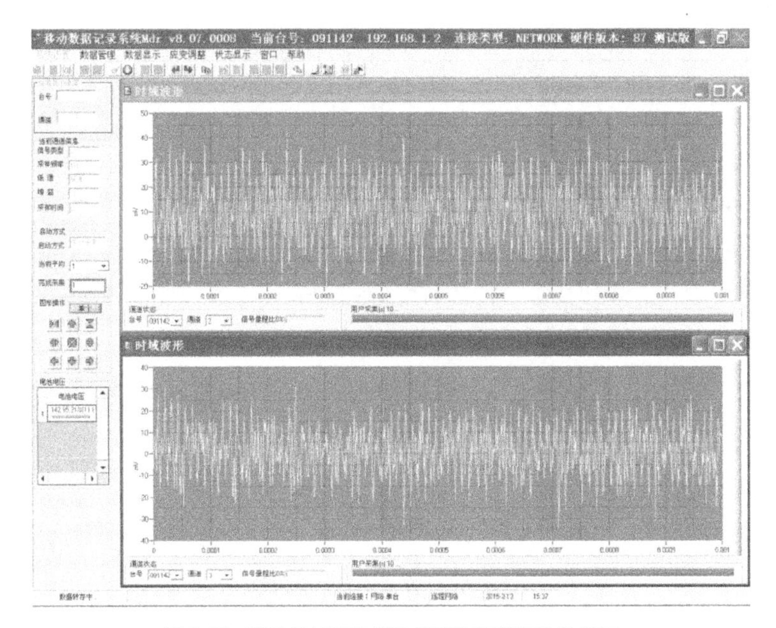

图 2.29 移动数据记录器计算机终端控制软件界面

内部存储空间有限，当采样率或采集的通道数变化时，记录时长相应改变，记录的数据总存储容量不变。实际实验中每次点火实验的持续时间为 1～2 s，为了充分、完整、准确地记录下实验全过程压强变化的历程，需要在保证采集时间的前提下尽可能提高采样率。根据连续旋转爆轰的特性及实验尝试，使用1 MHz的采样率时可以基本完整真实地还原压强变化的过程，而当采样频率低于 1 MHz 时，所记录的数据还原度出现明显不足，因此实验中使用 1 MHz 的采样率。在两个通道同时使用 1 MHz 采样率下，仪器可采集记录持续时长 2.05 s 的数据。

2.7 实验方法

为了保证实验中对条件、参数的有效控制，以本书的实验平台为例，设计了如下完整的实验流程并于实验实际操作过程中严格遵守。

2.7.1 实验基本流程

由于实验中涉及易燃易爆气体及爆炸现象，安全保障需要优先考虑，尤其是安全用气、防爆等方面。

实验系统安装连接完成后，向实验管道、腔体等气流流经的部分注入 2～3 个气压的压缩空气逐段排查是否存在漏气情况，进行完整的气密性检查，杜绝气体泄漏引发爆炸等隐患。每次点火实验开始前，检查卸爆罐内的压强，清除实验环境中前次实验可能残留的反应物，防止残留反应物的累积最终造成强烈的爆炸。

每天进行实验，在打开气库总阀门前，全面检查并调试所有电气设备，确保一切正常工作。实验结束离开实验室前，关闭气库总阀门，在断开点火系统电源，其他条件与点火实验相同的情况下，执行实验时序 3～5 次，将供气管道内残余气体排放到实验环境中，然后通过排气系统排出；最后关闭减压阀、针阀，断开所有电气设备电源。

每次点火起爆实验准备及实施的具体流程依如下：

(1) 调节确认燃料、氧化剂气库出口减压阀压强；

(2) 依次开启预爆轰管、主燃烧室的氧化剂、燃料供气管路上的针阀；

(3) 从气库开始，依次向下游检查各阀门的启闭是否正常，直至末端卸爆罐；

(4) 人员撤离实验场所；

(5) 启动测量采集设备，并处于待触发状态；

(6) 连接控制、点火系统供电电源；

(7) 调节确认实验时序控制；

(8) 通过计算机启动实验；

(9) 实验时序完成后，断开控制、点火系统电源；

(10) 确认安全后回到实验场所,依次关闭预爆轰管、主燃烧室的氧化剂、燃料供气管路上的针阀;

(11) 读取测量采集系统所记录的结果进行分析处理。

2.7.2 实验时序设计

在确定基本流程保证实验安全进行的前提下,连续旋转爆轰实验的成功离不开合理的具体实验时序设置。实验研究中电气控制时序设计从连续旋转爆轰形成的必备条件出发,经大量实验经验选择验证。实验时序设计另一个重要考量因素是在点火起爆前需要保证主燃烧室中供气的连续性与基本稳定。即必须在点火前一定时间内开启主燃烧室供气。若过早开启主燃烧室供气则将导致过量的反应物提前供入下游保障及排气设备中,起爆形成的爆轰波可能沿此向下游传走而无法在头部稳定停留下来。并且下游的爆炸作用也对卸爆罐和排气系统带来严重的安全隐患。经反复实验尝试,仅需要提前 0.1 s 开启主燃烧室供气,即可使起爆时主燃烧室内有足够的反应物供给起爆及连续旋转爆轰波的形成。同时,这也是实验控制上所能控制到的最短时间间隔。

此外,点火前还需要往预爆轰管中充入点火起爆用的适量反应物,并在起爆后停止预爆轰管反应物的供给,以免从侧壁注入的气流对连续旋转爆轰波形成更多的干扰。

综上所述,经反复实验尝试,以实验室的平台为例,实验的时序控制(图 2.30)最终确定并统一为:在零时刻开启预爆轰管供气;0.2 s 时开启主燃烧室供气;0.3 s时停止预爆轰管供气,并同时启动整个实验流程中唯一的一次火花塞点火;0.8 s 时关闭主燃烧室供气,一次点火实验结束。

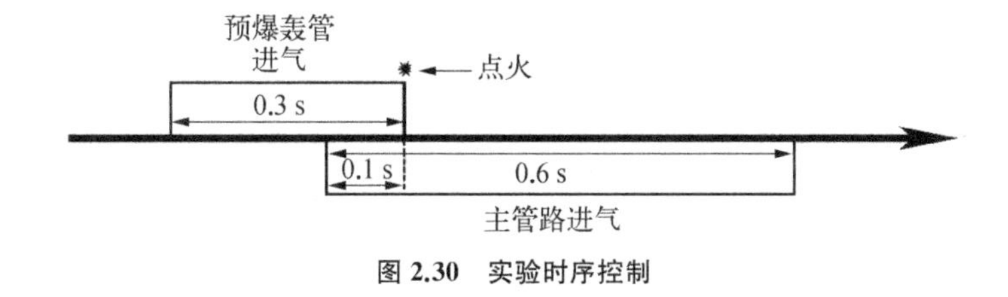

图 2.30 实验时序控制

第3章 数值模拟方法

计算流体力学(computational fluid dynamics, CFD)是随着计算机的发展而产生的一门介于数学、流体力学和计算机之间的交叉学科，主要研究内容是通过计算机和数值方法来求解流体力学的控制方程，对流体力学问题进行数值模拟和分析。自其出现以来，CFD就是一种重要的研究手段，特别是当实验难以实施，耗资巨大或者带有某些危险的时候。由于爆轰波高温、高压和超声速的特点，实验手段所测得的数据十分有限。对于连续爆轰发动机，其燃烧室是一个圆环腔结构，这更加大了测量其内部流场的详细物理参数或者显示流场结构的难度。因此，从连续爆轰发动机研究的初级阶段起，数值模拟就是辅助实验和指导实验的有力手段。

爆轰是由激波诱导与化学反应紧密耦合的一种燃烧现象，因此，控制方程中需要加入化学反应源项来描述爆轰过程中化学能的释放。爆轰波的传播过程中，激波与化学反应相互耦合，流场结构十分复杂；同时爆轰波面是一个强间断面，波面前后气体物理参数发生很大的阶跃，需要高精度激波捕捉格式才能准确计算出爆轰波面附近的流场分布情况。此外，化学反应中诱导反应区的尺度往往只有几十微米量级，而流体流动的尺度一般为米量级，因此化学反应与流体流动的特征时间相差几个量级，计算中需要用较小尺度的网格以避免化学反应源项的刚性[101]。

为了方便后续章节的讨论和行文方便，本章将后续章节所涉及的化学反应模型、控制方程、数值方法和边界条件等内容进行阐述与总结，是全书所有算例的基础。在 CFD 的发展历史上,通量分解法、时间离散方式和边界条件的内容都极为丰富,它们都是 CFD 研究的重要方向。由于本书的介绍偏重于连续爆轰发动机工程应用研究,我们只作简单介绍。

3.1 化学反应模型

爆轰波的本质是具有化学反应的冲击波,其传播的过程涉及激波与化学反应的耦合作用。为了描述爆轰化学反应过程,在目前以氢气为主要燃料的连续爆轰发动机的数值模拟中,常用的化学反应模型包括一步化学反应模型[102]、两步化学反应模型[103]和基元化学反应模型[104]。三种化学反应模型均基于 C-J 理论或者 ZND 模型,按有限反应速率释放热量,虽然反应过程不同,但均可捕捉到真实的爆轰波结构。数值模拟时,化学反应模型的选取应综合考虑所研究对象的物理特点,研究目的与要求以及相应计算量限制等因素。

在这三种化学反应模型中,包含多组分可逆反应过程的详细化学反应模型最接近真实的反应过程。此反应模型可较真实地再现燃烧的物理过程,捕捉到反应中各组分的变化,有利于对燃烧反应程度和燃烧位置的判断,进而对爆轰燃烧过程的物理本质有更深入的认识。但由于碳/氢燃料化学反应过程通常包含几十至几百个组分,反应过程十分复杂,而且计算量庞大。使用详细化学反应模型,对实际尺寸的物理模型以现有的计算能力进行数值模拟还无法实现。例如,在目前连续爆轰发动机的研究中,使用详细化学反应模型的主要是日本研究人员,如 Uemura 等[105]。受限于详细化学反应模型对于计算量的要求,在他们的二维计算中,计算域一般只有毫米量级,与实际实验中连续爆轰发动机燃烧室模型相差很大。另外,由于详细化学反应模型参数是由大量实验获得的,对于零维或者一维问题,详细化学反应可以得到可靠的结果,但是对于多维问题,详细化学反应模型的准确性与可靠性未必能保证。为了用目前有限的计算能力处理实际尺寸的爆轰燃烧问题,简化的化学反应模型,如一步和两步化学反应模型,具有不可替代的作用。

一步和两步化学反应模型虽不能表示反应中真实的物理过程,但可准确地计算产物的重要中间状态,以及爆轰波的主要特征,被广泛应用于爆轰现象的计算。在实际尺寸量级的连续爆轰发动机的数值模拟中，使用一步或两步化学反应模型已经得到大量结果。所得结果与实验对比表明，此类简化的化学反应模型可以获得可靠的爆轰流场解。下面将简要介绍这三种反应模型。

3.1.1 一步化学反应模型

一步化学反应模型假设反应过程不可逆，反应过程可表示为 $A\rightarrow B$，用无量纲量 Z_1 表示整体反应进程，各组分反应同步进行，$Z_1=1$ 表示未反应的可燃气体，$Z_1=0$ 表示达到化学平衡态的反应产物。

依照 Arrhenius 定律，反应速率 ω_1 具有如下形式：

$$\omega_1=\frac{\mathrm{d}Z_1}{\mathrm{d}t}=-AZ_1\exp(-T_\mathrm{a}/T) \tag{3.1}$$

其中，t 为时间；A 为指前系数；ρ 为密度；T 为温度；T_a 为化学反应有效温度。

压强 p 和总能 E 满足如下状态方程：

$$p=\rho RT \tag{3.2}$$

$$E=\frac{p}{\gamma-1}+Z_1\rho q+\frac{1}{2}\rho V^2 \tag{3.3}$$

其中，q 为放热量；V 为混合气体的速度值。混合气体的气体常数 R 和比热比 γ 由式(3.4)和式(3.5)计算：

$$R=\sum Z_iR_i \tag{3.4}$$

$$\gamma=\frac{\sum Z_iR_i\gamma_i/(\gamma_i-1)}{\sum Z_iR_i/(\gamma_i-1)} \tag{3.5}$$

R_1、R_2、γ_1、γ_2 分别表示反应物与产物的气体常数与比热比(下标 1 表示反应物，下标 2 表示产物)。

Ma 等[106]针对上述一步化学反应模型，给出按当量比预混的氢气/空气的一步化学反应模型的参数值，如表 3.1 所示。

表 3.1　氢气/空气一步化学反应模型参数[106]

模型参数	参数值
$\gamma_{1(反应物)}$	1.396 1
$\gamma_{2(产物)}$	1.165 3
$\gamma_{3(空气)}$	1.4
$R_1/[J/(kg \cdot K)]$	395.75
$R_2/[J/(kg \cdot K)]$	346.2
$R_3/[J/(kg \cdot K)]$	287.00
T_a/K	151 00
$q/(MJ/kg)$	5.470 4
$A/(1/s)$	1.0×10^9

一步化学反应模型以 Arrhenius 定律为模型核心，包含反应物和反应产物。一步化学反应模型对化学反应做了最大程度的简化，使得它对捕捉化学反应过程的细节存在不足。但是它的计算量小，计算稳定，可获得可靠的爆轰流场解。因此，作为常用的化学反应模型，一步化学反应模型在目前连续爆轰发动机的三维数值模拟中广泛应用。

3.1.2　两步化学反应模型

两步化学反应模型是按照 ZND 模型，在一步化学反应模型的基础上修改而成的模型。这里“两步化学反应”不是指化学反应中存在中间产物，反应过程分两步进行，而是指爆轰波燃烧的过程分两个阶段。根据 ZND 模型，爆轰波的前导激波扫过反应物时，混合物的压强、温度和密度会急速上升，生成各种活化基，但此时并没有放出热量，反应速度并不快，这个区域被称为诱导反应区。随着诱导区能量的释放，化学反应会陡然加快，放出大量的热量，有大量的化学能转变为热能，这一区域被称为放热反应区。两步化学反应模型描述了爆轰波后诱导反应和放热反应两个阶段，因而比一步化学反应能更加准确地表现爆轰波的微观结构。

Korobeinikov[103]于 1972 年提出两步化学反应模型，该反应模型中包括两个反应进行度参数，分别为放热反应进行度参数 β 和诱导反应进行度参数 α。在诱导反应区，$0<\alpha<1$，$\beta=1$，α 由 1 降为 0，β 不变化。而在放热反应区，$\alpha<0$，$0<$

$\beta<1$，α 由 0 降为负数，β 由 1 降至平衡态。α 和 β 为两个相互独立的自由参数。

化学反应速率计算如下：

$$\omega_\alpha=\frac{\mathrm{d}\alpha}{\mathrm{d}t}=-\frac{1}{\tau_{\text{ind}}}=-k_1\rho\exp(-E_1/RT) \tag{3.6}$$

$$\omega_\beta=\frac{\mathrm{d}\beta}{\mathrm{d}t}=\begin{cases}-k_2p^2\left[\beta^2\exp\left(\dfrac{-E_2}{RT}\right)-(1-\beta)^2\exp\left(-\dfrac{E_2+q}{RT}\right)\right], & \alpha\leqslant 0\\ 0, & \alpha>0\end{cases} \tag{3.7}$$

压强 p 和总能 E 满足如下状态方程：

$$p=\rho RT \tag{3.8}$$

$$E=\frac{p}{\gamma-1}+\beta\rho q+\frac{1}{2}\rho V^2 \tag{3.9}$$

上述公式中，气体常数和比热比均为常数。对处于 1 atm(1 atm=101 325 Pa)和 292 K 条件下，预混好的满足化学恰当比的氢气和氧气混合气体 $2H_2/O_2$，文献给出了一组爆轰模型参数，如表 3.2 所示。

表 3.2 氢/氧两步化学反应模型参数[103]

模型参数	参数值
γ	1.4
q(MJ/kg)	4.0
k_1/[m³/(kg·s)]	3.0×10^8
k_2/[m⁴/(N²·s)]	1.04×10^{-5}
R/[J/(kg·K)]	692.9
E_1/q	1.71
E_2/q	0.347
(E_1/R)/K	9 850
(E_2/R)/K	2 000

使用 Korobeinikov 两步化学反应模型，可计算出爆轰波的诱导反应区长度。Taki 和 Fujiwara[107] 利用两步化学反应模型最早通过数值模拟获得了二维爆轰波

的胞格结构，捕捉到了横波的产生及发展、三波点的碰撞与诱导反应区长度的变化。在连续爆轰发动机的研究中，Zhou 等[108]也使用了这一化学反应模型，对二维和三维连续爆轰发动机燃烧室内流体粒子的踪迹进行了跟踪，并分析了其热力学循环过程。此反应模型中反应气体与产物的比热系数、摩尔质量均取常值，不考虑组分变化对气体常数的影响，当爆轰波前气体温度压强发生变化时，其适用范围受到限制。两步化学反应模型相比于一步化学反应模型，加入了对爆轰波结构的描述，显示了很好的优越性，计算量小，模拟结果准确。

3.1.3 基元化学反应模型

基元化学反应模型将各种组分之间的反应合成具有代表性的数个基元反应并耦合相应的物质和能量传递，通过理论和实验数据确定每个化学反应的反应速率。包含 N 个组分的基元化学反应的一般形式为

$$\sum_{i=1}^{N} \nu'_{ik}\chi_i \rightleftharpoons \sum_{i=1}^{N} \nu''_{ik}\chi_i \tag{3.10}$$

其中，$i=1, 2, \cdots, N$，表示第 i 个组分；$k=1, 2, \cdots, K$，表示第 k 个化学反应；ν'_{ik} 和 ν''_{ik} 分别为组分 i 在第 k 个反应中正向反应与逆向反应的化学计量系数；W_i 为第 i 个组分的摩尔质量。第 i 个组分的反应生成率为其在所有反应中净生成率的总和：

$$\dot{\omega}_i = W_i \sum_{i=1}^{K} (\nu''_{ik} - \nu'_{ik}) \mathrm{RP}_k \tag{3.11}$$

RP_k 为第 k 个化学反应的反应进行速率，可表示为

$$\mathrm{RP}_k = k_{f,k} \prod_{i=1}^{N} (c_{\chi_i})^{\nu'_{ik}} - k_{b,k} \prod_{i=1}^{N} (c_{\chi_i})^{\nu''_{ik}} \tag{3.12}$$

其中，c_{χ_i} 为第 i 个组分的摩尔浓度 $\left(c_{\chi_i} = \dfrac{\rho_i}{W_i}\right)$，$k_{f,k}$ 和 $k_{b,k}$ 分别为第 k 个化学反应的正反应速率和逆反应速率。

对于存在第三体的化学反应，修正后的反应速率公式为

$$\mathrm{RP}_k = \left(\sum_{i=1}^{N} \alpha_{ik} c_{\chi_i}\right)\left[k_{f,k} \prod_{i=1}^{N} (c_{\chi_i})^{\nu'_{ik}} - k_{b,k} \prod_{i=1}^{N} (c_{\chi_i})^{\nu''_{ik}}\right] \tag{3.13}$$

其中，α_{ik}为第i种组分在第k个反应中的有效因子(efficiency factors)。

正反应速率通常以阿伦尼乌斯(Arrhenius)公式的形式给出：

$$k_{f,k}=A_{k,f}T^{n_{k,f}}\exp\left(\frac{-Ea_{k,f}}{R_u T}\right) \tag{3.14}$$

其中，$R_u=8.314(\text{J}\cdot\text{mol}^{-1}\cdot\text{K}^{-1})$为通用气体常数(universal gas constant)。公式中用于计算正反应速率的各个参数($A_{k,f}$、$n_{k,f}$、$Ea_{k,f}$)和有效因子α_{ik}的取值可以参考文献[104]。

有些反应速率不仅和温度有关，也与压强的大小关系密切，对于这一类反应，其化学反应速率包含低压极限反应速率k_0和高压极限反应速率k_∞，正反应速率是两者的合成：

$$k_0=A_0T^{n_0}\exp\left(\frac{-Ea_0}{R_u T}\right),\ k_\infty=A_\infty T^{n_\infty}\exp\left(\frac{-Ea_\infty}{R_u T}\right),$$

$$k_f=k_\infty\left(\frac{P_r}{1+P_r}\right)F \tag{3.15}$$

其中，Jürgen Troe 提出的修正形式为

$$P_r=\frac{k_0[M]}{k_\infty},\ [M]=\sum_{i=1}^{N}\alpha_{ik}c\chi_i \tag{3.16}$$

$$F=\exp\left\{\left[1+\left(\frac{\log P_r+c}{n-d(\log P_r+c)}\right)^2\right]^{-1}\log F_c\right\} \tag{3.17}$$

$[M]$为气体总摩尔浓度，P_r为修正压强，F为修正因子。

第k个反应的逆反应速率为

$$k_{b,k}=\frac{k_{f,k}}{K_{Ck}} \tag{3.18}$$

$$K_{Ck}=K_{Pk}(R_sT)^{-\sum\limits_{i=1}^{N}(v''_{ik}-v'_{ik})} \tag{3.19}$$

$$K_{Pk}=\exp\left\{\sum_{i=1}^{N}\left[(v''_{ik}-v'_{ik})\frac{s_i^0}{R_i}\right]-\sum_{i=1}^{N}\left[(v''_{ik}-v'_{ik})\frac{h_i}{R_iT}\right]\right\} \tag{3.20}$$

其中，$R_s=R_u/p_{\text{atm}}=\dfrac{8.314(\text{J}\cdot\text{mol}^{-1}\cdot\text{K}^{-1})}{1.013\times10^5\ \text{Pa/atm}}=82.06(\text{cm}^3\cdot\text{atm}\cdot\text{mol}^{-1}\text{K}^{-1})$。

由道尔顿分压定律，各组分气体与混合气体有如下状态方程关系式：

$$p=\sum_{i=1}^{N}\rho_i R_i T=\sum_{i=1}^{N}\rho_i\frac{R_u}{W_i}T \tag{3.21}$$

即 $p=\sum_{i=1}^{N}p_i$。

混合气体的总密度 ρ 和各种组分气体的密度 ρ_i 满足质量守恒关系：

$$\rho=\sum_{i=1}^{N}\rho_i \tag{3.22}$$

各种组分气体的质量分数为

$$Y_i=\frac{\rho_i}{\rho} \tag{3.23}$$

摩尔浓度为

$$C_i=\frac{\rho_i}{W_i}=\rho\frac{Y_i}{W_i} \tag{3.24}$$

混合气体的摩尔质量为

$$W=\sum_{i=1}^{N}(W_iY_i) \tag{3.25}$$

混合气体的等压比热为

$$C_p=\sum_{i=1}^{N}Y_iC_{pi} \tag{3.26}$$

混合气体的比热比为

$$\gamma=\frac{C_p}{C_p-R_u/W} \tag{3.27}$$

各种组分的化学反应生成率满足如下条件：

$$\sum_{i=1}^{N}\dot{\omega}_i=0 \tag{3.28}$$

单位体积的总能与总焓具有以下关系式：

$$E = \sum_{i=1}^{N} \rho_i h_i - p + \frac{1}{2}\rho V^2 \tag{3.29}$$

$$h = (E + p)/\rho \tag{3.30}$$

$$h = \sum_{i=1}^{N} Y_i h_i \tag{3.31}$$

$$h_i(T) = \int_{T_0}^{T} C_{pi}(T)\mathrm{d}T + h_i^0 \tag{3.32}$$

其中，R_i 为各组分的气体常数，$R_i = R_u / W_i$；h_i 和 C_{pi} 为各种组分气体的比焓和定压比热。

在基元化学反应模型中，温度可根据能量方程和混合物各种组分状态方程联合求解。对于热理想气体，可以对测得的热力学特征量数据进行拟合，从而使用温度 T 的多项式进行计算。给定温度下第 i 种组分的定压比热 C_{pi}、比焓 h_i 和标准状态熵 s_i^0 分别由下面的公式拟合得到：

$$\frac{C_{pi}}{R_i} = a_{1i} + a_{2i}T + a_{3i}T^2 + a_{4i}T^3 + a_{5i}T^4 \tag{3.33}$$

$$\frac{h_i}{R_i T} = a_{1i} + \frac{a_{2i}}{2}T + \frac{a_{3i}}{3}T^2 + \frac{a_{4i}}{4}T^3 + \frac{a_{5i}}{5}T^4 + \frac{a_{6i}}{T} \tag{3.34}$$

$$\frac{s_i^0}{R_i} = a_{1i}\ln T + a_{2i}T + \frac{a_{3i}}{2}T^2 + \frac{a_{4i}}{3}T^3 + \frac{a_{5i}}{4}T^4 + a_{7i} \tag{3.35}$$

多项式系数可以通过查找美国国家标准技术研究所（National Institute of Standards and Technology, NIST）的热化学表（NIST-JANAF thermochemical tables）得到。需要注意的是，同一种组分在不同温度下有不同的系数。由混合气体的总能公式及状态方程可以得到关于温度 T 的函数：

$$f(T) = b_0 + b_1 T + b_2 T^2 + b_3 T^3 + b_4 T^4 + b_5 T^5 \tag{3.36}$$

其中，

$$b_0 = \sum_{i=1}^{N} \rho_i R_i a_{6i} + \frac{\rho}{2}V^2 - E \tag{3.37}$$

$$b_1 = \sum_{i=1}^{N} \rho_i R_i a_{1i} - \sum_{i=1}^{N} \rho_i R_i \tag{3.38}$$

$$b_2 = \frac{1}{2} \sum_{i=1}^{N} \rho_i R_i a_{2i} \tag{3.39}$$

$$b_3 = \frac{1}{3} \sum_{i=1}^{N} \rho_i R_i a_{3i} \tag{3.40}$$

$$b_4 = \frac{1}{4} \sum_{i=1}^{N} \rho_i R_i a_{4i} \tag{3.41}$$

$$b_5 = \frac{1}{5} \sum_{i=1}^{N} \rho_i R_i a_{5i} \tag{3.42}$$

函数 $f(T)$ 是各守恒变量与各热力学变量间的相互关系，可由牛顿迭代法求温度：

$$T_{n+1} = T_n - \frac{f(T_n)}{f'(T_n)} \tag{3.43}$$

其中，

$$f'(T) = b_1 + 2b_2 T + 3b_3 T^2 + 4b_4 T^3 + 5b_5 T^4 \tag{3.44}$$

在计算过程中，时间步长的选择需要与计算模型的化学反应类型相匹配，即在一个时间步长内，节点上物质因流场运动导致的变化和因化学反应导致的变化应该是协调的。对于基元化学反应，化学反应的特征时间尺度远小于流场运动的宏观时间尺度。若要保证化学反应的精度，则需要取很小的时间步长，但这会导致巨大的计算量。为了平衡计算量和计算精度的矛盾，这里介绍点隐式处理法(point-implicit treatment)。对于二维流场，点隐式格式为以下形式：

$$D_{i,j}^{n} \Delta U_{i,j} = -\Delta t \left(\frac{\partial F}{\partial x} + \frac{\partial G}{\partial y} \right)_{i,j}^{n} + \Delta t S_{i,j}^{n} \tag{3.45}$$

$$U_{i,j}^{n+1} = U_{i,j}^{n} + \Delta U_{i,j} \tag{3.46}$$

$$D_{i,j}^{n} = \left(I - \Delta t \frac{\partial S}{\partial U} \right)_{i,j}^{n} \tag{3.47}$$

其中

$$\frac{\partial S}{\partial U}=\begin{bmatrix} 0 & 0 & 0 & 0 & 0 & 0 & \cdots & 0 \\ 0 & 0 & 0 & 0 & 0 & 0 & \cdots & 0 \\ 0 & 0 & 0 & 0 & 0 & 0 & \cdots & 0 \\ 0 & 0 & 0 & 0 & 0 & 0 & \cdots & 0 \\ \frac{\partial \dot{\omega}_1}{\partial \rho} & \frac{\partial \dot{\omega}_1}{\partial \rho u} & \frac{\partial \dot{\omega}_1}{\partial \rho v} & \frac{\partial \dot{\omega}_1}{\partial e} & \frac{\partial \dot{\omega}_1}{\partial \rho_1} & \frac{\partial \dot{\omega}_1}{\partial \rho_2} & \cdots & \frac{\partial \dot{\omega}_1}{\partial \rho_N} \\ \frac{\partial \dot{\omega}_2}{\partial \rho} & \frac{\partial \dot{\omega}_2}{\partial \rho u} & \frac{\partial \dot{\omega}_2}{\partial \rho v} & \frac{\partial \dot{\omega}_2}{\partial e} & \frac{\partial \dot{\omega}_2}{\partial \rho_1} & \frac{\partial \dot{\omega}_2}{\partial \rho_2} & \cdots & \frac{\partial \dot{\omega}_2}{\partial \rho_N} \\ \vdots & \vdots & \vdots & \vdots & \vdots & \vdots & \cdots & \vdots \\ \frac{\partial \dot{\omega}_N}{\partial \rho} & \frac{\partial \dot{\omega}_N}{\partial \rho u} & \frac{\partial \dot{\omega}_N}{\partial \rho v} & \frac{\partial \dot{\omega}_N}{\partial e} & \frac{\partial \dot{\omega}_N}{\partial \rho_1} & \frac{\partial \dot{\omega}_N}{\partial \rho_2} & \cdots & \frac{\partial \dot{\omega}_N}{\partial \rho_N} \end{bmatrix} \tag{3.48}$$

$$\frac{\partial \dot{\omega}_i}{\partial \rho}=\frac{\partial T}{\partial \rho}W_i\sum_{k=1}^{K}\left\{(\nu''_{ik}-\nu'_{ik})\left(\sum_{l=1}^{N}\alpha_{lk}c_{\chi_l}\right)\left[\frac{\mathrm{d}k_{f,k}}{\mathrm{d}T}\prod_{l=1}^{N}(c_{\chi_l})^{\nu'_{lk}}-\frac{\mathrm{d}k_{b,k}}{\mathrm{d}T}\prod_{l=1}^{N}(c_{\chi_l})^{\nu''_{lk}}\right]\right\} \tag{3.49}$$

$$\frac{\partial \dot{\omega}_i}{\partial \rho u}=\frac{\partial T}{\partial \rho u}W_i\sum_{k=1}^{K}\left\{(\nu''_{ik}-\nu'_{ik})\left(\sum_{l=1}^{N}\alpha_{lk}c_{\chi_l}\right)\left[\frac{\mathrm{d}k_{f,k}}{\mathrm{d}T}\prod_{l=1}^{N}(c_{\chi_l})^{\nu'_{lk}}-\frac{\mathrm{d}k_{b,k}}{\mathrm{d}T}\prod_{l=1}^{N}(c_{\chi_l})^{\nu''_{lk}}\right]\right\} \tag{3.50}$$

$$\frac{\partial \dot{\omega}_i}{\partial \rho v}=\frac{\partial T}{\partial \rho v}W_i\sum_{k=1}^{K}\left\{(\nu''_{ik}-\nu'_{ik})\left(\sum_{l=1}^{N}\alpha_{lk}c_{\chi_l}\right)\left[\frac{\mathrm{d}k_{f,k}}{\mathrm{d}T}\prod_{l=1}^{N}(c_{\chi_l})^{\nu'_{lk}}-\frac{\mathrm{d}k_{b,k}}{\mathrm{d}T}\prod_{l=1}^{N}(c_{\chi_l})^{\nu''_{lk}}\right]\right\} \tag{3.51}$$

$$\frac{\partial \dot{\omega}_i}{\partial e}=\frac{\partial T}{\partial e}W_i\sum_{k=1}^{K}\left\{(\nu''_{ik}-\nu'_{ik})\left(\sum_{l=1}^{N}\alpha_{lk}c_{\chi_l}\right)\left[\frac{\mathrm{d}k_{f,k}}{\mathrm{d}T}\prod_{l=1}^{N}(c_{\chi_l})^{\nu'_{lk}}-\frac{\mathrm{d}k_{b,k}}{\mathrm{d}T}\prod_{l=1}^{N}(c_{\chi_l})^{\nu''_{lk}}\right]\right\} \tag{3.52}$$

$$\frac{\partial\dot{\omega}_i}{\partial\rho_j}=W_i\sum_{k=1}^{K}\left\{(\nu''_{ik}-\nu'_{ik})\left(\frac{\alpha_{jk}}{W_j}\right)\left[k_{f,k}\prod_{l=1}^{N}(c_{\chi l})^{\nu'_{lk}}-k_{b,k}\prod_{l=1}^{N}(c_{\chi l})^{\nu''_{lk}}\right]\right\}$$

$$+W_i\sum_{k=1}^{K}\left\{(\nu''_{ik}-\nu'_{ik})\left(\sum_{l=1}^{N}\alpha_{lk}c_{\chi l}\right)\left[k_{f,k}\frac{\nu'_{ik}}{\rho_j}\prod_{l=1}^{N}(c_{\chi l})^{\nu'_{lk}}\right.\right.$$

$$\left.\left.-k_{b,k}\frac{\nu''_{ik}}{\rho_j}\prod_{l=1}^{N}(c_{\chi l})^{\nu''_{lk}}\right]\right\}+\frac{\partial T}{\partial\rho_j}W_i\sum_{k=1}^{K}\left\{(\nu''_{ik}-\nu'_{ik})\left(\sum_{l=1}^{N}\alpha_{lk}c_{\chi l}\right)\right.$$

$$\left.\left[\frac{\mathrm{d}k_{f,k}}{\mathrm{d}T}\prod_{l=1}^{N}(c_{\chi l})^{\nu'_{lk}}-\frac{\mathrm{d}k_{b,k}}{\mathrm{d}T}\prod_{l=1}^{N}(c_{\chi l})^{\nu''_{lk}}\right]\right\} \tag{3.53}$$

$$\frac{\partial T}{\partial\rho}=\frac{0.5(u^2+v^2)}{\sum_{j=1}^{N}\rho_jR_j-\sum_{j=1}^{N}\rho_jC_{pj}} \tag{3.54}$$

$$\frac{\partial T}{\partial\rho u}=\frac{u}{\sum_{j=1}^{N}\rho_jR_j-\sum_{j=1}^{N}\rho_jC_{pj}} \tag{3.55}$$

$$\frac{\partial T}{\partial\rho v}=\frac{v}{\sum_{j=1}^{N}\rho_jR_j-\sum_{j=1}^{N}\rho_jC_{pj}} \tag{3.56}$$

$$\frac{\partial T}{\partial e}=\frac{-1}{\sum_{j=1}^{N}\rho_jR_j-\sum_{j=1}^{N}\rho_jC_{pj}} \tag{3.57}$$

$$\frac{\partial T}{\partial\rho_i}=\frac{h_i-R_iT}{\sum_{j=1}^{N}\rho_jR_j-\sum_{j=1}^{N}\rho_jC_{pj}} \tag{3.58}$$

$$\frac{\mathrm{d}k_{f,k}}{\mathrm{d}T}=\frac{k_{f,k}}{T}\left(n_{k,f}+\frac{Ea_{k,f}}{R_uT}\right) \tag{3.59}$$

$$\frac{\mathrm{d}k_{b,k}}{\mathrm{d}T}=\frac{k_{b,k}}{k_{f,k}}\left\{\frac{\mathrm{d}k_{f,k}}{\mathrm{d}T}-\frac{k_{f,k}}{T}\left[\sum_{i=1}^{N}\left((\nu''_{ik}-\nu'_{ik})\frac{h_i}{R_iT}\right)\right.\right.$$

$$\left.\left.-\sum_{i=1}^{N}(\nu''_{ik}-\nu'_{ik})\right]\right\} \tag{3.60}$$

3.2 控制方程

在爆轰波的数值模拟中，一般忽略黏性、热扩散和热传导的影响，使用带化学反应源项的欧拉方程为控制方程。由于守恒型方程是在固定空间坐标系下进行流场描述的方程，使用它可以避免在计算激波等间断问题时出现错误。控制方程形式如下：

$$\frac{\partial \boldsymbol{U}(\boldsymbol{x},\ t)}{\partial t}+\sum_{n}^{d}\frac{\partial}{\partial x_{n}}\boldsymbol{F}_{n}(\boldsymbol{U}(\boldsymbol{x},\ t))=\boldsymbol{S}(\boldsymbol{U}(\boldsymbol{x},\ t)),\quad \boldsymbol{x}\in \mathrm{R}^{d},\quad t>0 \tag{3.61}$$

其中，$\boldsymbol{U}$ 为守恒量项；$\boldsymbol{F}_n$ 为流通量项；$\boldsymbol{S}$ 为化学反应源项。$\boldsymbol{x}=(x_1,\ \cdots,\ x_d)$ 为 d 维笛卡儿坐标中一点，t 为时间变量。为统一表示各反应模型的控制方程，对于包含 N 个反应进行度参数的模型，各项展开式如下：

$$\boldsymbol{U}=\begin{bmatrix}\rho\\ \rho u_1\\ \vdots\\ \rho u_d\\ E\\ \rho_1\\ \vdots\\ \rho_N\end{bmatrix},\quad \boldsymbol{F}_n=\begin{bmatrix}\rho u_n\\ \rho u_1 u_n+\delta_{1n}p\\ \vdots\\ \rho u_d u_n+\delta_{dn}p\\ \rho u_n h\\ \rho_1 u_n\\ \vdots\\ \rho_N u_n\end{bmatrix},\quad \boldsymbol{S}=\begin{bmatrix}0\\ 0\\ \vdots\\ 0\\ 0\\ \omega_1\\ \vdots\\ \omega_N\end{bmatrix} \tag{3.62}$$

其中，ρ 为反应气体的密度；p 为压强；ρ_1，…，ρ_N 表示不同组分的反应进行度参数，在不同反应模型中表达不同意义；E 为单位体积混合气体的总内能；$h=(E+p)/\rho$ 为单位质量混合气体总比焓；ω_1，…，ω_N 为各反应进行度参数的变化率；δ_{1n}，…，δ_{dn} 为 Kronecker 算子。

通常连续爆轰发动机的燃烧室是同轴圆环腔结构。二维数值计算时，计算域是燃烧室中间层的圆柱环面，使用氢氧两步化学反应模型计算，圆柱坐标系下控制方程式(3.61)具体形式如下：

$$\frac{\partial \boldsymbol{U}}{\partial t}+\frac{\partial \boldsymbol{E}}{\partial \theta}+\frac{\partial \boldsymbol{F}}{\partial z}=\boldsymbol{S} \tag{3.63}$$

各守恒分量定义如下：

$$\boldsymbol{U}=\begin{bmatrix}\rho \\ \rho u_\theta \\ \rho u_z \\ E \\ \rho\beta \\ \rho\alpha\end{bmatrix},\quad \boldsymbol{E}=\frac{1}{r}\begin{bmatrix}\rho u_\theta \\ \rho u_\theta^2+p \\ \rho u_\theta u_z \\ (E+p)u_\theta \\ \rho u_\theta\beta \\ \rho u_\theta\alpha\end{bmatrix},\quad \boldsymbol{F}=\begin{bmatrix}\rho u_z \\ \rho u_\theta u_z \\ \rho u_z^2+p \\ (E+p)u_z \\ \rho u_z\beta \\ \rho u_z\alpha\end{bmatrix},\quad \boldsymbol{S}=\begin{bmatrix}0 \\ 0 \\ 0 \\ 0 \\ \rho\omega_\beta \\ \rho\omega_\alpha\end{bmatrix} \tag{3.64}$$

其中，θ 表示燃烧室的圆周方向；z 表示轴向方向；r 表示半径方向。

三维计算时，计算域是夹在两个圆柱面之间的环形腔。要在矩形正交网格上使用高精度有限差分格式，需要将物理空间上的不规则网格变换到计算空间上的矩形正交网格，控制方程也需要作相应的广义坐标变换。

物理空间坐标系(x, y, z)到笛卡儿正交坐标系(ξ, η, ζ)的变换如下：

$$\begin{cases}\xi=\xi(x, y, z) \\ \eta=\eta(x, y, z) \\ \zeta=\zeta(x, y, z)\end{cases} \tag{3.65}$$

依链式法则有以下变换关系式：

$$\begin{cases}\mathrm{d}x=x_\xi\mathrm{d}\xi+x_\eta\mathrm{d}\eta+x_\zeta\mathrm{d}\zeta \\ \mathrm{d}y=y_\xi\mathrm{d}\xi+y_\eta\mathrm{d}\eta+y_\zeta\mathrm{d}\zeta \\ \mathrm{d}z=z_\xi\mathrm{d}\xi+z_\eta\mathrm{d}\eta+z_\zeta\mathrm{d}\zeta\end{cases} \tag{3.66}$$

$$\begin{cases}\mathrm{d}\xi=\xi_x\mathrm{d}x+\xi_y\mathrm{d}y+\xi_z\mathrm{d}z \\ \mathrm{d}\eta=\eta_x\mathrm{d}x+\eta_y\mathrm{d}y+\eta_z\mathrm{d}z \\ \mathrm{d}\zeta=\zeta_x\mathrm{d}x+\zeta_y\mathrm{d}y+\zeta_z\mathrm{d}z\end{cases} \tag{3.67}$$

其中

$$\begin{bmatrix} \xi_x & \xi_y & \xi_z \\ \eta_x & \eta_y & \eta_z \\ \zeta_x & \zeta_y & \zeta_z \end{bmatrix} = \begin{bmatrix} x_\xi & x_\eta & x_\zeta \\ y_\xi & y_\eta & y_\zeta \\ z_\xi & z_\eta & z_\zeta \end{bmatrix}^{-1} \tag{3.68}$$

由矩阵关系易算得

$$\begin{aligned} &\xi_x = J \cdot (y_\eta z_\zeta - y_\zeta z_\eta), \quad \xi_y = J \cdot (z_\eta x_\zeta - z_\zeta x_\eta), \quad \xi_z = J \cdot (x_\eta y_\zeta - x_\zeta y_\eta) \\ &\eta_x = J \cdot (y_\zeta z_\xi - y_\xi z_\zeta), \quad \eta_y = J \cdot (z_\zeta x_\xi - z_\xi x_\zeta), \quad \eta_z = J \cdot (x_\zeta y_\xi - x_\xi y_\zeta) \\ &\zeta_x = J \cdot (y_\xi z_\eta - y_\eta z_\xi), \quad \zeta_y = J \cdot (z_\xi x_\eta - z_\eta x_\xi), \quad \zeta_z = J \cdot (x_\xi y_\eta - x_\eta y_\xi) \end{aligned} \tag{3.69}$$

其中，J 为 Jacobi 矩阵行列式值：

$$J = \left| \frac{\partial(\xi, \eta, \zeta)}{\partial(x, y, z)} \right| = \begin{vmatrix} \xi_x & \xi_y & \xi_z \\ \eta_x & \eta_y & \eta_z \\ \zeta_x & \zeta_y & \zeta_z \end{vmatrix} \tag{3.70}$$

对于三维一步化学反应问题，控制方程式(3.61)在广义坐标系下的具体形式为

$$\frac{\partial \widetilde{\boldsymbol{U}}}{\partial t} + \frac{\partial \widetilde{\boldsymbol{E}}}{\partial \xi} + \frac{\partial \widetilde{\boldsymbol{F}}}{\partial \eta} + \frac{\partial \widetilde{\boldsymbol{G}}}{\partial \zeta} = \widetilde{\boldsymbol{S}} \tag{3.71}$$

其中，

$$\widetilde{\boldsymbol{U}} = \frac{1}{J} \begin{bmatrix} \rho \\ \rho u \\ \rho v \\ \rho w \\ \rho e \\ \rho Z_1 \end{bmatrix}, \quad \widetilde{\boldsymbol{E}} = \frac{1}{J} \begin{bmatrix} \rho \overline{U} \\ \rho \overline{U} u + p \xi_x \\ \rho \overline{U} v + p \xi_y \\ \rho \overline{U} w + p \xi_z \\ \overline{U}(p + \rho e) \\ \rho Z_1 \overline{U} \end{bmatrix},$$

$$\widetilde{\boldsymbol{F}} = \frac{1}{J} \begin{bmatrix} \rho \overline{V} \\ \rho \overline{V} u + p \eta_x \\ \rho \overline{V} v + p \eta_y \\ \rho \overline{V} w + p \eta_z \\ \overline{V}(p + \rho e) \\ \rho Z_1 \overline{V} \end{bmatrix}, \quad \widetilde{\boldsymbol{G}} = \frac{1}{J} \begin{bmatrix} \rho \overline{W} \\ \rho \overline{W} u + p \zeta_x \\ \rho \overline{W} v + p \zeta_y \\ \rho \overline{W} w + p \zeta_z \\ \overline{W}(p + \rho e) \\ \rho Z_1 \overline{W} \end{bmatrix}$$

$$\boldsymbol{S}=\frac{1}{J}[0, 0, 0, 0, 0, \omega_1]^{\mathrm{T}} \tag{3.72}$$

$$\overline{U}=u\xi_x+v\xi_y+w\xi_z, \quad \overline{V}=u\eta_x+v\eta_y+w\eta_z,$$
$$\overline{W}=u\zeta_x+v\zeta_y+w\zeta_z \tag{3.73}$$

3.3 数值方法

爆轰波流场是非定常的，它随着时间变化不断演化。本质上，爆轰波的数值计算就是求出控制方程中守恒量 $\boldsymbol{U}$ 随着时间 t 的变化。对于控制方程的求解，其中第一个需要解决的问题，即控制方程中的偏微分如何通过数值方法进行运算。差分格式是其中一种计算方案，它把某一个点的导数或偏导数，用周围相邻几个点的差分来替代。由于这种方法是一种近似求解的办法，因此不同的差分格式的精度和收敛性将决定其可运用的范围，也促进了差分格式的不断发展。

欧拉方程空间离散的差分格式一般分为中心格式和迎风格式两类。中心格式对于变量光滑且连续的流场可以得到较精确的解。但当流场有强间断时，会有较大的数值振荡，需要添加人工黏性以滤掉数值波动。而这种修正方式往往并不理想，也可能带来额外的误差，增加了非物理因素，影响计算精度。迎风格式可根据流动的特征方向决定插值点的选取，更加符合物理实际。

20 世纪 80 年代开始，迎风格式逐渐发展和兴盛，成为 CFD 的主流。迎风格式的早期典型为 Lax[109]、Friedrichs[110] 和 Godunov[111] 格式，实际上是由特征线构成格式，只能达到一阶。1983 年，Harten[112] 首先证明了计算格式具有 TVD(total variation diminishing，总变差减小)性质的充分条件，并且构造出了具有二阶精度的高分辨率 TVD 格式。之后，人们研究发展了一大批 TVD 类型的格式[113]，被广泛地应用于 CFD 的各个方面，极大地促进了 CFD 的发展。但 TVD 格式最高只能达到二阶精度，在局部极值点自动降为一阶精度，会使差分解逐渐被耗散。张涵信[114]于 1988 年提出了无波动、无自由参数和耗散的 NND (non-oscillatory, containing no free parameters, and dissipative)格式。NND 格式通过在激波前后采用不同的差分格式，使三阶耗散满足一定的关系，从而使解无数值波动。此格式在可压缩流体计算中得到了广泛的应用。Harten 等[115]于1987 年提出了一致高阶精度的 ENO(essentially non-oscillatory) 格式。即使在局部极值点，ENO 格式仍可保持高阶精度。但 ENO 格式在保持局部极值点个数不增加的情况下，可能会造成局部极大值增大，而孤立的局部极小值会减小，这样可能会造成流场的虚假振荡。另外 ENO 格式计算中需要较多选择语句以选择模板，增加了程序的计算量，同时由于模板不确定，格式不利于并行计算。为了克服上述缺点，Liu 等[116]于 1994 年提出了著名的 WENO (weighted essentially non-oscillatory)格式。他们的 WENO 格式是在 Harten 等提出的基于网格平均形式的 ENO 格式基础上发展出来的。之后，Jiang 等[117]将通量形式的 ENO 格式也发展成了 WENO 格式。WENO 格式以 ENO 格式为基础，基本思想是利用插值模版的凸组合，对每一个模板赋予权值。这样在光滑区域为某种权值的最佳组合，可以获得高精度格式。而在间断处，包含间断的模板被赋予几乎为零的权值，避免了振荡。由于 WENO 格式具有的良好性质，特别适用于处理间断问题，因此近年来在 CFD 中得到了广泛应用和发展。为避免使用高阶 WENO 格式处理具有复杂波结构或者强间断流场时出现伪振荡现象，Balsara 等[118]于 2000 年提出一种新的保单调高精度 WENO 格式，即 MPWENO 格式。

爆轰传播过程中具有强间断面，需要利用高精度、高分辨率的差分格式进行离散才能捕捉到激波，得到真实的流场。为避免采用高分辨率格式带来的物理振荡和过度的数值耗散，本章关于连续爆轰发动机数值模拟的介绍采用五阶 MPWENO 格式[118]，对控制方程式(3.63)和式(3.71)中的通量项的空间导数积分求解。在使用 MPWENO 格式前，为使计算更加稳定，采用 Steger-Warming[119]的矢通量分裂方法将通量分解为正通量和负通量。在本章的介绍中，时间方向离散为三阶 TVD Runge-Kutta 法。

3.3.1 Steger-Warming 矢通量分裂

自 20 世纪 80 年代起，迎风格式因其清晰的物理意义和高分辨能力，至今仍是空间离散的主要方法。当用迎风差分逼近双曲守恒律方程组时，必须先考虑特征线的方向。为确定“迎风”方向，迎风格式需要把通量按照特征方向进行分解。根据分解形式的不同，主要分为两类。

第一类是通量矢量分裂，如 Steger-Warming 分裂[119]和 Van Leer 分裂[120]。这类格式简单易用、计算量小，激波前后不易发生非物理振荡，但是数值耗散大，间断分辨率和黏性分辨率低，对边界层内的压强和温度预测不准，求解剪切流动的精度较低。第二类是通量差分分裂，如 Roe 分裂[121]，Osher 分裂[122]和 HLLC 分裂[123]。这类格式数值耗散小、间断分辨率和黏性分辨率很高，但是稳健性较差，高速流动下容易出现"Carbuncle"现象[124]，而且计算效率也较低。此外，还有一些混合迎风格式，如 Liou 等[124]的 AUSM(advection upstream splitting method)类格式及其大量改进格式。这类格式综合了两类迎风格式各自的优点，但是也带来一些新的问题。这类格式除用于常规的激波捕捉问题，较多的应用在平衡/非平衡流、湍流、多相流和磁流体力学等领域。

本章使用比较经典的 Steger-Warming 分裂方法。其基本过程是对方程组通量前的 Jacobi 矩阵值进行相似变换，得到一个由特征值组成的对角矩阵，据此将原方程组解耦；然后根据每个特征值所在的方程组又按照流场传播的正方向和反方向将通量进行分解，最后进行计算。

对圆柱坐标系下的欧拉控制方程，邵业涛[125]详细介绍了其矢通量分裂形式。下面我们对三维广义坐标系下一步化学反应模型的欧拉方程的矢通量分裂过程进行详细推导。

对于广义坐标系下的控制方程式(3.71)，可变换为如下形式：

$$\frac{\partial \boldsymbol{U}}{\partial t}+\boldsymbol{A}\frac{\partial \boldsymbol{U}}{\partial \xi}+\boldsymbol{B}\frac{\partial \boldsymbol{U}}{\partial \eta}+\boldsymbol{C}\frac{\partial \boldsymbol{U}}{\partial \zeta}=\boldsymbol{S} \tag{3.74}$$

其中

$$\boldsymbol{A}=\frac{\partial \boldsymbol{E}}{\partial \boldsymbol{U}},\quad \boldsymbol{B}=\frac{\partial \boldsymbol{F}}{\partial \boldsymbol{U}},\quad \boldsymbol{C}=\frac{\partial \boldsymbol{G}}{\partial \boldsymbol{U}} \tag{3.75}$$

经过推导，矩阵 $\boldsymbol{A}$ 具有以下特征值：

$$\lambda_1^\xi=\lambda_2^\xi=\lambda_3^\xi=\lambda_4^\xi=\overline{U},\quad \lambda_5^\xi=\overline{U}+c\sqrt{K_\xi},\quad \lambda_6^\xi=\overline{U}-c\sqrt{K_\xi} \tag{3.76}$$

其中，$K_\xi=\xi_x^2+\xi_y^2+\xi_z^2$。

同理，矩阵 $\boldsymbol{B}$ 具体以下特征值：

$$\lambda_1^\eta = \lambda_2^\eta = \lambda_3^\eta = \lambda_4^\eta = \overline{V}, \quad \lambda_5^\eta = \overline{V} + c\sqrt{K_\zeta}, \quad \lambda_6^\eta = \overline{V} - c\sqrt{K_\eta} \tag{3.77}$$

其中，$K_\eta = \eta_x^2 + \eta_y^2 + \eta_z^2$。

矩阵 $\boldsymbol{C}$ 具有以下特征值：

$$\lambda_1^\zeta = \lambda_2^\zeta = \lambda_3^\zeta = \lambda_4^\zeta = \overline{W}, \quad \lambda_5^\zeta = \overline{W} + c\sqrt{K_\zeta}, \quad \lambda_6^\zeta = \overline{W} - c\sqrt{K_\zeta} \tag{3.78}$$

其中，$K_\zeta = \zeta_x^2 + \zeta_y^2 + \zeta_z^2$。

沿特征向量方向，可将 $\boldsymbol{E}$、$\boldsymbol{F}$、$\boldsymbol{G}$ 分裂为如下形式：

$$\begin{aligned}\widetilde{\boldsymbol{E}}_1 &= \frac{1}{J} \cdot \frac{\rho}{2\gamma} \begin{bmatrix} 2(\gamma-1) \\ 2(\gamma-1)u \\ 2(\gamma-1)v \\ 2(\gamma-1)w \\ 2(\gamma-1)\left(h - \dfrac{c^2}{\gamma-1}\right) \\ 2(\gamma-1)Z_1 \end{bmatrix} \left(\frac{\lambda_1^\xi + |\lambda_1^\xi|}{2} + \frac{\lambda_1^\xi - |\lambda_1^\xi|}{2}\right) \\ &= \widetilde{\boldsymbol{E}}_1^+ + \widetilde{\boldsymbol{E}}_1^- \end{aligned} \tag{3.79}$$

$$\begin{aligned}\widetilde{\boldsymbol{E}}_2 &= \frac{1}{J} \cdot \frac{\rho}{2\gamma} \begin{bmatrix} 1 \\ u + \dfrac{\xi_x}{\sqrt{K_\xi}}c \\ v + \dfrac{\xi_y}{\sqrt{K_\xi}}c \\ w + \dfrac{\xi_z}{\sqrt{K_\xi}}c \\ h + \dfrac{\overline{U}}{\sqrt{K_\xi}}c \\ Z_1 \end{bmatrix} \left(\frac{\lambda_5^\xi + |\lambda_5^\xi|}{2} + \frac{\lambda_5^\xi - |\lambda_5^\xi|}{2}\right) \\ &= \widetilde{\boldsymbol{E}}_2^+ + \widetilde{\boldsymbol{E}}_2^- \end{aligned} \tag{3.80}$$

$$\widetilde{\boldsymbol{E}}_3=\frac{1}{J}\cdot\frac{\rho}{2\gamma}\begin{bmatrix}1\\ u-\frac{\xi_x}{\sqrt{K_\xi}}c\\ v-\frac{\xi_y}{\sqrt{K_\xi}}c\\ w-\frac{\xi_z}{\sqrt{K_\xi}}c\\ h-\frac{\overline{U}}{\sqrt{K_\xi}}c\\ Z_1\end{bmatrix}\left(\frac{\lambda_6^\xi+|\lambda_6^\xi|}{2}+\frac{\lambda_6^\xi-|\lambda_6^\xi|}{2}\right)$$

$$=\widetilde{\boldsymbol{E}}_3^++\widetilde{\boldsymbol{E}}_3^- \tag{3.81}$$

$$\widetilde{\boldsymbol{F}}_1=\frac{1}{J}\cdot\frac{\rho}{2\gamma}\begin{bmatrix}2(\gamma-1)\\ 2(\gamma-1)u\\ 2(\gamma-1)v\\ 2(\gamma-1)w\\ 2(\gamma-1)\left(h-\frac{c^2}{\gamma-1}\right)\\ 2(\gamma-1)Z_1\end{bmatrix}\left(\frac{\lambda_1^\eta+|\lambda_1^\eta|}{2}+\frac{\lambda_1^\eta-|\lambda_1^\eta|}{2}\right)$$

$$=\widetilde{\boldsymbol{F}}_1^++\widetilde{\boldsymbol{F}}_1^- \tag{3.82}$$

$$\widetilde{\boldsymbol{F}}_2=\frac{1}{J}\cdot\frac{\rho}{2\gamma}\begin{bmatrix}1\\ u+\frac{\eta_x}{\sqrt{K_\eta}}c\\ v+\frac{\eta_y}{\sqrt{K_\eta}}c\\ w+\frac{\eta_z}{\sqrt{K_\eta}}c\\ h+\frac{\overline{V}}{\sqrt{K_\eta}}c\\ Z_1\end{bmatrix}\left(\frac{\lambda_5^\eta+|\lambda_5^\eta|}{2}+\frac{\lambda_5^\eta-|\lambda_5^\eta|}{2}\right)$$

$$=\widetilde{\boldsymbol{F}}_2^++\widetilde{\boldsymbol{F}}_2^- \tag{3.83}$$

$$\widetilde{\boldsymbol{F}}_3=\frac{1}{J}\cdot\frac{\rho}{2\gamma}\begin{bmatrix}1\\ u-\dfrac{\eta_x}{\sqrt{K_\eta}}c\\ v-\dfrac{\eta_y}{\sqrt{K_\eta}}c\\ w-\dfrac{\eta_z}{\sqrt{K_\eta}}c\\ h-\dfrac{\overline{V}}{\sqrt{K_\eta}}c\\ Z_1\end{bmatrix}\left(\frac{\lambda_6^\eta+|\lambda_6^\eta|}{2}+\frac{\lambda_6^\eta-|\lambda_6^\eta|}{2}\right)$$

$$=\widetilde{\boldsymbol{F}}_3^{+}+\widetilde{\boldsymbol{F}}_3^{-}\tag{3.84}$$

$$\widetilde{\boldsymbol{G}}_1=\frac{1}{J}\cdot\frac{\rho}{2\gamma}\begin{bmatrix}2(\gamma-1)\\ 2(\gamma-1)u\\ 2(\gamma-1)v\\ 2(\gamma-1)w\\ 2(\gamma-1)\left(h-\dfrac{c^2}{\gamma-1}\right)\\ 2(\gamma-1)Z_1\end{bmatrix}\left(\frac{\lambda_1^\zeta+|\lambda_1^\zeta|}{2}+\frac{\lambda_1^\zeta-|\lambda_1^\zeta|}{2}\right)$$

$$=\widetilde{\boldsymbol{G}}_1^{+}+\widetilde{\boldsymbol{G}}_1^{-}\tag{3.85}$$

$$\widetilde{\boldsymbol{G}}_2=\frac{1}{J}\cdot\frac{\rho}{2\gamma}\begin{bmatrix}1\\ u+\dfrac{\zeta_x}{\sqrt{K_\zeta}}c\\ v+\dfrac{\zeta_y}{\sqrt{K_\zeta}}c\\ w+\dfrac{\zeta_z}{\sqrt{K_\zeta}}c\\ h+\dfrac{\overline{W}}{\sqrt{K_\zeta}}c\\ Z_1\end{bmatrix}\left(\frac{\lambda_5^\zeta+|\lambda_5^\zeta|}{2}+\frac{\lambda_5^\zeta-|\lambda_5^\zeta|}{2}\right)$$

$$=\widetilde{\boldsymbol{G}}_2^{+}+\widetilde{\boldsymbol{G}}_2^{-}\tag{3.86}$$

$$\widetilde{\boldsymbol{G}}_3=\frac{1}{J}\cdot\frac{\rho}{2\gamma}\begin{bmatrix}1\\ u-\dfrac{\zeta_x}{\sqrt{K_\zeta}}c\\ v-\dfrac{\zeta_y}{\sqrt{K_\zeta}}c\\ w-\dfrac{\zeta_z}{\sqrt{K_\zeta}}c\\ h-\dfrac{\overline{W}}{\sqrt{K_\zeta}}c\\ Z_1\end{bmatrix}\left(\frac{\lambda_6^\zeta+|\lambda_6^\zeta|}{2}+\frac{\lambda_6^\zeta-|\lambda_6^\zeta|}{2}\right)$$

$$=\widetilde{\boldsymbol{G}}_3^{+}+\widetilde{\boldsymbol{G}}_3^{-}\tag{3.87}$$

其中，$c=\sqrt{\gamma\dfrac{p}{\rho}}$为当地声速；$\gamma$为比热比。分别将正负通量合并，即

$$\begin{aligned}&\boldsymbol{E}^{+}=\boldsymbol{E}_1^{+}+\boldsymbol{E}_2^{+}+\boldsymbol{E}_3^{+},\quad \boldsymbol{E}^{-}=\boldsymbol{E}_1^{-}+\boldsymbol{E}_2^{-}+\boldsymbol{E}_3^{-}\\&\boldsymbol{F}^{+}=\boldsymbol{F}_1^{+}+\boldsymbol{F}_2^{+}+\boldsymbol{F}_3^{+},\quad \boldsymbol{F}^{-}=\boldsymbol{F}_1^{-}+\boldsymbol{F}_2^{-}+\boldsymbol{F}_3^{-}\\&\boldsymbol{G}^{+}=\boldsymbol{G}_1^{+}+\boldsymbol{G}_2^{+}+\boldsymbol{G}_3^{+},\quad \boldsymbol{G}^{-}=\boldsymbol{G}_1^{-}+\boldsymbol{G}_2^{-}+\boldsymbol{G}_3^{-}\end{aligned}\tag{3.88}$$

最终完成了矢通量分裂，获得了正通量$\boldsymbol{E}^{+}$、$\boldsymbol{F}^{+}$、$\boldsymbol{G}^{+}$和负通量$\boldsymbol{E}^{-}$、$\boldsymbol{F}^{-}$、$\boldsymbol{G}^{-}$。Steger-Warming 分裂方法的精度高，并且获得的分裂通量满足多阶连续可微。Steger-Warming 分裂方法虽有缺点，但它具有良好的稳健性，对激波的处理也较好，可以满足对爆轰波流场进行模拟的要求。

3.3.2 MPWENO 格式

下面我们以求解一维双曲守恒型方程为例，介绍保单调加权基本无振荡(monotonicity preserving weighted essentially non-oscillatory, MPWENO)格式的具体求解过程。圆柱坐标系下二维型欧拉方程组(3.63)和广义坐标系下三维守恒型欧拉方程组(3.71)的求解，只需要将求解一维双曲守恒型方程的方法延伸至二维和三维，采用相同的过程进行数值求解即可。

考虑一维双曲守恒型方程：

$$\frac{\partial \boldsymbol{U}}{\partial t}+\frac{\partial(\boldsymbol{F}(\boldsymbol{U}))}{\partial x}=0 \tag{3.89}$$

其中,$\boldsymbol{U}$ 是守恒型变量;$\boldsymbol{F}(\boldsymbol{U})$是流通量项。将空间离散为步长为 Δx 的等间距网格,每点坐标为 $x_j=j\Delta x$。则 j 点处控制方程可离散为

$$\left(\frac{\partial \boldsymbol{U}}{\partial t}\right)_j=-\frac{1}{\Delta x}(\boldsymbol{F}_{j+1/2}-\boldsymbol{F}_{j-1/2}) \tag{3.90}$$

其中,$\boldsymbol{F}_{j+1/2}$ 为通过单元边界 $x_{j+1/2}$的高阶数值通量,按 3.3.1 节介绍的矢通量分裂方法,可将通量 $\boldsymbol{F}(\boldsymbol{U})$分裂为

$$\boldsymbol{F}(\boldsymbol{U})=\boldsymbol{F}^{+}(\boldsymbol{U})+\boldsymbol{F}^{-}(\boldsymbol{U}) \tag{3.91}$$

相应的数值通量分裂为

$$\boldsymbol{F}_{j+1/2}=\boldsymbol{F}^{+}_{j+1/2}+\boldsymbol{F}^{-}_{j+1/2} \tag{3.92}$$

对于通量分裂后的 $\boldsymbol{F}^{+}_{j+1/2}$,有

$$\boldsymbol{F}^{+}_{j+1/2}=\sum_{k=0}^{r-1} w_k^r q_{j,k}^{+}(\boldsymbol{F}^{+}_{j+k-r+1},\boldsymbol{F}^{+}_{j+k-r+2},\cdots,\boldsymbol{F}^{+}_{j+k}) \tag{3.93}$$

其中

$$q_{j,k}^{+}(\boldsymbol{F}^{+}_{j+k-r+1},\boldsymbol{F}^{+}_{j+k-r+2},\cdots,\boldsymbol{F}^{+}_{j+k})=\sum_{m=1}^{r} a_{k,m}^{r}\boldsymbol{F}^{+}_{j+k-r+m} \tag{3.94}$$

为 r 个子模板插值多项式。对于 $r=3$,系数 $a_{k,m}^{r}$ 由表 3.3 给出。

表 3.3 式(3.94)中系数取值

	$a_{k,m}^{r}$		
	$m=1$	$m=2$	$m=3$
$k=0$	1/3	−7/6	11/6
$k=1$	−1/6	5/6	1/3
$k=2$	1/3	5/6	−1/6

w_k^r 为每个子模板对应的权,具体表达式为

$$w_k^r=\frac{\alpha_k^r}{\alpha_0^r+\cdots+\alpha_{r-1}^r} \tag{3.95}$$

$$\alpha_k^r = \frac{C_k^r}{(\varepsilon + \mathrm{IS}_k^r)^2} \tag{3.96}$$

其中，IS_k^r 为子模板光滑度指标；C_k^r 为最优权，例如，当 $r=3$ 时，C_k^r 的取值如表 3.4 所示。为防止分母为零，$\varepsilon = 10^{-10}$。

表 3.4 最有权系数取值

	$k=0$	$k=1$	$k=2$
C_k^r	1/10	6/10	3/10

为消除新引入的数值振荡，保持数值解的稳定性，引入了保单调的方法[118]。其使数值解既不生成新的极值，也不放大极值。对 WENO 构造的数值通量 $\boldsymbol{F}_{j+1/2}$ 进行保单调处理，即所谓 MPWENO 格式。

定义单元中心的曲率：

$$\boldsymbol{d}_j = \boldsymbol{F}_{j+1} - 2\boldsymbol{F}_j + \boldsymbol{F}_{j-1} \tag{3.97}$$

为得到单元边界的曲率，先定义最小模函数和中值函数：

$$\mathrm{minmod}(x, y) = \frac{1}{2}(\mathrm{sgn}(x) + \mathrm{sgn}(y))\min(|x|, |y|) \tag{3.98}$$

$$\mathrm{median}(x, y, z) = x + \mathrm{minmod}(y - x, z - x) \tag{3.99}$$

防止局部极值点放大的单元边界曲率为

$$\boldsymbol{d}_{j+1/2}^{\mathrm{MM}} = \mathrm{minmod}(\boldsymbol{d}_j, \boldsymbol{d}_{j+1}) \tag{3.100}$$

其中，上标 MM 表示使用了最小模函数。

另一个更加严格地限制局部极值点放大的单元边界曲率定义为

$$\boldsymbol{d}_{j+1/2}^{\mathrm{M4}} = \mathrm{minmod}(4\boldsymbol{d}_j - \boldsymbol{d}_{j+1}, 4\boldsymbol{d}_{j+1} - \boldsymbol{d}_j, \boldsymbol{d}_j, \boldsymbol{d}_{j+1}) \tag{3.101}$$

上式把 $\boldsymbol{d}_j / \boldsymbol{d}_{j+1}$ 的范围限制在 1/4～4。

为得到数值通量的最小值 $\boldsymbol{F}_{j+1/2}^{\min}$ 和最大值 $\boldsymbol{F}_{j+1/2}^{\max}$，分别限定了数值通量的上界、中值和最大曲率对应的数值通量：

$$\boldsymbol{F}_{j+1/2}^{\mathrm{UL}} = \boldsymbol{F}_j + \alpha(\boldsymbol{F}_j - \boldsymbol{F}_{j-1}) \tag{3.102}$$

$$\boldsymbol{F}_{j+1/2}^{\mathrm{MD}}=\frac{1}{2}(\boldsymbol{F}_j+\boldsymbol{F}_{j+1})-\frac{1}{2}\boldsymbol{d}_{j+1/2}^{\mathrm{MD}} \tag{3.103}$$

$$\boldsymbol{F}_{j+1/2}^{\mathrm{LC}}=\boldsymbol{F}_j+\frac{1}{2}(\boldsymbol{F}_j-\boldsymbol{F}_{j+1})+\frac{\beta}{3}\boldsymbol{d}_{j-1/2}^{\mathrm{LC}} \tag{3.104}$$

数值实验表明 α 取 2，β 取 4 效果很好，通常取：

$$\boldsymbol{d}_{j+1/2}^{\mathrm{MD}}=\boldsymbol{d}_{j+1/2}^{\mathrm{LC}}=\boldsymbol{d}_{j+1/2}^{\mathrm{MM}}\ 或\ \boldsymbol{d}_{j+1/2}^{\mathrm{M4}} \tag{3.105}$$

定义：

$$\boldsymbol{F}_{j+1/2}^{\min}=\max(\min(\boldsymbol{F}_j,\boldsymbol{F}_{j+1},\boldsymbol{F}_{j+1/2}^{\mathrm{MD}}),\min(\boldsymbol{F}_j,\boldsymbol{F}_{j+1/2}^{\mathrm{UL}},\boldsymbol{F}_{j+1/2}^{\mathrm{LC}})) \tag{3.106}$$

$$\boldsymbol{F}_{j+1/2}^{\max}=\min(\max(\boldsymbol{F}_j,\boldsymbol{F}_{j+1},\boldsymbol{F}_{j+1/2}^{\mathrm{MD}}),\max(\boldsymbol{F}_j,\boldsymbol{F}_{j+1/2}^{\mathrm{UL}},\boldsymbol{F}_{j+1/2}^{\mathrm{LC}})) \tag{3.107}$$

最后得到保单调的数值通量为

$$\boldsymbol{F}_{j+1/2}=\mathrm{median}(\boldsymbol{F}_{j+1/2},\boldsymbol{F}_{j+1/2}^{\min},\boldsymbol{F}_{j+1/2}^{\max}) \tag{3.108}$$

3.3.3 Runge-Kutta 法

到目前为止，我们只考虑了空间离散。现在我们进一步考虑时间离散的方法。本章关于时间离散格式介绍的是三阶 Runge-Kutta 法。Runge-Kutta 法是对传统的欧拉方法的发展。将所求函数关于时间变量进行 Taylor 展开，截取展开式一阶导数项及其之前的部分即为欧拉方法。由此可见欧拉方法的精度与积分的时间步长有关，时间步长越小，精度越高。然而对于数值模拟，时间步长小则意味着运算量大，而且由于浮点数精度累积误差的原因，时间步长不可能无限小。

Runge-Kutta 法步骤上是把欧拉方法从一次计算变为多次迭代的欧拉计算；从拟合效果来看，在保持时间步长一定的情况下，修正了一阶导数值，使结果具有更高的精度。Runge-Kutta 法的阶数与其精度是匹配的，格式中的参数也可以通过与 Taylor 级数中各项系数的匹配进行设计。Runge-Kutta 法可以通过计算量的线性增长实现精度的幂次增长，有效地平衡了计算量和精度的关系。采用的是

三阶 TVD Runge-Kutta 法，考虑源项，由第 n 时间步到第 $n+1$ 时间步的迭代公式为

$$\boldsymbol{U}^{(1)}=\boldsymbol{U}^{n}+\Delta t L(\boldsymbol{U}^{n}, \boldsymbol{S}^{n}) \tag{3.109}$$

$$\boldsymbol{U}^{(2)}=\frac{3}{4}\boldsymbol{U}^{n}+\frac{1}{4}\boldsymbol{U}^{(1)}+\frac{1}{4}\Delta t \cdot L(\boldsymbol{U}^{(1)}, \boldsymbol{S}^{(1)}) \tag{3.110}$$

$$\boldsymbol{U}^{n+1}=\frac{1}{3}\boldsymbol{U}^{n}+\frac{2}{3}\boldsymbol{U}^{(2)}+\frac{2}{3}\Delta t \cdot L(\boldsymbol{U}^{(2)}, \boldsymbol{S}^{(2)}) \tag{3.111}$$

其中，L 为差分算子，$L(\boldsymbol{U}^{n}, \boldsymbol{S}^{n})=\partial \boldsymbol{U}^{n}/\partial x+\boldsymbol{S}^{n}$。

对于一步化学反应模型和两步化学反应模型，使用以上显式格式计算即可。而对于基元化学反应模型，为平衡宏观流动大尺度网格与源项化学反应小尺度的要求，需要使用与点隐式[126, 127]相结合的 Runge-Kutta 法计算，即对每一步的 Runge-Kutta 结果都进行点隐式处理。

为保证数值格式的稳定性，时间步长需要满足 CFL 条件。CFL 条件的满足使得微分方程的依赖区域包含于差分格式的依赖区域，是差分格式稳定的必要条件。具体来说，CFL 条件是对时间步长的限定。过大的时间步长容易导致差分格式的不收敛。同时，也要兼顾效率。在时间方向的精度不占主要因素的情况下，过小的时间步长无益于精度的改善，是不经济的。

时间步长 Δt 用式(3.112)来确定：

$$\Delta t=C\frac{\Delta x}{\max(|u|+c)} \tag{3.112}$$

其中，C 为 CFL 数；c 为声速。

3.3.4 MPI 并行计算

在连续爆轰发动机的三维数值模拟研究中，由于计算规模较大，通常采用并行计算处理。消息传递接口(massage passing interface, MPI)是目前最重要的并行编程工具之一[128]。它具有移植性好，功能强大，效率高等多种优点。几乎所有的并行计算机厂商都提供对它的支持。因此，它可以很好地用于大型数值模拟中，以在较短时间内完成复杂问题的模拟。

数值模拟中，利用MPI并行计算将计算域$\theta-Z$平面平均分割为24块，如图3.1所示。由于使用五阶MPWENO格式，每块计算域边界需设置辅助网格。辅助网格上设置为通过通信获得的邻居节点交界处网格上的信息，以此辅助网格作为每个计算域的边界。图中$A1\sim C8$所占正方形中间白色部分为真实计算域，1、2、3、4所指条形区域为辅助虚拟网格区域，虚拟网格均占三层网格点。其中1为头部边界虚拟网格，3为尾部边界虚拟网格，2、4部分进行各个计算节点间信息交换，需要传递3层网格上的信息。

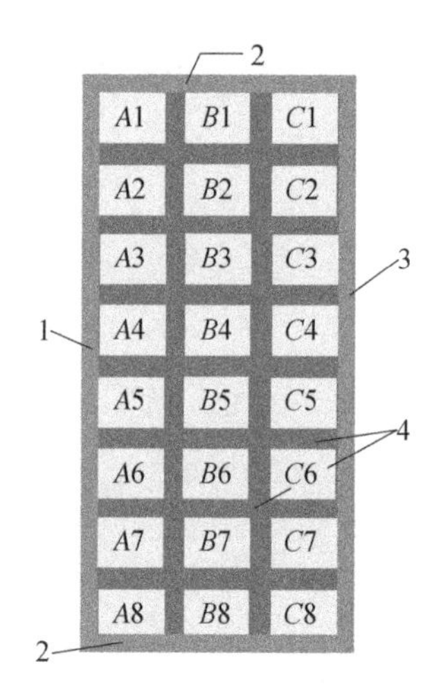

图3.1 MPI并行计算网格节点分布及数据交换示意图

3.4 边界条件

数值模拟中，预混好的可燃气体从入口喷入连续爆轰发动机燃烧室，在其内部以爆轰形式燃烧，燃烧产物从出口排出。因此，本章介绍的边界条件设置方法包括入流边界条件、出口边界条件和壁面边界条件。由于差分格式为五阶MPWENO格式，对每个网格点计算流通量时需要使用两侧两个或者三个网格点上的物理量进行差值，所以需要在边界处设置辅助的虚拟网格，为边缘上网格点的插值计算提供数据。

1. 拉瓦尔喷嘴入流条件

连续爆轰发动机燃烧室进气壁端封闭，开有密集的孔或缝以喷射可燃气体。在数值模拟中，如果考虑带进气孔的物理模型，同时加上高压、高速燃气入射时存在的射流、混合、流动与激波相互作用等复杂问题，处理这一部分需要大量微小尺寸的网格和巨大的计算量。目前，数值模拟还很难计算真实的入流问题，入流条件的设置应用到很多的假设条件来简化模型，以减少这一部分对网格的特殊要求。

拉瓦尔喷嘴以抽象的形式用于计算模拟。在进气壁上，将每个网格点均虚拟为一个微小的拉瓦尔喷嘴，假设平均流量由拉瓦尔喷嘴通过整个闭口端截面均匀入射，不考虑射流、扩散及混合问题。进气壁上每个网格点入流参数根据燃烧室进气壁上的当地压强，由一维理想气体动力学理论计算入流参数[129]。设入流拉瓦尔喷嘴出口面积与喉道面积比为 A_w/A_{throat}，管内等熵流动具有以下关系式：

$$\frac{A_w}{A_{throat}}=\frac{1}{M}\left[\frac{2}{\gamma+1}\left(1+\frac{\gamma-1}{2}M^2\right)\right]^{\frac{\gamma+1}{2(\gamma-1)}} \tag{3.113}$$

其中，M 为拉瓦尔喷嘴出口处马赫数。当给定拉瓦尔喷嘴的几何形状(即面积比 A_w/A_{throat})，由等熵流动关系可计算出入流马赫数存在两个实根，分别为 $M_1(>1)$ 和 $M_2(<1)$。用 p_0 表示来流总压，拉瓦尔喷嘴的三种设计工况对应的喷管出口处(即燃烧室入口处)的临界压强 p_{w1}、p_{w2} 和 p_{w3} 满足如下关系式：

$$p_{w1}=\frac{p_0}{\left(1+\frac{\gamma-1}{2}M_1^2\right)^{\frac{\gamma}{\gamma-1}}} \tag{3.114}$$

$$p_{w2}=\frac{p_0}{\left(1+\frac{\gamma-1}{2}M_2^2\right)^{\frac{\gamma}{\gamma-1}}} \tag{3.115}$$

$$p_{w3}=p_{w1}\left[1+\frac{2\gamma}{\gamma+1}(M_1^2-1)\right] \tag{3.116}$$

那么，入射流场与当地压强 p_w 的变化关系如下。

(1) 当 $p_w>p_0$ 时，可燃气不能喷入，此时头部设为镜面反射边界条件。轴向入流速度为零。

$$p=p_w,\quad T=T_w,\quad w=0 \tag{3.117}$$

(2) 当 $p_{w2}<p_w<p_0$ 时，可燃气在整个入流喷管内以亚声速入射。入射马赫数 M_e 满足等熵流公式：

$$M_e=\sqrt{\frac{2}{\gamma-1}\left[\left(\frac{p_0}{p_w}\right)^{\frac{\gamma-1}{\gamma}}-1\right]} \tag{3.118}$$

那么燃烧室入口处压强、温度和轴向速度 w 的设置为

$$p=p_w,\quad T=\frac{T_0}{1+\frac{\gamma-1}{2}M_e^2},\quad w=M_e\sqrt{\gamma RT} \tag{3.119}$$

(3) 当 $p_{w3} < p_w < p_{w2}$ 时，入流喷管维持壅塞状态，流量达到最大值，喉道下部产生激波，可燃气亚声速入射。此时入射马赫数 M_e 满足关系式：

$$\frac{p_w}{p_0}\cdot\frac{A_w}{A_{throat}}=\frac{1}{M_e}\left(\frac{2}{\gamma+1}\right)^{\frac{\gamma+1}{2(\gamma-1)}}\frac{1}{\sqrt{1+\frac{\gamma-1}{2}M_e^2}} \tag{3.120}$$

计算出入射马赫数 M_e，即可根据式(3.119)设置入流参数值。

(4) 当 $p_w < p_{w3}$ 时，可燃气通过管外斜激波调整压强，喷口处入流条件不受进气壁上压强影响。那么燃烧室入口处压强、温度和轴向速度 w 的设置为

$$p=\frac{p_0}{\left(1+\frac{\gamma-1}{2}M_1^2\right)^{\frac{\gamma}{\gamma-1}}},\quad T=\frac{T_0}{1+\frac{\gamma-1}{2}M_1^2},\quad w=M_1\sqrt{\gamma RT} \tag{3.121}$$

2. 一维等熵入流边界条件

在目前的连续爆轰发动机的数值模拟中，另一种比较常见的入流条件设置是一维等熵入流边界条件。在这个设置中，将每个网格点视为等截面流管，入流边界条件根据当地压强由一维等熵流动关系进行如下计算。

当 $p_w > p_0$ 时：

$$p=p_w,\quad T=T_0\left(\frac{p}{p_0}\right)^{\frac{\gamma-1}{\gamma}},\quad w=0 \tag{3.122}$$

当 $p_0 > p_w > p_{cr}$ 时：

$$p=p_w,\quad T=T_0\left(\frac{p}{p_0}\right),\quad w=\sqrt{\frac{2\gamma}{\gamma-1}RT_0\left[1-\left(\frac{p}{p_0}\right)^{\frac{\gamma-1}{\gamma}}\right]} \tag{3.123}$$

当 $p_{cr} > p_w$ 时：

$$p=p_{cr},\quad T=T_0\left(\frac{p}{p_0}\right),\quad w=\sqrt{\frac{2\gamma}{\gamma-1}RT_0\left[1-\left(\frac{p}{p_0}\right)^{\frac{\gamma-1}{\gamma}}\right]} \tag{3.124}$$

其中，临界压强 p_{cr} 计算如下：

$$p_{cr}=p_0\left(\frac{2}{\gamma+1}\right)^{\frac{\gamma}{\gamma-1}} \tag{3.125}$$

3. 外展出流边界条件

出口边界条件是爆轰计算中的重要一环,只有处理好出口边界条件才可能获得准确的爆轰推进性能参数。当出流为亚声速流动时,可以采用外展边界条件[130]。设紧邻出口边界处网格上气体状态为$\boldsymbol{Y}_b(\rho, u, v, w, p, \rho_1, \cdots, \rho_N)$,无穷远处气体状态为$\boldsymbol{Y}_\infty(\rho, u, v, w, p, \rho_1, \cdots, \rho_N)$,则物理出口至外环境之间的边界辅助网格上的气体状态$\boldsymbol{Y}_{out}$为

$$\boldsymbol{Y}_{out}=(1-\alpha)\boldsymbol{Y}_b+\alpha\boldsymbol{Y}_\infty \tag{3.126}$$

其中,$\alpha=0.05$ [130]为无穷远处的弛豫系数。

之前的数值模拟研究[131]证实了此种方法虽初始时刻会对燃烧室内流场有影响,但当爆轰波充分发展后,没有反射激波影响燃烧室内流动。

4. 自由出流边界条件

当出流为超声速流动时,由特征线理论,下游流动不会对上游流动产生影响。此时可设置自由边界条件,边界外辅助网格上物理量可任意设置,一般的方法是令辅助网格上的值等于边界点上的值,即

$$\boldsymbol{Y}_{out}=\boldsymbol{Y}_b \tag{3.127}$$

5. 周期性边界条件

在二维或三维连续旋转爆轰发动机的数值模拟中,燃烧室内流场沿圆周方向是连续的。为了在计算网格上实现连续的特性,需要在计算网格圆周方向的两头添加周期性边界条件。其做法是将一端边界上网格点数据平移到另一端的边界外辅助网格点上,起到将计算区域两条边界连接起来的作用。

另外在并行计算中,网格数据可能被分割在不同的进程上进行运算,因而流场的信息需要在不同进程之间进行传递。其传递方式与周期性边界条件基本相同,即将网格分割边上一侧的数据平移到另一侧的辅助网格上,以实现网格连接的效果。

6. 镜面反射边界条件

在爆轰波流场中,由于爆轰波的强度等特点,一般不考虑边界层[132],不考虑

摩擦、传热等因素。对一维爆轰波问题中的封闭端和三维连续爆轰发动机燃烧室的内外壁面，使用镜面反射边界条件。所谓镜面反射边界条件即指物质不能通过壁面，压强、密度、温度等标量值在壁面两侧对称相等。流动速度在壁面两侧沿法向方向大小相等，方向相反；沿切向方向大小相等，方向不变。

第 4 章
进气与点火起爆

爆轰波传播速度快，化学反应空间尺度和时间尺度小。如果燃料和氧化剂混合程度差，经过激波压缩后，后续化学反应不充分，释放热量不足以维持爆轰波传播，最终无法形成稳定传播的爆轰波。此外，还需要采用有效的点火起爆手段保证连续爆轰发动机的起动。本章介绍连续爆轰发动机的燃料掺混过程、进气方式和点火起爆手段。

4.1 喷注与掺混

对于连续爆轰发动机的燃料供应，在实验和工程中一般不采用混合好的燃料氧化剂混合物作为推进剂，而是利用独立的气源分别供给燃料和氧化剂。燃料和氧化剂的混合是通过连续爆轰发动机喷注结构来完成的。燃料和氧化剂两种气体(或者液体)的混合可以通过对撞或卷吸剪切的方式进行。爆轰波扫过进气区域时，由于爆轰波波面的压强远远高于进气压强，将导致进气区域的堵塞甚至气体回流，这对于维持爆轰波传播是不利的。所以从促进燃料混合和减小堵塞影响的角度出发，连续爆轰发动机的进气结构应该具有两个特点：一是促进燃料气体混合，二是减少爆轰波对于进气的影响。

本节还介绍了本书作者王健平在国际上首次提出的一种全新的连续爆轰发动机进气方式——阵列式小孔进气，这是一种更具有实际工程应用前景的设计，目前课题组已经同时在实验和数值模拟中验证了这种进气方式，本章对其进行了介绍。

4.1.1 燃料喷注与掺混

如图 4.1 所示，按照燃料和氧化剂喷注区域是连续还是间断的，可以将喷注方式分为连续式和间断式。根据燃料和氧化剂混合方式的不同，可以将喷注方式分为对冲式、旋流式和同轴卷吸式。按照喷注入口几何形状的不同，可以将喷注方式分为环缝式和喷孔式等。上述分类方式仅仅是根据几何或者物理特点分类，如表 4.1 所示，在实际应用中还可以加以组合形成最优的方案来满足连续爆轰喷注条件。

表 4.1 各个单位喷注和起爆方式汇总(不完全统计)

<table>
<tr><th>单 位</th><th>喷注方式</th><th>推进剂</th></tr>
<tr><td>拉夫连季耶夫流体力学研究所</td><td>喷孔-喷孔</td><td>H_2/O_2</td></tr>
<tr><td>MBDA 法国公司</td><td>环缝-环缝</td><td>C_2H_2/O_2</td></tr>
<tr><td rowspan="2">华沙工业大学</td><td>喷孔-喷孔</td><td rowspan="2">CH_4/O_2
C_2H_6/O_2
C_3H_8/O_2</td></tr>
<tr><td>喷孔-环缝</td></tr>
<tr><td>普惠</td><td>预混喷注</td><td>C_2H_2/O_2</td></tr>
<tr><td>美国空军实验室</td><td>非预混</td><td>H_2/O_2</td></tr>
<tr><td>得克萨斯大学奥斯汀分校</td><td>旋流</td><td>H_2/O_2</td></tr>
<tr><td rowspan="2">国防科技大学</td><td>喷孔-喷孔</td><td rowspan="2">H_2/O_2
CH_4/O_2</td></tr>
<tr><td>喷孔-环缝</td></tr>
<tr><td>名古屋大学</td><td>喷孔-喷孔</td><td>H_2/O_2</td></tr>
<tr><td>创新科学方案公司</td><td>喷孔-环缝</td><td>H_2/O_2</td></tr>
<tr><td rowspan="2">南京理工大学</td><td>喷孔-环缝</td><td>H_2/O_2</td></tr>
<tr><td>环形阵列式精细雾化装置</td><td>汽油/富氧空气</td></tr>
</table>

美国爱德华兹空军基地委托密歇根大学[37, 133]对连续爆轰发动机的可行性进行了详细的论证，喷注结构如图 4.1(b)所示。在实验中他们发现连续爆轰波能够实现，但爆轰波旋转一周后消失，不能够稳定传播，他们对喷注结构进行分析，认

为失败的原因是：采用离散式喷嘴喷注方式，推进剂离开喷嘴后动量衰减厉害；推进剂质量流量不足；采用对冲式喷注方式推进剂的混合效果好，第一道爆轰波引起了推进剂的连续燃烧。该研究结果说明了喷注方式对于连续爆轰的维持的重

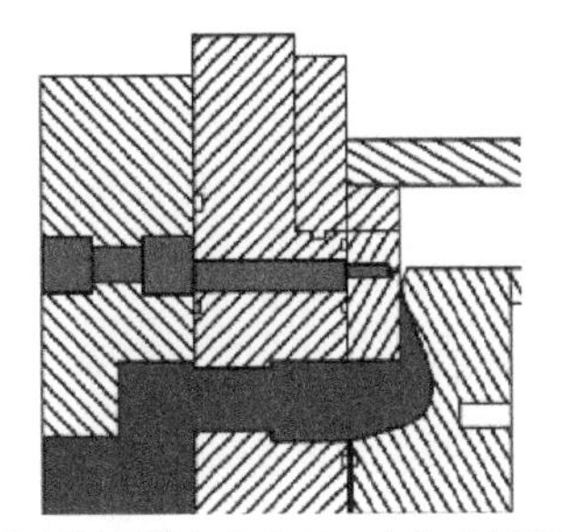

(a) 创新科学方案公司：喷孔-环缝[134]

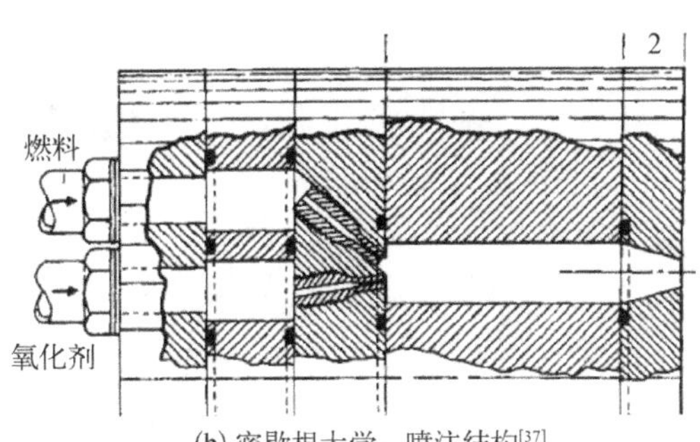

(b) 密歇根大学：喷注结构[37]

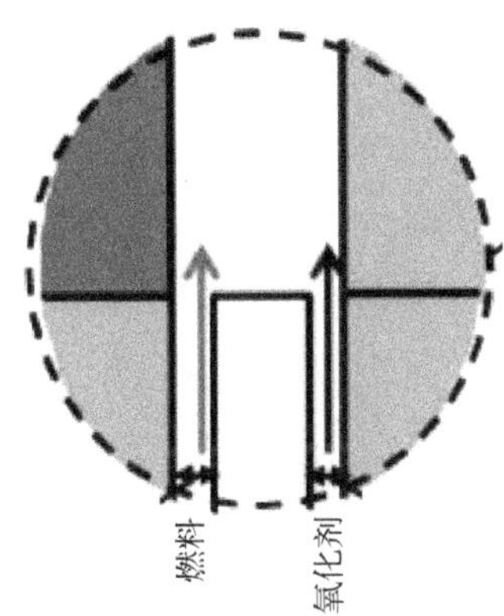

(c) 名古屋大学：喷孔-喷孔[135]

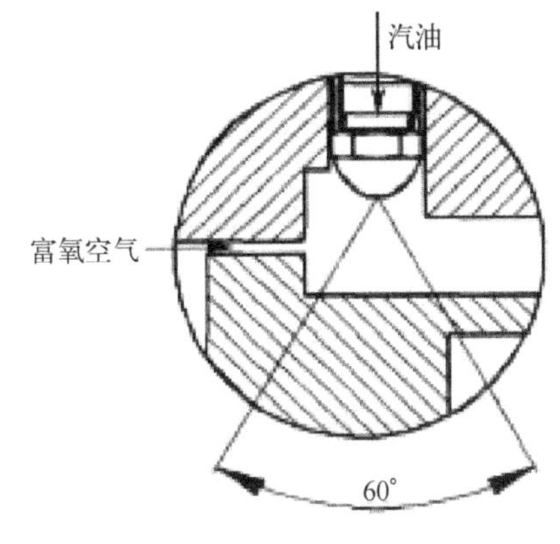

(d) 南京理工大学：环形阵列式精细雾化装置[136]

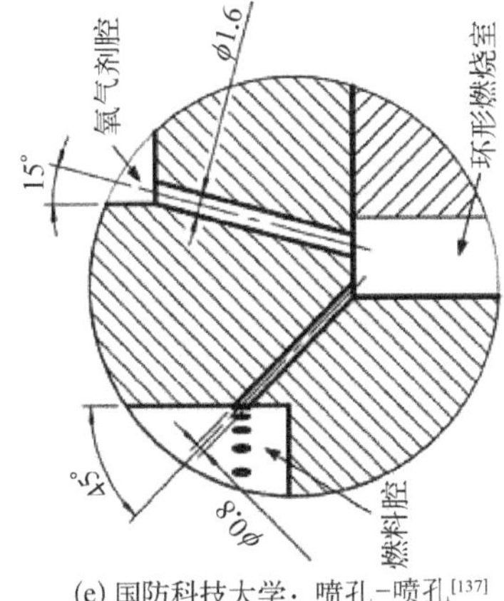

(e) 国防科技大学：喷孔-喷孔[137]

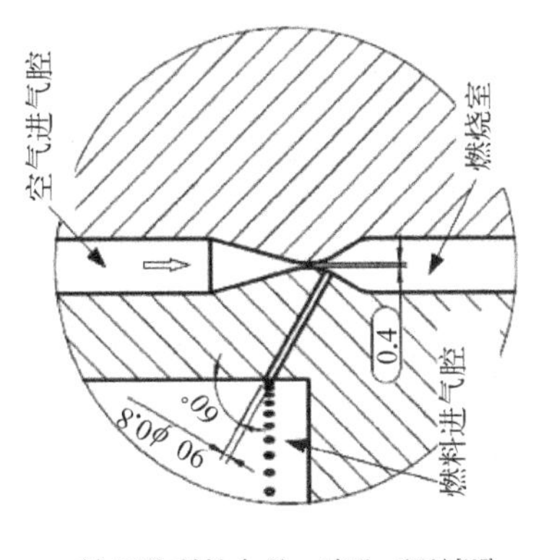

(f) 国防科技大学：喷孔-环缝[137]

图 4.1 喷注方式示意图

要性,同样也指出了离散喷嘴喷注方式可能存在的不足。现阶段连续爆轰发动机实验模型一般采用环缝式进气结构,这种结构的优点是便于加工和装配,对撞喷注混合效果好。缺点是进气区域面积小,推进剂对冲后动量衰减剧烈,进气量受到限制。燃烧室环腔内存在死角,混合气体无法充分分布。

4.1.2 非均布进气方式的数值模拟

现阶段为了研究连续爆轰波流场结构,减小计算量,主要采用的是理想的喷注方式——预混的燃料和氧化剂混合物[138],每一个网格点看作拉瓦尔喷管,喷入已经充分混合的推进剂。尽管数值模拟中采用的喷注方式与实验中的喷注方式相差很大,但是数值模拟仍然可以用来揭示爆轰波起爆、传播模态和连续爆轰发动机流场特性。

刘勐[139]最早在传统进气方式的基础上提出了四种新的非均布进气方式:放射间隔进气、居中细缝进气、两侧细缝进气和倾斜带状进气。通过对各个进气方式下流场的分析,得到不同进气条件对流场截然不同的影响。如图 4.2 所示,放射间隔进气和多波面现象。他发现增加燃料喷注面积有利于在燃烧室内诱导产生多波面。第 7 章对这种非均布进气方式进行了更详细的介绍。

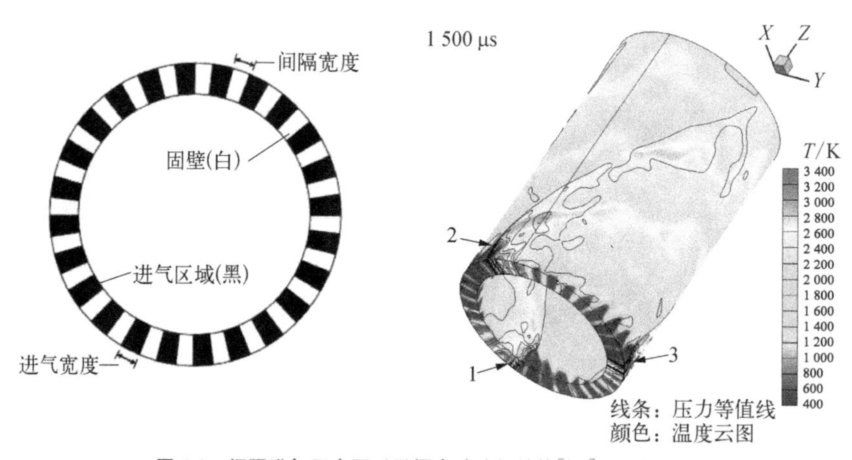

图 4.2 间隔进气示意图以及爆轰波流场结构[139](后附彩图)

俄罗斯的 Frolov 等[140]进行了与真实实验装置相同的计算域内的数值模拟,并且采用的是非预混的氢气、空气作为反应物分开注入的方式,成功地观察到燃料混合以及爆轰波的形成和传播过程。图 4.3 是计算模型以及压强温度和质量分数分布图。

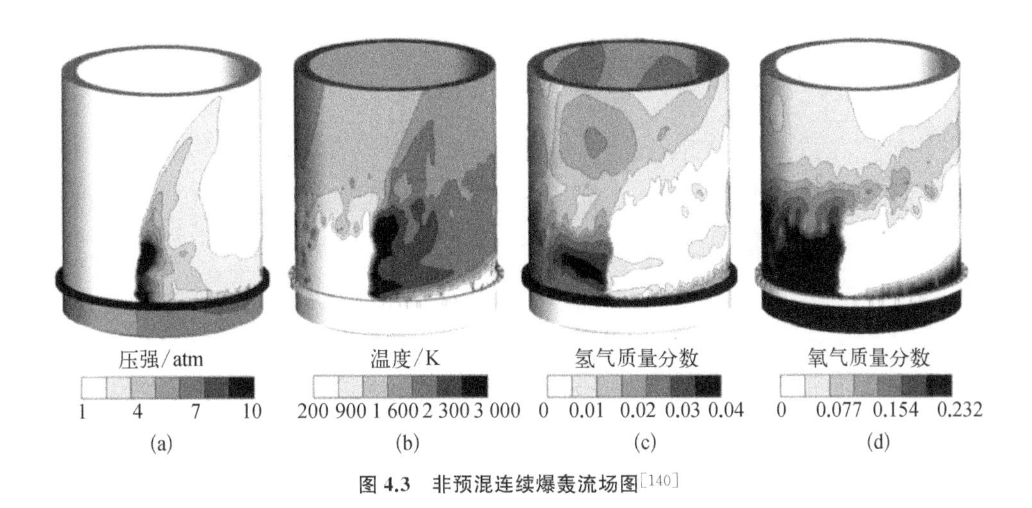

图 4.3　非预混连续爆轰流场图[140]

美国海军实验室(Naval Research Laboratory, NRL)的 Kailasanath 等[141]和 Schwer 等[142, 143]数值模拟则构建了包括出口外部空间、或上游喷注腔在内更宽的计算域,验证了常见数值模拟中出口条件设置的可行性。他们研究了燃烧室爆轰波波前高压和燃料集气腔的相互作用,为避免爆轰波向上游传播提供了指导。如图 4.4 所示,连续爆轰流场示意图和喷注结构示意图。

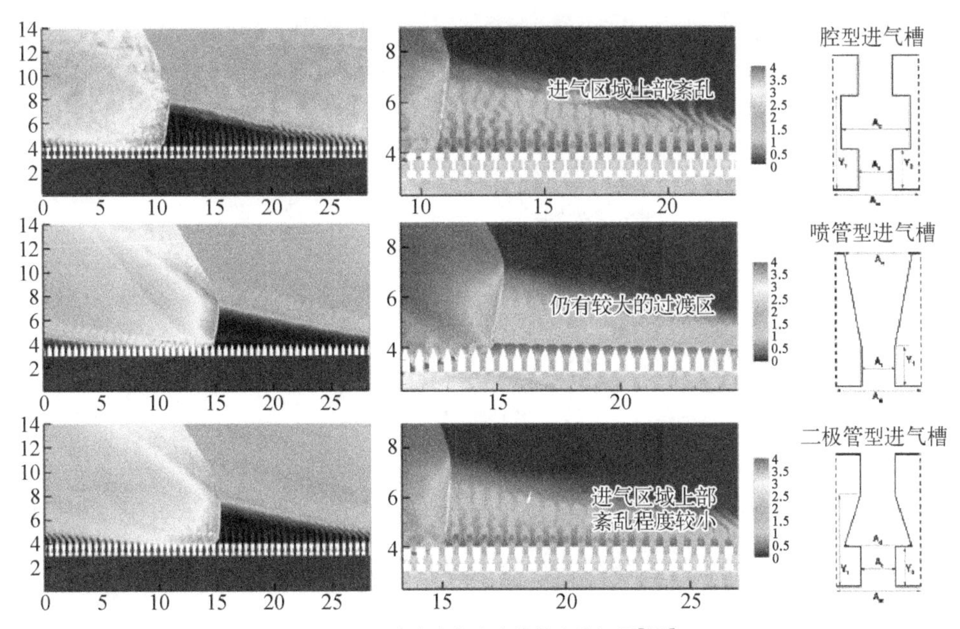

图 4.4　三种喷注方案连续爆轰流场图[141]

4.1.3 阵列式小孔进气方式

本书作者王健平首次提出了一种更符合连续爆轰发动机实际工程应用的阵列式小孔进气方式[50, 52]。不同于以往的全面进气模型，小孔进气数值模拟获得了与实验中类似的起爆-稳定阶段压力信号，如图 4.5 和图 4.6 所示。

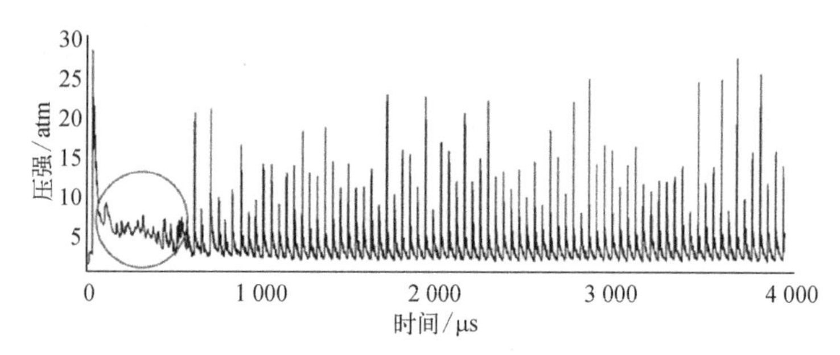

图 4.5 阵列式小孔进气连续爆轰压力信号图[50]

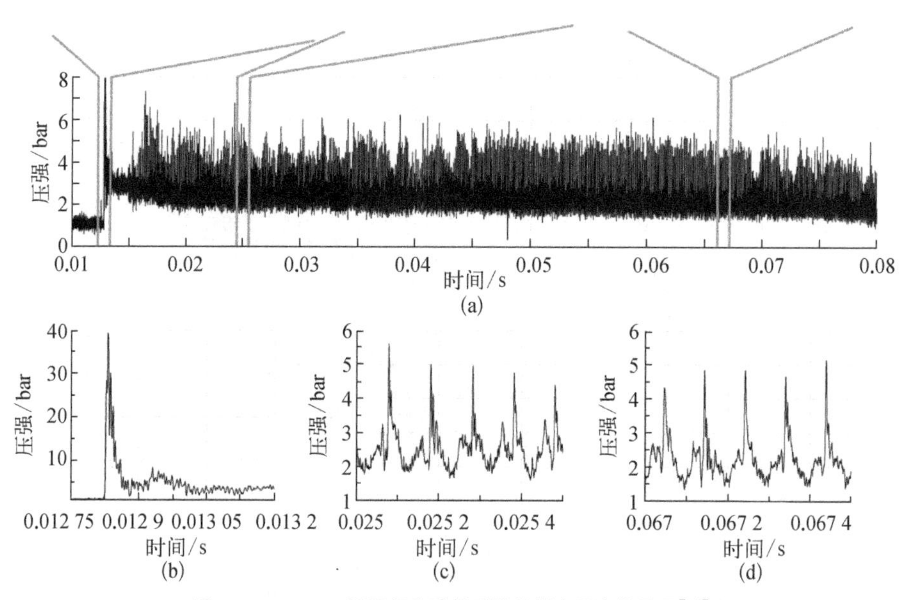

图 4.6 Wolanski 课题组实验得到连续爆轰压力信号图[41]

尽管数值模拟和实验在进气方式、尺寸和边界条件上差异较大，但是采用阵列式小孔进气数值模拟获得的压力信号在波形上相似。这也证明采用阵列式小孔进气数值模拟更加贴合实际。

课题组同时通过实验证明了阵列式小孔进气方式的可行性。阵列式小孔进气连续爆轰发动机的燃烧室为环腔结构。燃烧室外径为 78 mm，内径为58 mm；环腔厚度为 10 mm，环腔长度为 80 mm。如图 4.7 所示，不同于以往的环缝进气结构的连续爆轰燃烧室，阵列式小孔进气连续爆轰发动机燃烧室在进气壁面上布置了两排进气孔（每排 36 个孔），以增强燃料和氧化剂的混合效果，同时增加进气面积，为工程化打下基础。如表 4.2 所示，同样环腔尺寸的条件下，采用阵列式小孔进气的连续爆轰发动机燃烧室进气面积增加了近一倍。供气管路为连续爆轰发动机供应燃料和氧化剂。预爆轰管点火后起爆主燃烧室内可燃气体，形成持续传播的连续爆轰波。如图 4.8 所示，高频压力传感器安装在主燃烧室内壁面上，测量燃烧室环腔内的压力信号。

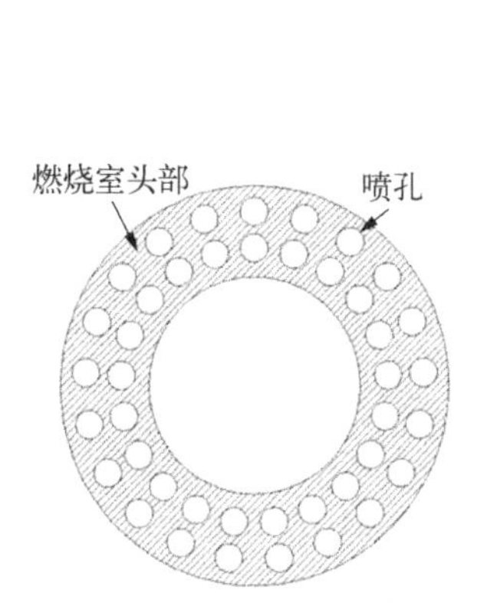

图 4.7　阵列式小孔进气示意图

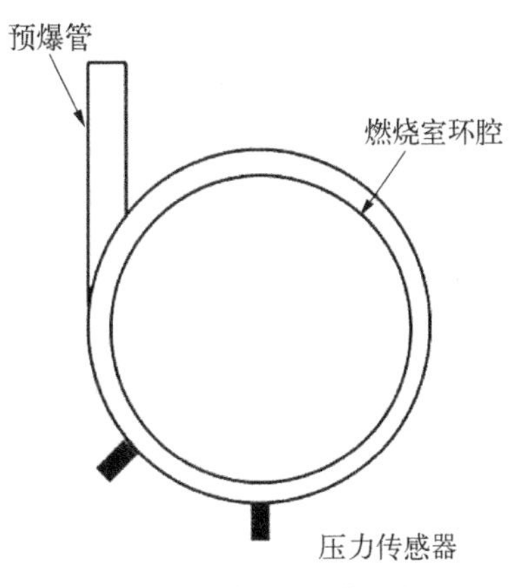

图 4.8　压力传感器安装示意图

表 4.2　环缝进气和阵列式小孔进气参数对比

	环缝进气	阵列式小孔进气
环腔截面积/mm^2	2 136	2 136
进气截面积/mm^2	210.4	409.9
进气面积/环腔面积	0.099	0.190

实验获得的典型信号如图 4.9 所示。图 4.9 是从供气点火到停止供气阶段完整连续爆轰波压力信号图。图 4.10～图 4.12 分别是各个阶段放大的压力信号图。

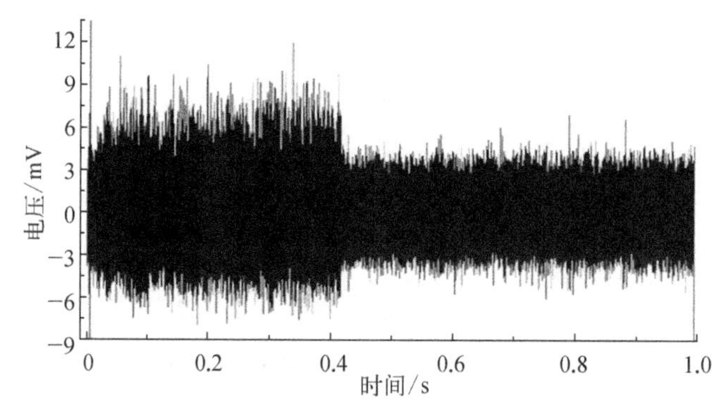

图 4.9 稳定传播模态连续爆轰波完整压力信号

在该次实验中氢气和氧气喷注总压分别是 1.2 MPa,室温约 300 K。从图 4.10 中可以发现:在 $t=4.6$ ms,出现一个明显的压力幅值。该压力幅值产生的原因是从预爆轰管内进入燃烧室的起爆爆轰波扫过高频压力传感器,且压力幅值超过了设定的开始采集的阈值。为了保持信号的完整性,点火前的一段时间($0\ \text{ms}<t<4.6\ \text{ms}$)高频压力传感器采集的信号仍然被记录,根据空白对照组压力实验可知:该段压力信号是背景噪声。根据控制时序可知,点火前燃烧室内积累了大量的混合气体。混合气体发生爆炸产生极强的高压,被安装在燃烧室外壁面的高频压力传感器捕获。燃烧室内高压在喷注结构下游引起的压力扰动,阻碍了新鲜气体的进入,使连续爆轰波波前堆积的新鲜气体减少,进而导致连续爆轰波信号减弱。随着爆轰波继续传播,燃烧室压力得到动态调节,爆轰波压力信号增加,经过约 27 ms 的起爆过程,形成了稳定自持传播的连续爆轰波,此后爆轰波压力信号稳定。起爆过程的长短与点火能量、控制时序和燃料与氧化剂混合效果

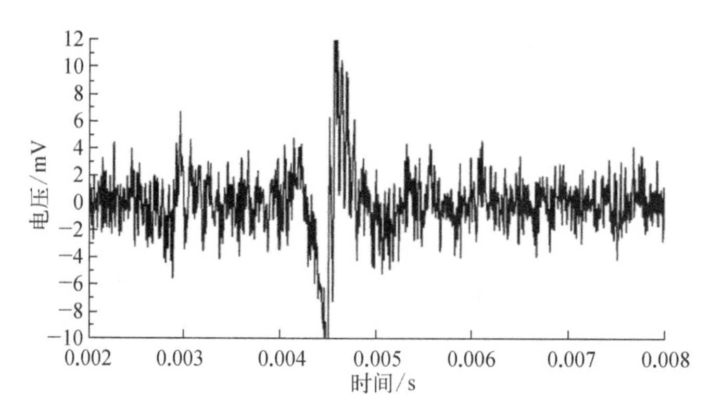

图 4.10 点火阶段压力信号

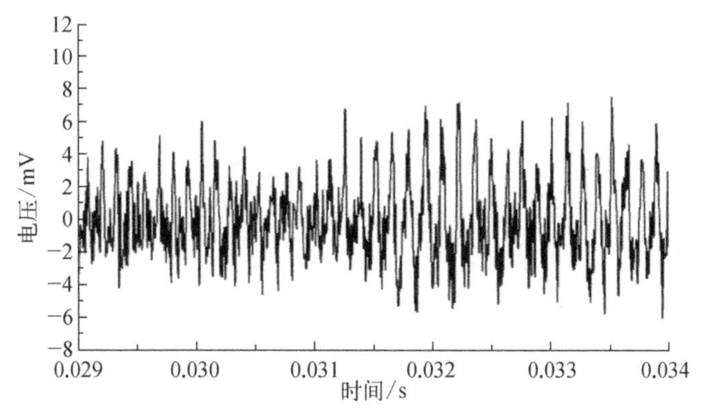

图 4.11　连续爆轰波开始形成阶段压力信号

有关。在 0.4 s 时停止了管路中的供气，由于没有了燃料的供应，在 417 ms 时，连续爆轰波熄灭。对于稳定传播模态的连续爆轰波，若持续供入燃料和氧化剂，则连续爆轰波可以持续稳定的存在。

连续爆轰波形成初期，高频压力传感器记录的压力信号逐渐变得有规律，幅值也逐渐增加。图 4.12 是局部压力信号放大图。点火后经过一段时间演化，燃烧室中形成了连续爆轰波。

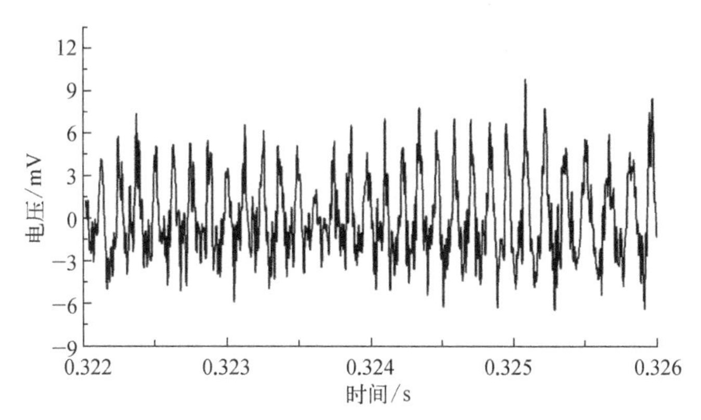

图 4.12　连续爆轰波稳定传播阶段压力信号

连续爆轰波形成后持续稳定传播。在该工况下，每当爆轰波扫过传感器时，传感器记录一个压力幅值。在压力信号图中可以看到压力幅值存在波动。这是因为燃烧室内爆轰与缓燃可能并存，供气条件受到压力脉动影响。假设燃烧室中存在一个单向传播的连续爆轰波，则根据信号幅值之间的时间间隔可知：稳定阶段相邻两次爆轰波扫过传感器的时间间隔约为 $t_e = 118\ \mu s$。

$$V=\pi d_a/t_e=2\ 075\ \mathrm{m/s}$$

根据实验条件计算得到工况下当量比是 1.19，对应的 C－J 波速是 2 922.89 m/s。根据波信号特征，若存在两个连续爆轰波，则其爆轰波波速远低于 C－J 波速，因此是单波面连续爆轰。

停止向燃烧室供入燃料和氧化剂后，由于爆轰波波面前没有足量的燃料和氧化剂维持爆轰波传播，爆轰波熄灭。高频压力信号传感器也无法继续测量到有规律的压力信号。在 $t=0.418$ s 后的压力信号变得没有规律(图 4.13)，可以看作背景噪声信号。

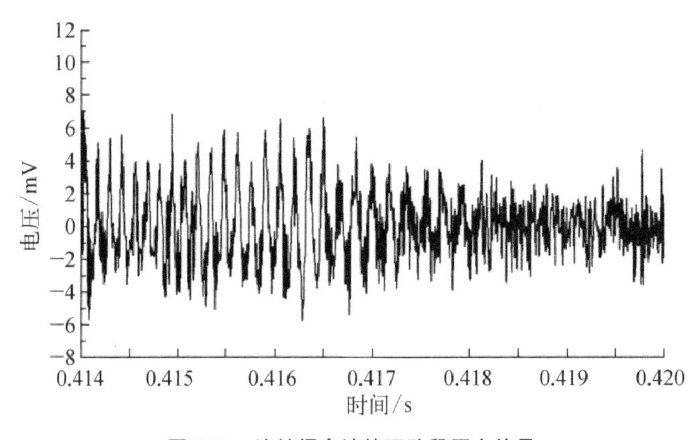

图 4.13 连续爆轰波熄灭阶段压力信号

4.2 点火与起爆

除了使用预爆轰管起爆，连续爆轰的实验中还存在其他多种点火起爆方式。目前连续爆轰发动机的点火起爆仍处于探索研究阶段。虽然大部分点火起爆方式操作都比较简单，但是对于具体的起爆机理，以及起爆之后如何控制连续爆轰波的传播方向，还有待进一步的研究。本节对目前连续爆轰发动机实验中常见的点火起爆手段进行介绍。

4.2.1 预爆轰管起爆

图 4.14 是北京大学课题组实验室设计使用的预爆轰管。预爆轰管是一段直的钢质管道，一端安装火花塞，另一端与燃烧室的圆环腔切向连接。顶部的

火花塞点燃预爆轰管内的混合气，通过孔进入主燃烧室，燃烧和爆轰产物本身带有高浓度的自由基和活性离子，进入主燃烧室与未燃新鲜混气迅速掺混。预爆轰管中的爆轰波进入主燃烧室后与壁面碰撞和反射，爆轰波高速喷入主燃烧室旋转传播。一般认为爆轰波起爆的原理是使激波与火焰相互作用促进，经过爆炸转变为爆轰，如壁面反射等，进而发展成为爆轰波，该过程包含了激波诱导产生爆轰的过程。整套点火系统通过预爆轰管形成的爆轰波传入燃烧室作为燃烧室的起爆源，实现点火能量的提高，有效起爆燃烧室中的爆轰波。图 4.15 是我国国防科技大学连续爆轰发动机课题组在实验中使用的一种预爆轰管，主要结构基本一致。图 4.16 是日本名古屋大学连续爆轰发动机实验装置示意图，其中也使用了预爆轰管进行起爆[67]。波兰华沙工业大学 Wolański 课题组使用预爆轰管开展了多次实验。他们在论文中指出使用这种起爆方式的成功率达到了 95%以上[41,144]。

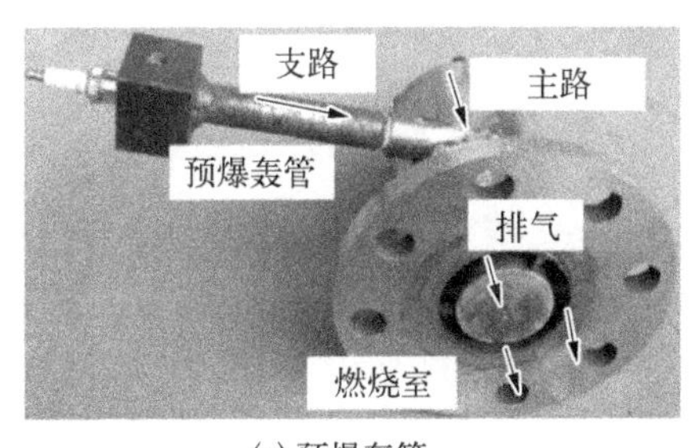

(a) 预爆轰管

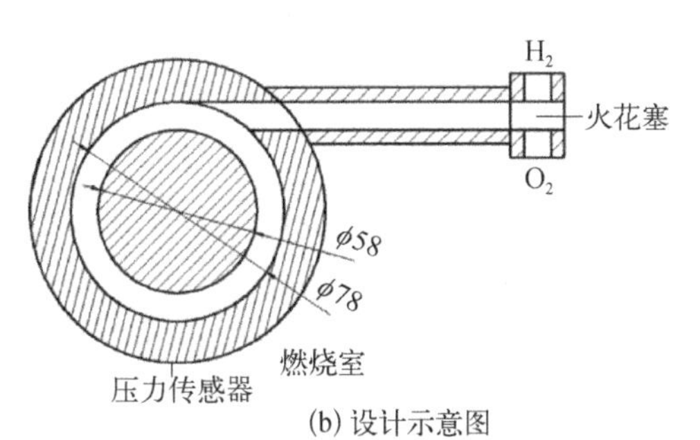

(b) 设计示意图

图 4.14　预爆轰管实验装置与设计示意图

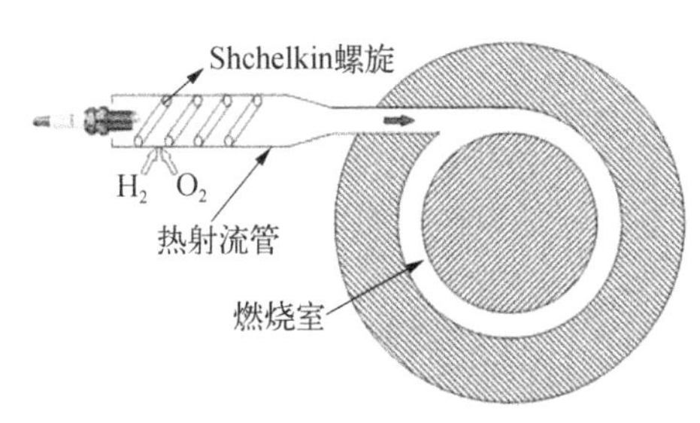

图 4.15　预爆轰管设计示意图[70]

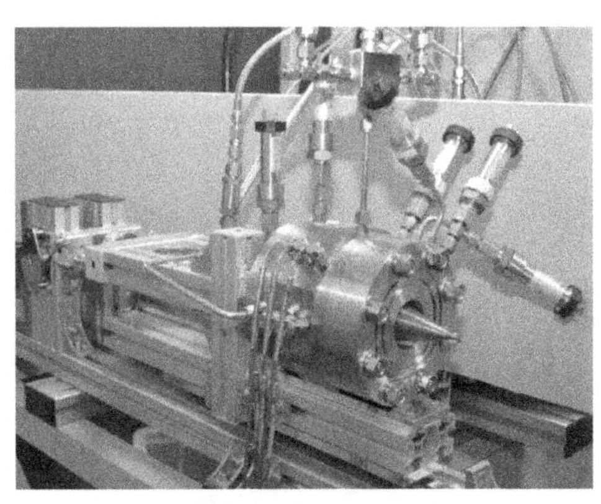

图 4.16　连续爆轰实验台示意图[67]

4.2.2 电火花塞起爆

电火花塞直接起爆是另外一种连续爆轰发动机的常见起爆方式，如图 4.17 所示。图 4.17 是南京理工大学连续爆轰发动机课题组的燃烧室实验设计图[74]。可以看出，实验采用了电火花塞直接起爆和预爆轰管起爆两种方式。电火花塞垂直安装在燃烧室的外壁面上。他们在实验中使用了普通自动电火花塞和高能电火花塞。普通自动电火花塞的起爆能量是 30 mJ，高能电火花塞的起爆能量是 3 J。燃烧室同时安装有充满氢气和氧气的预爆轰管，管长为 100 mm。

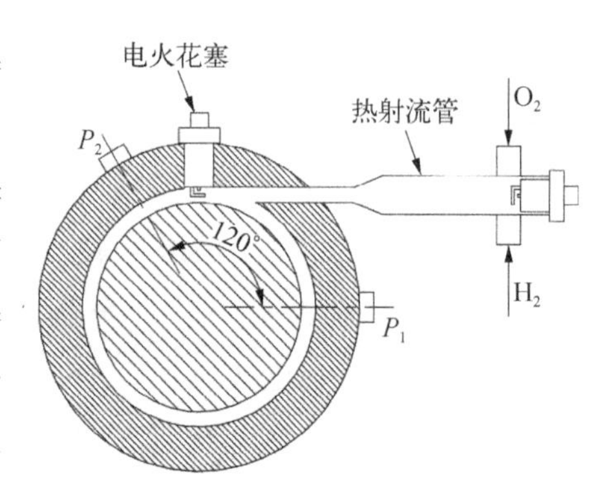

图 4.17 连续爆轰燃烧室示意图[74]

4.2.3 其他起爆方式

俄罗斯拉夫连季耶夫流体力学研究所的 Voitsekhovskii[34] 和 Bykovskii 等[145,146]曾使用电爆丝(glowing wire)或高压放电(high-voltage discharge)方式实现连续爆轰实验的起爆。Voitsekhovskii 在论文中指出，为了防止在起爆点产生多个方向的爆轰波，需要考虑如何安排起爆点。密歇根大学的 Nicholls 等[133]使用高压放电加隔膜的方式，在连续爆轰实验中产生一个沿单个方向传播的爆轰波和一个沿反向传播的弱激波。使用电爆管(electric detonator)加高爆炸药的方式也可以进行连续爆轰点火起爆。图 4.18 中，Bykovskii 等使用电爆管外加 0.2 g 的高爆炸药(high-explosive mass)进行起爆。

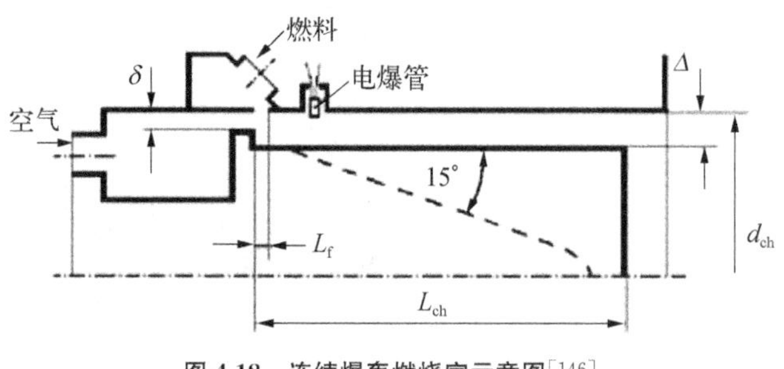

图 4.18 连续爆轰燃烧室示意图[146]

第 5 章
流 场 结 构

连续爆轰发动机流场是一个高温、高压、高速流动的瞬态流场。由于爆轰波传播速度极快，周期性循环时间很短，连续爆轰发动机流场的详细物理参数及内部流场的三维显示仍很难由实验方法获得。随着计算机计算性能的提高及高精度差分格式的发展，对于黏性可忽略问题，数值模拟已经能得到足够精确的解，成为与实验研究相辅相成的研究手段。几十年来，对于脉冲爆轰发动机研究已经有了广泛的数值模拟成果，包括单次脉冲与多次脉冲[147]、各种类型喷管[148]与多喷管结构[149]，爆轰波的二维[150]与三维[151]数值胞格结构计算，火箭式与吸气式发动机推进性能等方面[14]。本章通过二维和三维数值模拟，对连续爆轰发动机的流场结构开展广泛的研究，希望通过数值模拟对连续爆轰发动机内爆轰波传播有更加深入、直观的理解。

5.1　二维连续爆轰流场

实验中燃料和氧化剂分别成一定角度对冲，在燃烧室内射流混合，可保证不会逆火。本章在数值模拟中假设平均流量通过整个进气壁圆环截面均匀入射，不考虑射流扩散及混合问题。按恰当比预混合的氢气/空气混合气体从进气壁端拉瓦尔喷管沿轴线方向入射。在燃烧室头部引入一段一维 ZND 爆轰波的计算结果作为初始条件。随后旋转爆轰波开始扫过波前可燃气，绕圆环周向连续旋转传播。

5.1.1 计算方法

取出同轴圆筒腔中间层的圆柱面，在其上进行旋转爆轰波连续传播计算。坐标系为二维圆柱坐标系，控制方程为守恒型的欧拉方程，用本书第 3 章介绍的一步化学反应模型计算氢气/空气预混气爆轰。混合气体假设为理想气体，忽略扩散、黏性和热传导。具体控制方程如下：

$$\frac{\partial \boldsymbol{U}}{\partial t}+\frac{\partial \boldsymbol{E}}{\partial \theta}+\frac{\partial \boldsymbol{F}}{\partial z}=\boldsymbol{S} \tag{5.1}$$

计算域如图 5.1 所示，燃烧室半径为 4 cm，管长为 10 cm。初始计算网格数为 500×1 600，$\Delta z=0.2$ mm，$\Delta\theta=2\pi/1\,600$。当爆轰波传播至准稳定状态时，将计算网格加密一倍，平均网格大小为 0.1 mm。继续计算爆轰波多个周期的传播过程，直至计算获得准稳态解。对于本节所研究的混合气体，爆轰波诱导反应区长度约为 0.25 mm。0.1 mm 网格可保证诱导反应区内至少包含两个网格点，可满足真实的物理过程的分辨率要求。为显示方便，可将圆环腔燃烧室展开为平面，如图 5.1 所示。X 表示圆轴方向，Y 表示圆周方向坐标。

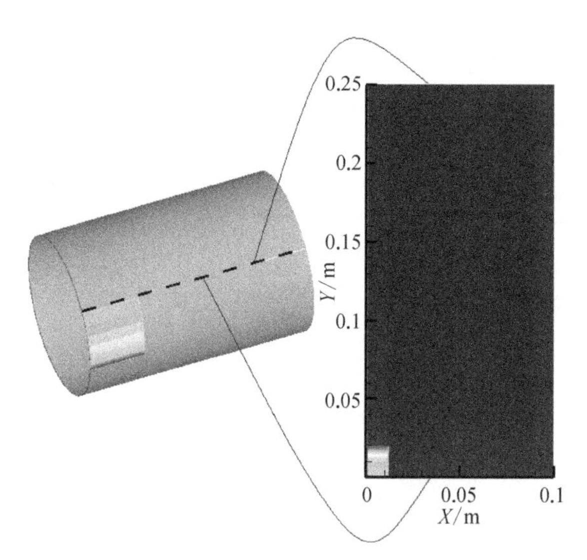

图 5.1 初始条件及圆环腔展开计算域示意图

初始条件如图 5.2 所示。整个流场的流体以马赫数 2.86 的匀速向下游运动。

ZND 爆轰波需要包含足够长度的稳定段爆轰产物，以避免尾部诱导出反向传播爆轰波。出口端使用无反射边界条件。ZND 爆轰波前为初始冲入的未燃混合气($Z_1=1$)，其他部分设置为完全反应爆轰产物($Z_1=0$)，如图 5.2(b)所示。计算中根据第 3 章中拉瓦尔喷嘴入流算法计算每个网格点入流工况。本节算例的来流总压 $p_w=3$ MPa，拉瓦尔喷嘴处截面积与喉道处截面积比 $A_w/A_{throat}=3.6$。可燃气入流工况随进气壁上当地压强变化关系如图 5.3 所示。其中 p_{in} 为入流压强，u_{in} 为入流速度，f_{in} 为单位面积质量流量。

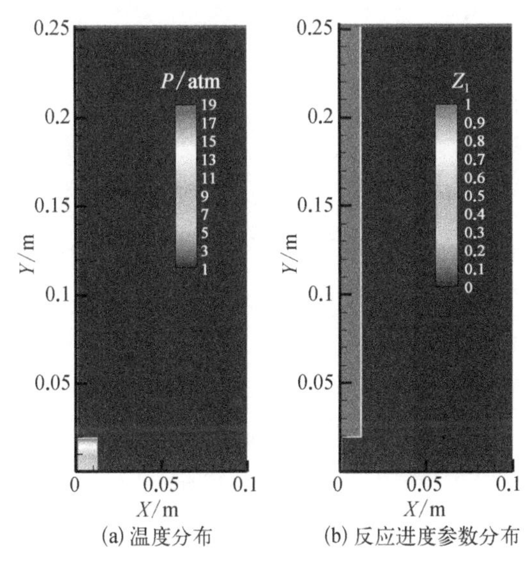

图 5.2 初始时刻压强与反应进行度参数分布

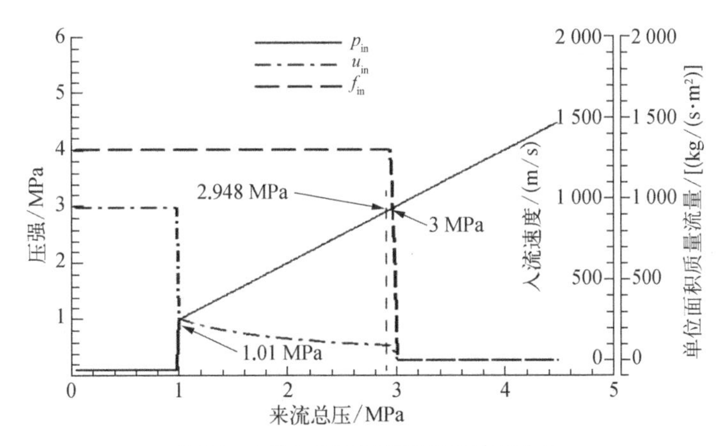

图 5.3 气体入流状态随壁面压强变化关系

5.1.2 连续爆轰发动机流场

由于爆轰产物具有高温、高压的特点，连续爆轰发动机工作中存在两个疑问：其一为可燃气能否成功喷入高压产物燃烧室；其二为燃料喷入燃烧室后是否会被高温爆轰产物瞬间燃尽，造成爆轰波前无新喷入可燃气而使爆轰熄灭。由于实验可测得的参数有限，之前研究并未对此问题进行定量解释，本节利用数值模拟方法对以上两个机理问题逐个解答。

图 5.4 为 0～1 100 μs 内进气壁上某点压强与入流速度随时间变化曲线，其中 p_w 为紧邻进气壁的燃烧室内某点上的压强，u_{in} 为进气壁上的可燃气入流速度。在 67 μs、220 μs、380 μs、513 μs、647 μs、781 μs 和 915 μs 时，周期性循环的爆轰波 7 次扫过该点。爆轰波经过该点时，压强阶跃性地升高，燃料入射速度骤降。当进气壁上压强大于入流总压 3 MPa 时，燃料无法喷入。从图中可见，爆轰波的波峰处压强极大，燃料基本无法入射。但是由于 Taylor 稀疏波作用，爆轰波后产物压强迅速下降，平均压强并不高。图 5.4 中，在 0～1 000 μs 内的平均压强为 0.382 MPa。在爆轰波压强峰值经过后的大部分时间内，进气壁附近压强并不高，入流喷管喉道可达到拥塞条件，混合气流量维持在最大值，燃料入射的时间平均速度为 592.6 m/s。通过数值模拟证实了混合气可成功喷入的机理。

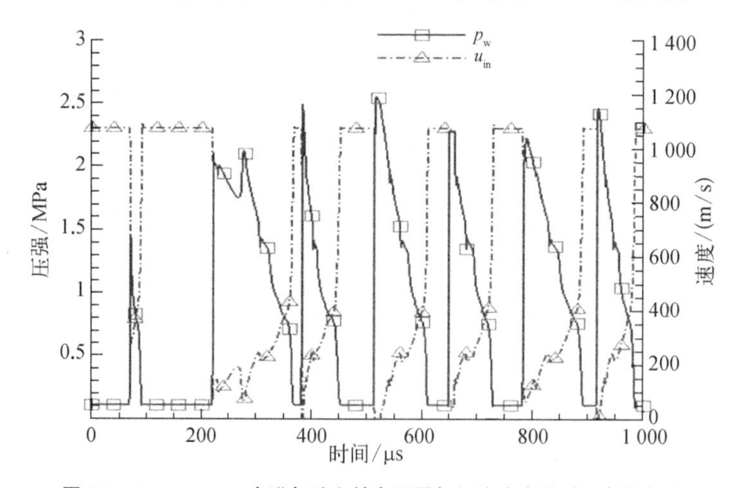

图 5.4　0～1 000 μs 内进气壁上某点压强与入流速度随时间变化曲线

下面依据连续爆轰发动机数值模拟获得流场分析入流可燃气与爆轰产物接触面的运动，探讨入流可燃气在燃烧室内维持的问题。当只存在温度间断而压强

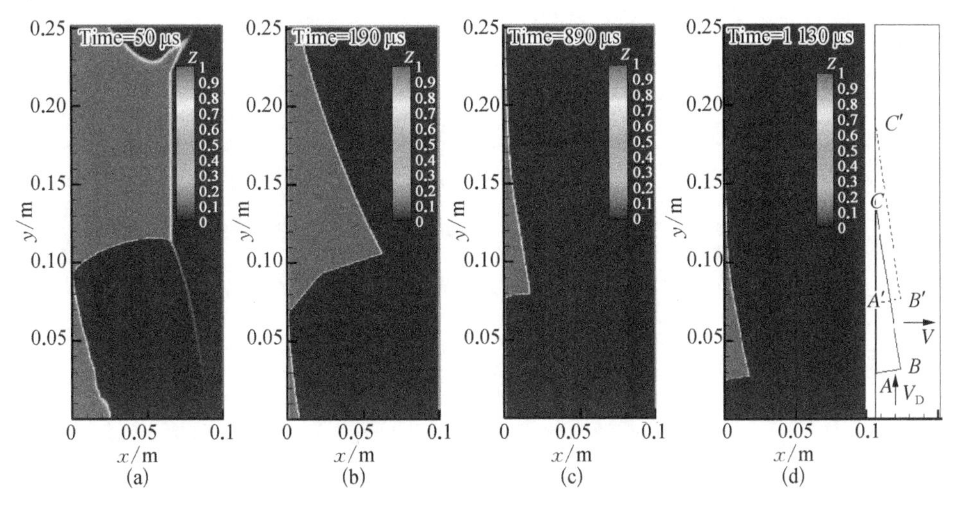

图 5.5 化学反应进行度参数在各个时刻的分布

变化平缓时，间断面处形成的爆燃波传播速度仅有米每秒量级。图5.5 为 50～1 130 μs 内反应进行度参数四个时刻的分布云图。其中浅色部分为新冲入的可燃预混气，其余部分为爆轰产物。爆轰波绕圆环周向传播燃烧由左侧进气壁喷入的可燃气。初始可燃气所占区域波动较大，但经过两圈的传播后爆轰波逐渐转变为准稳态传播，可燃气区域宽度稳定到不足初始宽度的1/3。因爆轰波旋转传播的周期相同，所以此可燃气区域宽度与初始条件无关，只与入流条件有关。对于图 5.5，爆轰波前未燃面宽度稳定在约0.18 cm。从 890 μs、1 130 μs 的反应进行度分布云图可见，可燃气区域维持为一个动态三角形区域。其中图 5.5(d)中AB 表示爆轰波面，BC 表示爆燃波面。未燃气体由某一时刻$\triangle ABC$ 区域变到另一时刻$\triangle A'B'C'$ 区域。在图 5.5 中，890 μs 和1 130 μs 时反应物所占浅色动态三角形区域形状基本相同，旋转形成周期循环。由图 5.6 所示三角形速度矢量关系知，爆燃波面沿燃烧室轴向传播速度 V_F 满足以下关系：

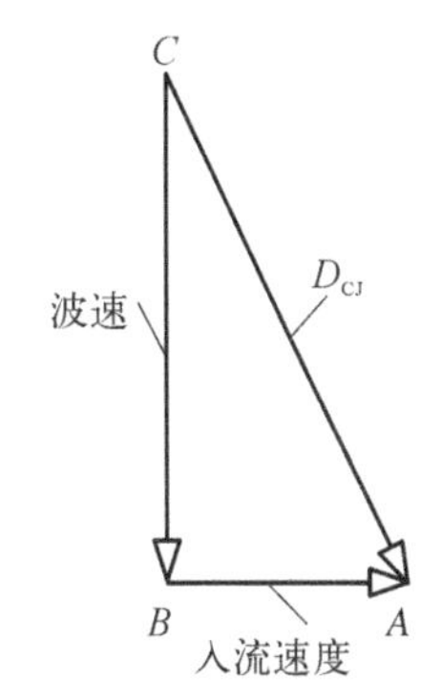

图 5.6 连续爆轰发动机中速度矢量关系图

$$\frac{V_F}{AC\cdot\cos(\angle CAB)}=\frac{D_{CJ}}{AC} \tag{5.2}$$

其中，$\angle CAB=80°$。计算得图 5.5 中爆燃波面传播速度为$V_F=330\ \text{m/s}$，基本等

于当地流动速度，符合爆燃波米每秒量级速度原理。爆轰波旋转一周后，入射可燃气只有很薄的一层被燃烧掉，燃烧面以当地流动的速度总体沿 X 轴正向推进，可积蓄足够的燃烧剂供下一循环中爆轰波燃烧。

图 5.7 表示燃烧室内某点（$z=0.4$ cm，$\theta=0°$）上压强随时间的变化图。从图中可见，初始时燃烧室内压强为 0.1 MPa 预混合气，爆轰起爆后燃烧室内流场波动较大。爆轰波传播两周后，流场处于准稳定状态。为平衡新入射可燃气的低压与爆轰产物高压，入口处形成诱导激波使入流气体减速，旋转爆轰波前气体温度与压强逐渐提高。爆轰波传播两周后爆轰波前冲入的未燃气体层内压强稳定为约 0.58 MPa。爆轰波周期地扫过此点后，膨胀区与前导激波峰值曲线都与经典一维爆轰波结果十分接近。只要燃料持续填充，爆轰波即可连续地旋转传播。由图 5.7知：512～1 046 μs内，爆轰波循环四周，循环周期为 133.5 μs，简单计算得爆轰波速度为 $V_D=1\,908$ m/s。按图 5.6 所示矢量关系可知，此值应为 C－J 爆轰速度沿周向的分量，$D_{C-J}=V_D/\cos(90°-\angle CAB)=1\,943$ m/s。此处 D_{C-J}小于经典C－J速度(1 984 m/s)约 2%。爆轰波 C－J 速度的衰减是由于连续爆轰流场不同于经典爆轰理论中的一维爆轰波，旋转爆轰波中一侧为进气壁，而另一侧则为自由界面的爆轰产物，流场如图 5.8 所示。图中 ab 为爆轰波面，bc、bd 为稀疏波扇区域。旋转爆轰波中，爆轰 C－J 速度会受侧向稀疏波影响而传播速度略小于经典 C－J 速度值。图中四边形 $abb'a'$为反应中支持爆轰波能量的有效部分。对于一定宽度的爆轰波面，此有效支持部分长度大于某一特征值 h^* 时，爆轰波可稳

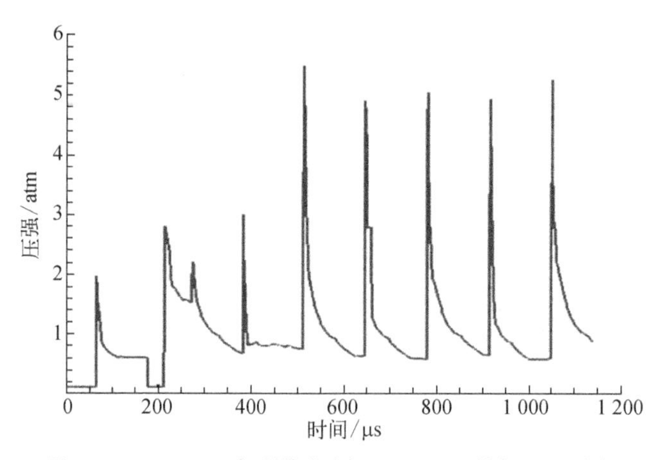

图 5.7　0～1 200 μs 内，燃烧室头部 $z=0.4$ cm 某点上压强变化

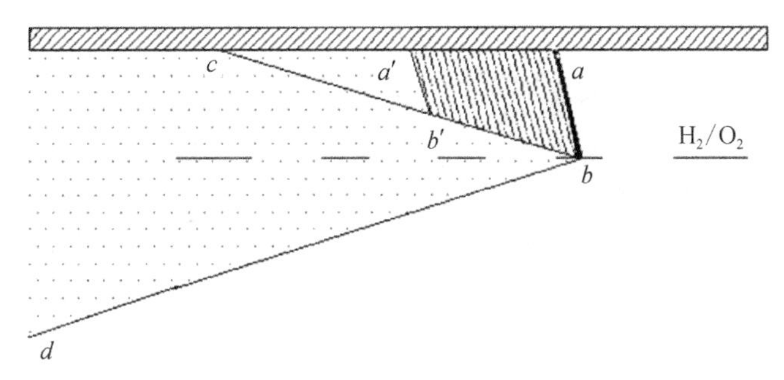

图 5.8 一侧为自由面时爆轰波的传播

定传播，否则爆轰波强度会衰减，爆轰波面变窄。当爆轰波面小于一定宽度时，爆轰波将无法继续维持，衰减为激波[151]。

图 5.9(a)与(b)分别为爆轰波在 1 130 μs时的压强分布云图与温度分布云图，此时爆轰波已连续传播近 8 周。反应物由左端喷入，由右端喷出。爆轰波绕圆环周向传播，爆轰波面与轴线成一定的倾斜角。从图中可以清晰地看到爆轰波、斜激波、两次循环爆轰产物间的接触间断。由图 5.9(a)中流动迹线分布可见，爆轰波后产物初始随爆轰波沿圆环周向运动，但在波后 Taylor 膨胀波作用下，最终沿轴向喷出燃烧室产生推力。图 5.10 为 Bykovskii 等[38]实验中利用速度补偿法拍摄的 C_3H_8/O_2 连续爆轰多次循环流场图。在燃烧室壁面开有有机玻璃窗，用速度同步的高速相机通过隙缝拍摄流场图像。爆轰波经过此点即在底片上留下爆轰

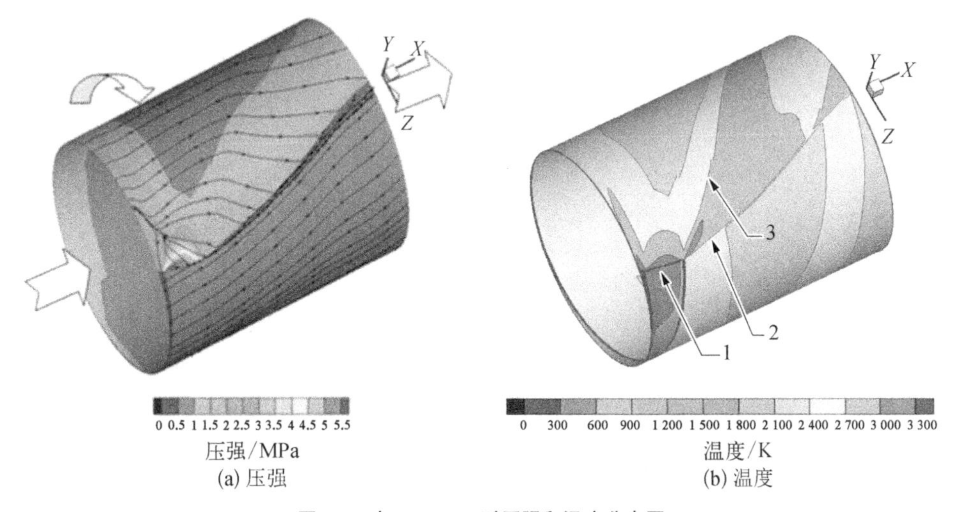

(a) 压强　(b) 温度

图 5.9 在 1 130 μs 时压强和温度分布图

1 -爆轰波；2 -斜激波；3 -接触间断

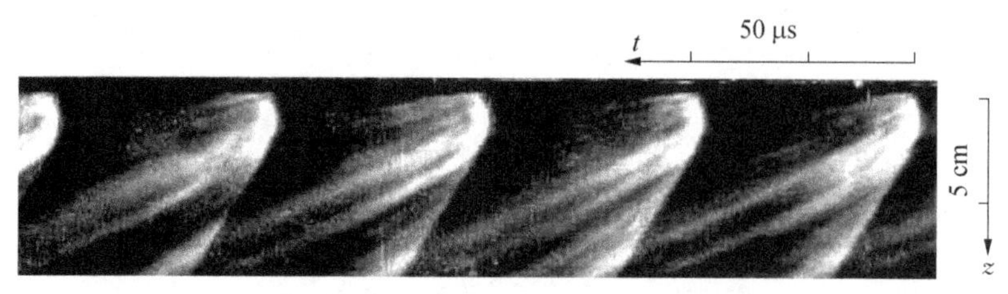

图 5.10 C_3H_8/O_2燃料连续爆轰发动机通过观察窗拍摄到的实验图像[38]

波流场的图像。图中高亮部分表示燃烧状态的气体。爆轰波周期地旋转传播，图中可见规则的爆轰波波面与斜激波。黑色部分为新充入的燃料或充分膨胀的产物。由于计算与实验使用燃料不同，难以定量比较，但定性上获得了一致的爆轰波流场结构。

取出 $z=0.3$ cm 处的圆周线，图 5.11 显示为 1 100 μs 时燃烧室一周上的压强和温度分布曲线。图中 von-Neumann 尖峰结构清晰可见，高温面与高压面紧密耦合在一起，具有典型的爆轰波特征，证实了燃烧室内爆轰传播的本质。图 5.11 中 $Y=0.09$ m 处压强变化平缓，而温度有较大阶跃，表明此点处在爆轰产物与入射可燃气交界面上。阶跃前为入射气体，阶跃后为爆轰产物。

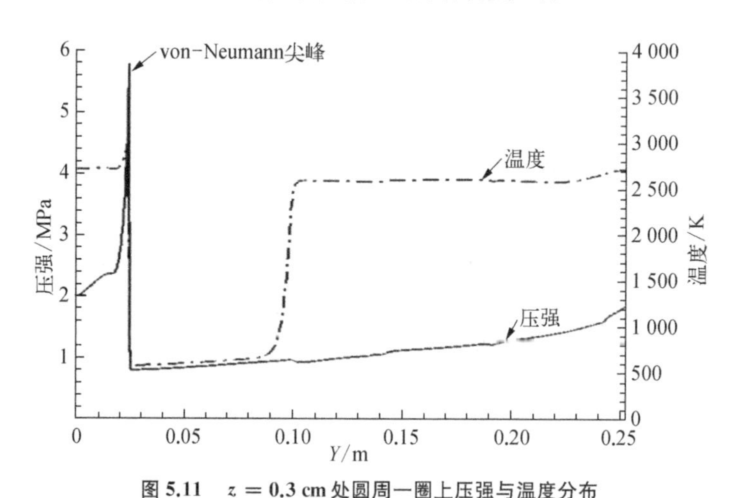

图 5.11 $z=0.3$ cm 处圆周一圈上压强与温度分布

图 5.12 为本书实验获得的氢/氧混合气的连续爆轰发动机燃烧室内某点上压强变化图像。实验中记录到爆轰波传播近 20 圈，传播周期为 90 μs，燃烧室平均半径为 3.5 cm。计算得爆轰波传播速度约为 2 300 m/s，相当于 C－J 速度的 81%。速度损失主要是由于混合不均匀造成的，与 Bykovskii 等[38]实验所获得旋

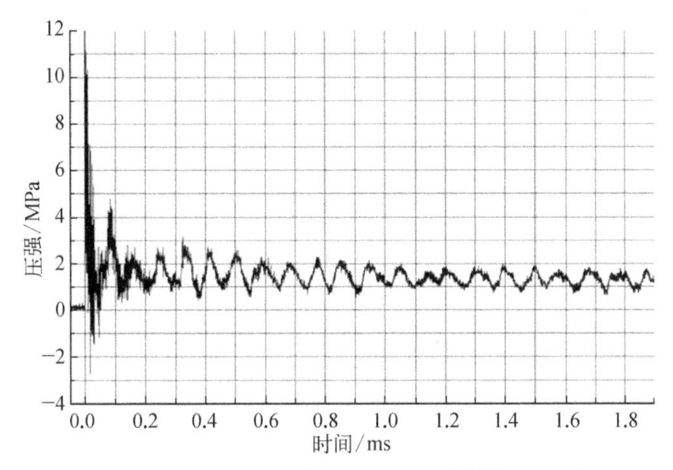

图 5.12 实验获得连续爆轰发动机燃烧室内某点上压强变化

转传播速度接近。由于短时间内爆轰波连续经过压力传感器，初步实验中传感器对 von-Neumann 尖峰捕捉灵敏度不高，正在努力提高实验记录水平。本实验独立验证了连续爆轰发动机连续传播的可行性，对更长时间的旋转爆轰波传播，需要进一步深入的实验研究。

图 5.13(a)～(c)分别为燃烧室展开图在 1 130 μs 时的压强、温度与局部放大的压强等值线图。图 5.13(a)中 1、2、3 分别为爆轰波、斜激波与入射诱导激波。

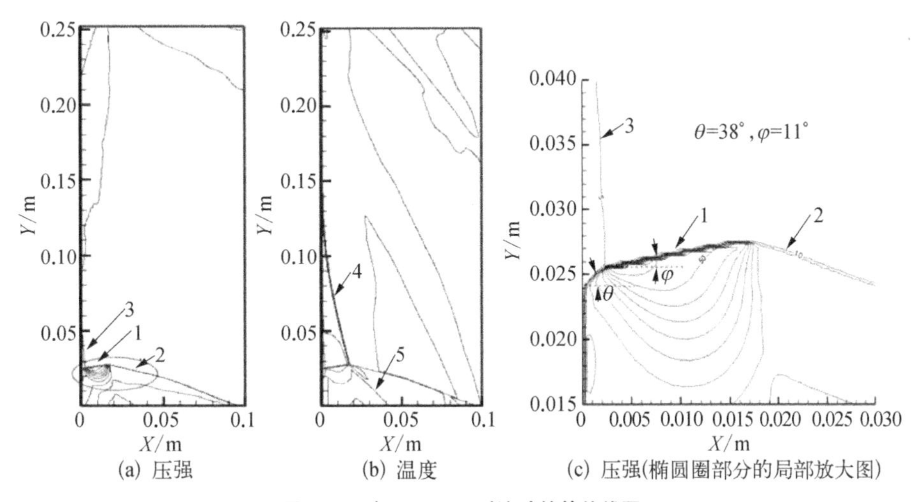

图 5.13 在 1 130 μs 时流动的等值线图

1-爆轰波；2-斜激波；3-诱导激波；4-爆燃波；5-接触间断

图 5.13(b)中 4 所指曲线两侧温度具有大的跳跃,为入射燃料与爆轰产物接触面,但图 5.13(a)中相同位置压强变化平缓,据此可推定 4 为爆燃波面。由于爆燃波传播速度远小于入流速度,循环中反应物前沿面基本以当地流动速度沿轴向推进。可燃气由入口端喷入三角形区域,此区域的可燃气由于入流而增加,由爆轰燃烧而消耗,维持为动态的平衡。爆轰波结构可通过图 5.13(c)进一步分析。为使喷入燃料与燃烧室内高压产物平衡,入口处形成诱导激波,使入流压强、温度上升。诱导激波前速度约为 1 100 m/s,波后速度降到约 350 m/s。诱导激波前后燃料速度差别较大。由速度矢量三角形关系可知,入流速度差异会影响爆轰波面倾斜度。爆轰波面在诱导激波与爆轰波相交处发生偏折。拐点前爆轰波倾斜角更大,倾斜角为 $\theta=38°$;而后部倾斜角变小,倾斜角为 $\varphi=11°$。倾斜角的变化将影响爆轰波的旋转传播速度。

5.1.3 入流总压及管长对连续爆轰发动机推进性能的影响

本节分析不同来流总压及管长对连续爆轰推进性能的影响。燃料流量$\dot{m}_{\mathrm{f}}$和燃料比冲 I_{sp}由式(5.3)和式(5.4)计算:

$$\dot{m}_{\mathrm{f}}=\frac{1}{2\pi r}\oint\rho_{\mathrm{f}}(\theta)u_z(\theta)r\mathrm{d}\theta \tag{5.3}$$

$$I_{\mathrm{sp}}=\frac{\oint(\rho u_z^2(\theta)+p(\theta)r\mathrm{d}\theta)}{\dot{m}_{\mathrm{f}}\times 2\pi r} \tag{5.4}$$

其中,$\dot{m}_{\mathrm{f}}$是燃料的质量流量。

下面分别计算可燃气来流总压为 1.5～3 MPa,燃烧室管长为 12～45 cm 条件下连续爆轰发动机的推进性能。不同条件下爆轰波传播时间均大于2 000 μs,直至爆轰波传播达到长时间稳定状态。图 5.14 为来流总压为2 MPa,而管长为30 cm时燃烧室头部流量 m_{in}、尾部流量 m_{out}及比冲随时间的变化。从图中可以看到由于初始流场是由其他入流条件流场稳定解初始化得到的,初始推进系数波动较大。当爆轰波传播约 1 000 μs以后,流量及比冲逐渐收敛到常值。入口端流量与出口端流量基本相同,为 270±2 kg/m^2。比冲收敛为 2 300±2 s。

图 5.15 为管长为 12 cm,来流总压分别为 1.5 MPa、2 MPa、2.5 MPa 及3 MPa时

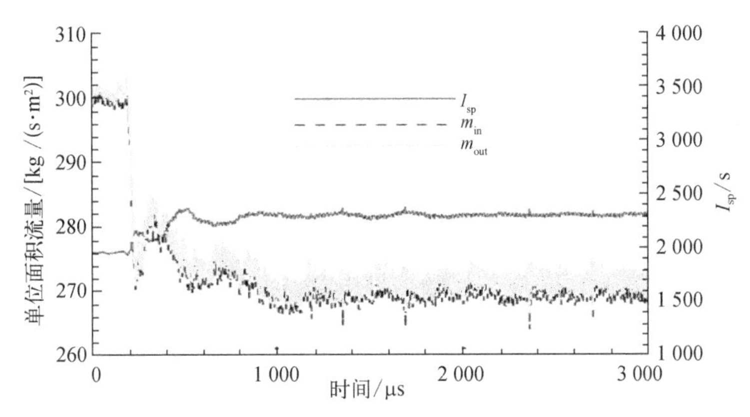

图 5.14　入口出口流量及比冲随时间变化

连续爆轰发动机的流量及比冲变化。图中可见平均流量由 202 kg/(s·m^2)呈线性增长至 420 kg/(s·m^2)，比冲变化较小，来流总压提高一倍，比冲只下降约 10%。

图 5.16 为连续爆轰发动机中当来流总压固定在 1.5 MPa 时，推进性能随燃烧室长度的变化。从图中可见，当管长由 12 cm 增长到18 cm后，比冲有所增大，但是当管长进一步增加时，比冲维持为一定值，不再受管长影响。燃料流量随管长增加由 277 kg/(s·m^2)降为 270 kg/(s·m^2)，之后也维持在一个定值。

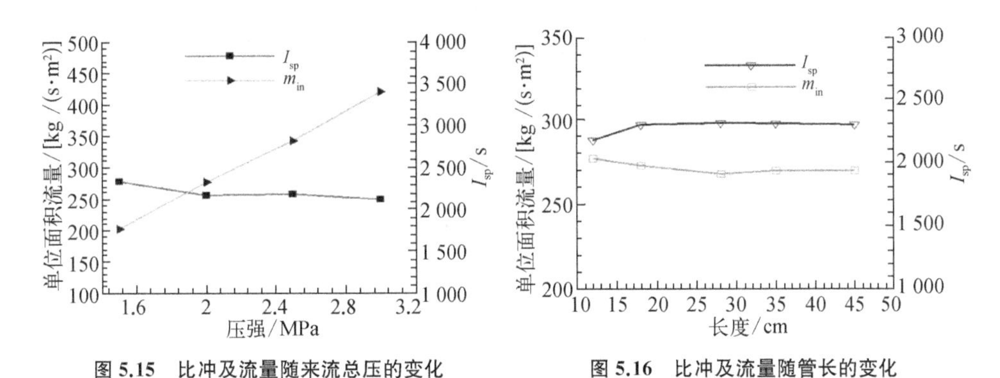

图 5.15　比冲及流量随来流总压的变化　　图 5.16　比冲及流量随管长的变化

5.2　三维连续爆轰流场

5.2.1　控制方程

使用一步化学反应模型，假设混合气体为理想气体，忽略扩散、黏性和热传导。控制方程为三维圆柱坐标系下守恒型的欧拉方程：

$$\frac{\partial \boldsymbol{U}}{\partial t}+\frac{\partial \boldsymbol{E}}{\partial r}+\frac{\partial \boldsymbol{F}}{\partial \theta}+\frac{\partial \boldsymbol{G}}{\partial z}+\boldsymbol{H}=\boldsymbol{S} \tag{5.5}$$

燃烧室内径为 6 cm，外径为 7.5 cm，长度为 15 cm。此燃烧室结构接近实际实验燃烧室尺寸[38]。计算网格总数为 40(半径方向)×1 100(圆周方向)×400(轴方向)。网格平均尺寸为 0.4 mm。整个燃烧室内初始为 0.1 MPa、195 K 的氢气/空气预混可燃气。起爆点为 6 MPa、3 000 K 半圆柱型热点，如图 5.17 所示。入流总压为 3 MPa，总温为 500 K，环境压强为 0.1 MPa。气体由拉瓦尔喷管入射，入射喷嘴出口面积与喉道面积比为 $A_{\mathrm{w}}/A_{\mathrm{throat}}=10$，依据第 1 章拉瓦尔喷嘴入流边界条件公式计算每网格点上的来流条件。由于燃烧室内初始压强较低，整个流场初始入流速度为 930 m/s，等于拉瓦尔入流喷管的最大入流速度。

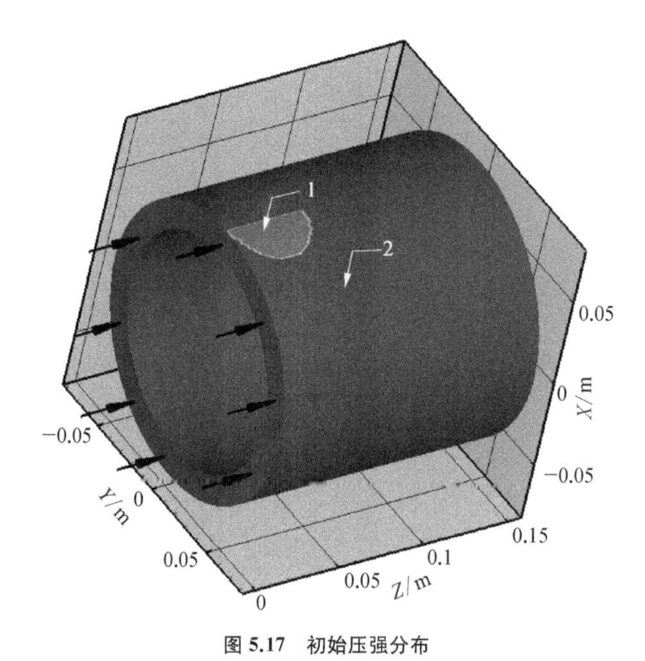

图 5.17 初始压强分布

1 -高温高压热点(3 000 K、6 MPa)；2 -可燃预混气($u_{\mathrm{in}}=930$ m/s)

5.2.2 网格收敛性

由于本节的目的是探讨旋转爆轰的主要传播特性和它的推进性能，不考虑微小的波结构，因此计算中使用一步化学反应模型，平均网格大小约为0.4 mm，Courant 数小于 0.3。本节验证三维计算时的网格分辨率。首先使用平均网格大小为0.4 mm的粗网格 MESH Ⅰ 计算爆轰波传播。爆轰波传播600 μs后，采用网格加密一倍的细网格 MESH Ⅱ(0.2 mm)与原粗糙网格同时计算爆轰波的传播。如图 5.18 所示，图 5.18(a)与图 5.18(a′)为 600 μs时相同的初始流场。使用两种网格同时计算爆轰波传播 100 μs，程序迭代次数超过 5 000 次后，至 700 μs时可见反应进行度参数分布几乎相同，爆轰流场压强的等值线云图也对应良好。三维计算证实了0.4 mm 网格一步反应程序的网格收敛性。

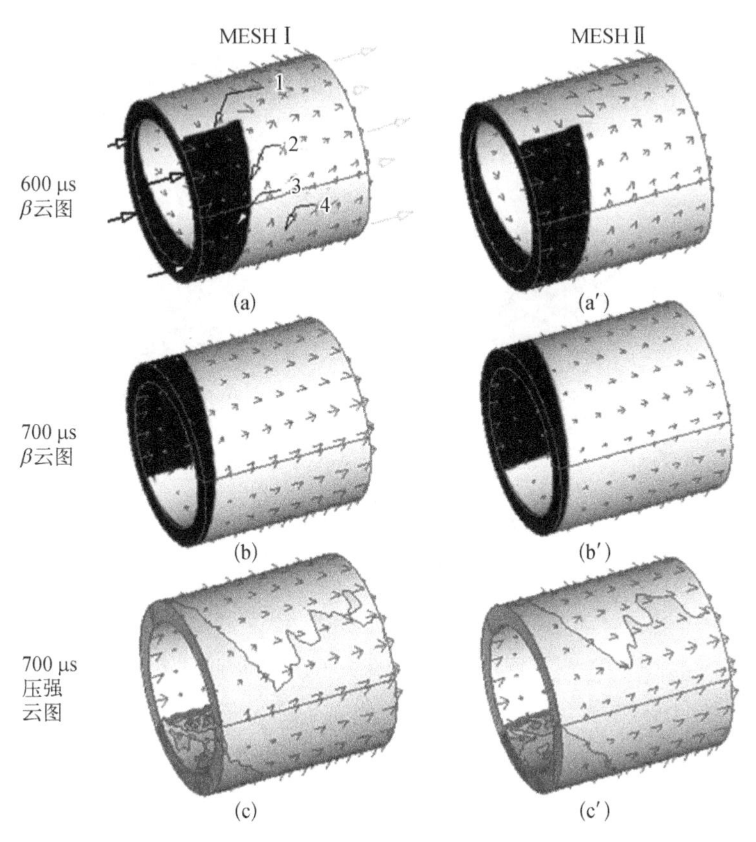

图 5.18 600～700 μs 内分别使用粗网格 MESH Ⅰ(0.4 mm)与细网格 MESH Ⅱ(0.2 mm)计算获得的爆轰波传播结果对照

1-波面；2-新鲜气体层分界；3-新鲜气体层；4-下游流场

5.2.3 流场结构

首先给出计算获得的达到稳定循环时旋转爆轰波的传播过程。图 5.19(a)～(d)分别为 800 μs、860 μs、920 μs、980 μs 四个时刻反应进行度参数分布。在传播的 120 μs时间内，爆轰波传播了近一周，浅色未燃气体所占区域基本维持动态相同，爆轰波传播已达到准稳定状态。燃料可连续喷入燃烧室，爆轰波稳定传播，整个流场结构简单，无较大的波动。

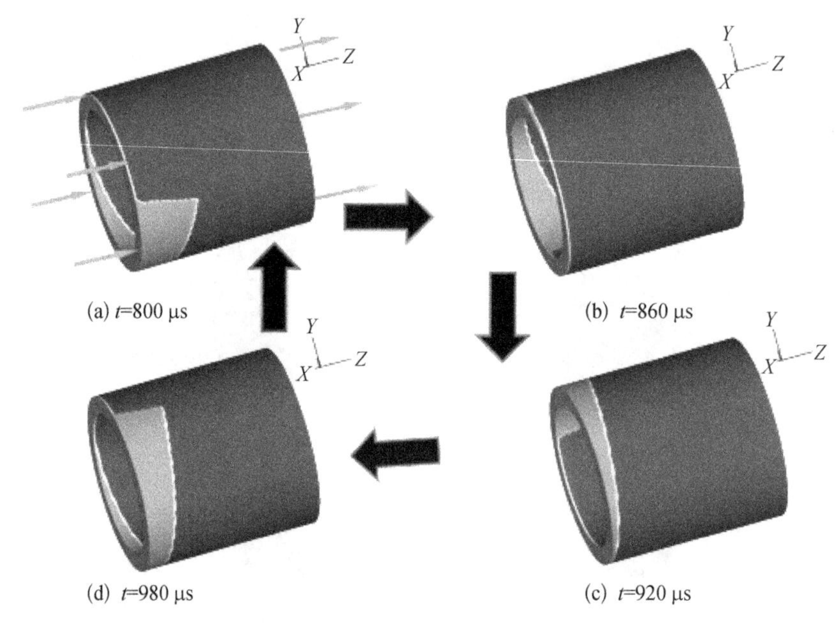

图 5.19 800～980 μs 反应进行度参数分布

图 5.20 为 0～200 μs内爆轰波由热点起爆直至形成单波面爆轰波的过程。初始起爆后爆轰波向相反两个方向传播。由于流场初始轴向速度较大，逆时针方向平面爆轰波受高速流动气体对流作用，爆轰波后温度降低，反应速度下降，前导激波与燃烧面分离，爆轰波逐渐衰减为激波。由于激波传播速度慢于爆轰波速度，两边激波面落后中间激波面形成弧形激波。正向爆轰波由于初始为弧形，初始前导激波逆流向上传播可维持爆轰波强度。爆轰波边缘虽受稀疏波作用，但仍保持了激波面与燃烧波面的耦合。前导激波遇进气壁反射后进一步强化了爆轰传播，爆轰波沿顺时针方向在整个波面可维持其强度。80～120 μs 中，逆时针方向传播

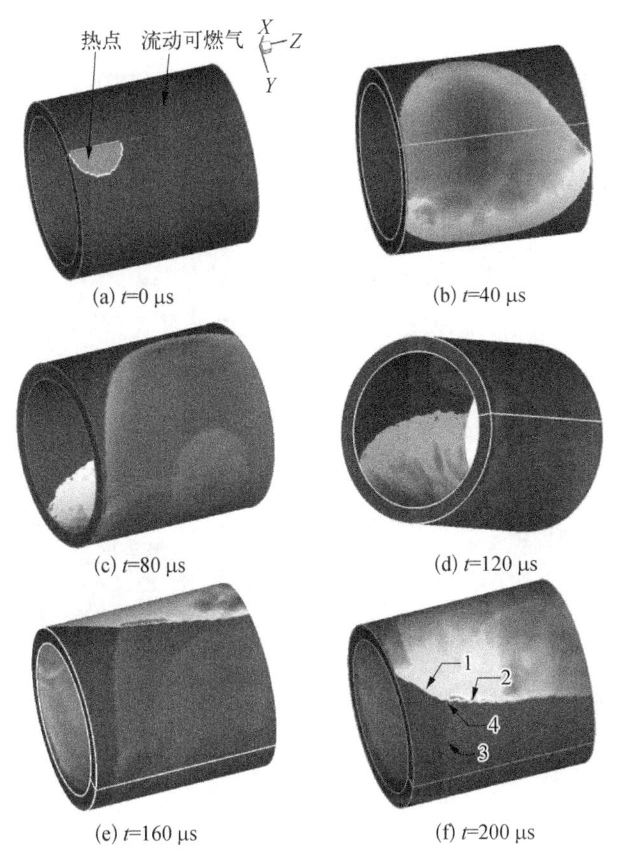

(a) t=0 μs　(b) t=40 μs
(c) t=80 μs　(d) t=120 μs
(e) t=160 μs　(f) t=200 μs

图 5.20　0～200 μs 内爆轰波热点起爆过程压强分布云图

1 -拐点上游爆轰波；2 -拐点下游爆轰波；3 -诱导激波；4 -拐点

的激波进一步衰减，而顺时针方向爆轰波中由于爆轰波面较宽，不稳定横波出现在爆轰波面上形成多处热点，更进一步维持了爆轰波的稳定。160 μs时正、反方向传播的两波相遇，由于正向爆轰波能量占优，彻底湮灭逆时针方向激波，成为单向旋转传播爆轰波。至 200 μs 时，爆轰波遇头部壁面反射后，反射激波压缩前导激波后气体，反应进一步加强。到 200 μs，顺时针方向爆轰波已接近传播一周，此时管尾部初始喷入的可燃气已燃尽，只有头部新冲入的燃气供旋转爆轰波燃烧。燃烧室头部形成未燃气体的动态三角形区域。旋转爆轰波由 160 μs时的纵贯整个燃烧室，变为只在燃烧室头部存在。斜激波与爆轰波相连延伸至燃烧室尾部。至此，在一周时间内，热点完成起爆旋转爆轰波过程，爆轰波开始绕周向连续传播。注意到在图 5.20(f)中，爆轰波波面在箭头 4 所指拐点处发生偏折。拐点上游爆轰波压强较低，而下游压强近似为前部压强的一倍。此压强变化并非爆轰波衰减为激波造成的，而是由于图中箭头 3 所指诱导激波前后可燃气密度差异形成的。从图5.21(a)中温度分布可见，温度间断与爆轰波面位置相同，前导激波与化学反应区并未分离。图 5.21(b)中反应进行度参数分布云图也显示了未燃气体的分布，诱导激波未点燃可燃气，只是压缩可燃气，使流动速度降低，温度升高，诱导激波前后并未反应。图 5.22 显示了沿燃烧室外侧某圆周线（$z=1$ cm）上压强演化。由于顺时针方向爆轰波传播速度远大于普通激波传播速度，两波约于 250°位置相撞。由图 5.20 可见，200 μs时流场受初始扰动影响仍较大，流场中各处压强波动剧烈。之后爆轰波继续传播，整个流场将收敛到准稳态结构。

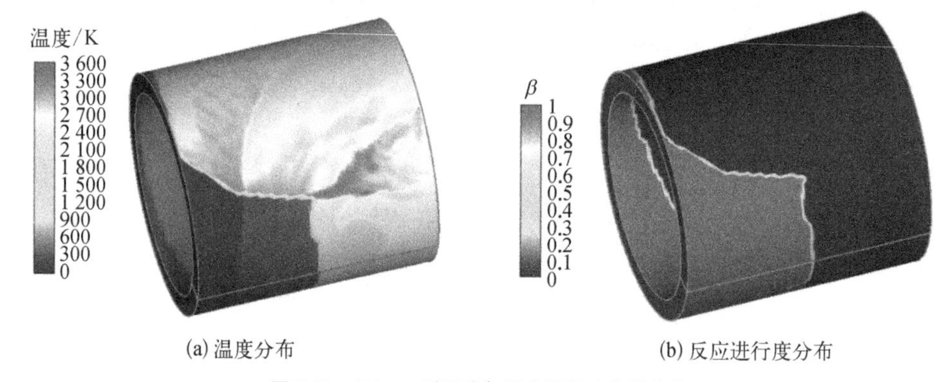

(a) 温度分布　　(b) 反应进行度分布

图 5.21　200 μs 时温度与反应进行度参数分布

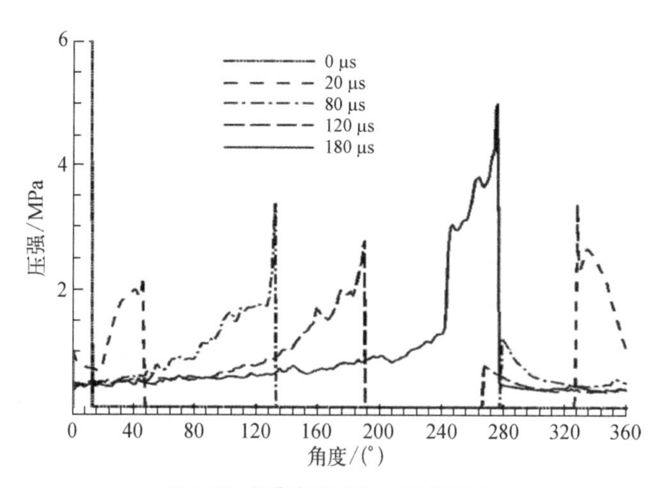

图 5.22　爆轰点燃过程一维压强变化

图 5.23 为 1 300 μs时燃烧室外壁上的压强与流线分布图。三维计算获得了连续爆轰的典型波结构。从图中可见燃烧室外壁上压强云图与图 5.10 中实验图片定性符合良好。爆轰波封闭在燃烧室的头部,爆轰波面宽度不足 4 cm。在燃烧室出口端,每次压强阶跃为斜激波扫过造成,强度跳跃已降为较小值,高温产物较均匀地喷出管外,有利于喷管的设计及发动机的稳定。由流线分布可见,爆轰波后产物基本随爆轰波运动,但是在爆轰波后 Taylor 稀疏波的作用下,产物逐渐减速。在滑移线后膨胀波作用下,产物逐渐沿轴线方向喷出燃烧室产生正向推力。对沿轴线各垂直切面上的平均动能进行定量计算,算法如下:

$$U^2(z)=\frac{1}{S(z)}\int_{S(z)}u_r^2(r,\ \theta,\ z)\mathrm{d}s(r,\ \theta,\ z)$$

$$V^2(z)=\frac{1}{S(z)}\int_{S(z)}u_\theta^2(r,\ \theta,\ z)\mathrm{d}s(r,\ \theta,\ z)$$

$$W^2(z)=\frac{1}{S(z)}\int_{S(z)}u_z^2(r,\ \theta,\ z)\mathrm{d}s(r,\ \theta,\ z) \tag{5.6}$$

其中,$S(z)$为沿 z 轴的轴切面面积;$\mathrm{d}s(r,\ \theta,\ z)$ 为每一网格点所占面积。计算获得各分量所占比例如图 5.24 所示。可见爆轰波绕圆周方向传播,但产物绝大部分沿轴向喷出做功,轴向动能在出口端超过 90%,不产生推力的周向与径向动能总和较小。

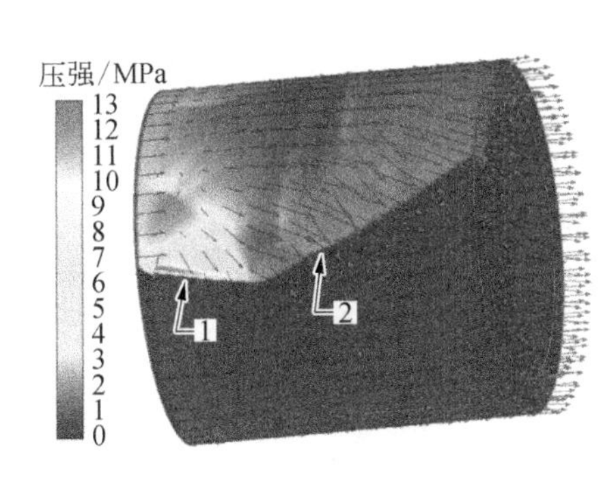

图 5.23 1 300 μs 时燃烧室外壁压强与流线分布

1 -爆轰波;2 -斜激波

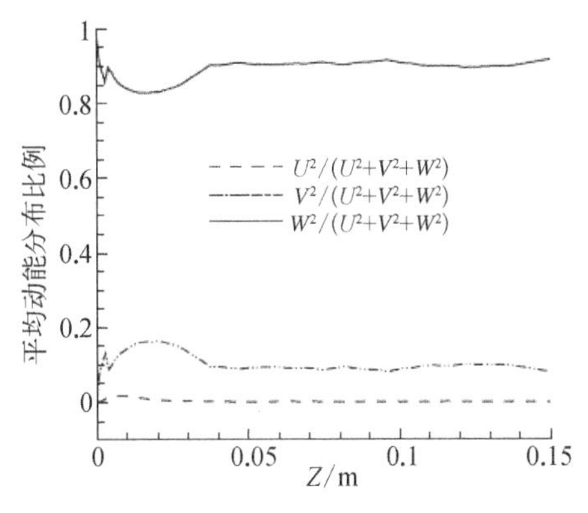

图 5.24 1 300 μs 时沿轴向各切面上的平均动能分布比例

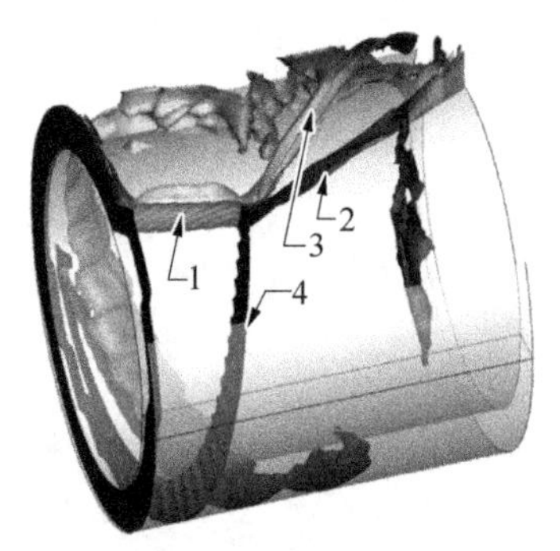

图 5.25 1 300 μs 时温度等值面透视图

1 -爆轰波；2 -斜激波；3 -滑移线；4 -燃料产物分界面

图 5.25 为 1 300 μs 时温度等值面透视图。图中爆轰波与斜激波之间温度间断为滑移线，此线为两次循环中爆轰产物的接触面。爆轰波面与滑移面后区域为循环爆轰产物。滑移面与斜激波面间区域为上次循环产物受本次循环斜激波压缩后的产物。爆轰波、斜激波、滑移线三波交汇结构，保持了流场的稳定性，使整个流场维持准稳态传播。

图 5.26 为 830 μs 和 930 μs 时，爆轰波传播中燃烧室中间层内（$r=6.7$ cm）诱导反应进行度参数分布。可燃气体由下部喷入，黑色部分表示未反应的可燃气体，其余区域为爆轰产物。由于可燃气体所占区域基本维持相同形状，爆轰波传播已达到准稳态。从图 5.26(c)的可燃气体分布示意三角形区域可见，可燃气区域由$\triangle ABC$ 变到$\triangle A'B'C'$区域，可以得到爆轰波旋转传播速度 V_{D} 具有以下关系式：

$$V_{\mathrm{D}}=\frac{|BB'|}{\Delta t}=\frac{0.056+0.420-0.282}{100\times 10^{-6}}=1\ 940(\mathrm{m/s}) \tag{5.7}$$

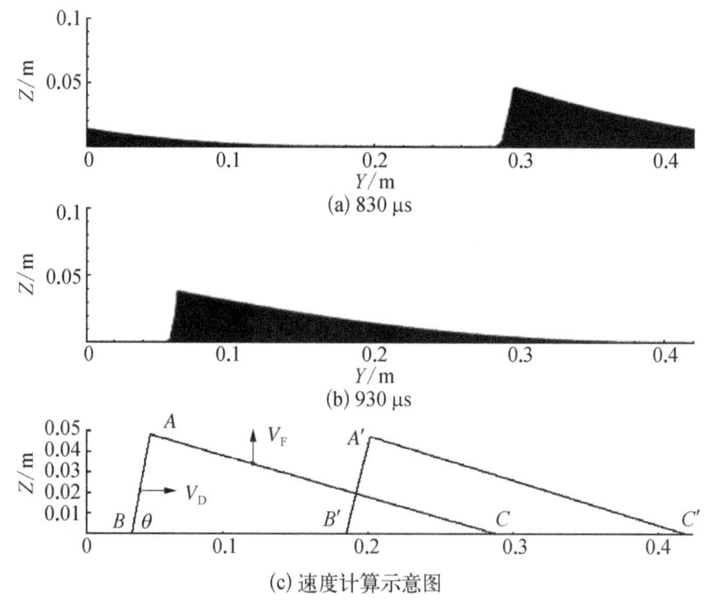

图 5.26 反应进行度参数分布

V_D非常接近爆轰波 C-J 速度 D_{C-J}从图 5.26 可见，爆轰波倾斜于进气壁大约 10°，这样旋转速度较爆轰 C-J 速度则小 $1-\cos 10° = 1.5\%$。虽然由于爆轰波倾斜会造成旋转传播速度略小于爆轰波传播速度，但只会损失很小部分，爆轰波仍具有极大的旋转传播速度。

5.2.4　曲率效应

图 5.27 显示 1 300 μs 时燃烧室外壁一周（$r=6$ cm，$z=2$ cm）和内壁一周（$r=7.5$ cm，$z=2$ cm）上压强曲线图。由图中可以看出，波前燃烧剂压强基本相同，但波后外壁压强明显高于内壁。

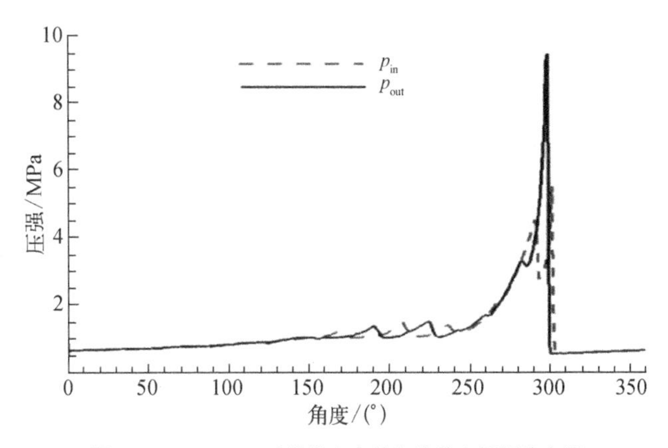

图 5.27　1 300 μs 时燃烧室内壁和外壁上压强分布图

图 5.28 显示了在一个轴向切片 $z=3$ cm 上的压强分布。内壁为凸面，流体受壁面曲率影响，会形成稀疏波，流体加速、降压。而外壁为凹面，此面附近流体受压缩波作用减速并增压。从图 5.28 中可见，在凹壁上波相位较凸面上激波落后约 3°。相反，在外部压缩面上最大压强为 13 MPa，接近于内壁上压强 7 MPa 的两倍。此种机理可用于燃烧室结构强度设计及入流设计，可燃气通过进气壁内壁将更

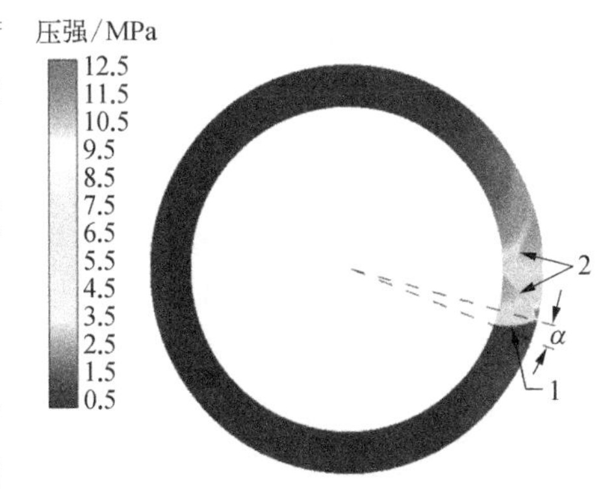

图 5.28　$z=0.3$ cm 燃烧室轴切面上的压强分布

1-爆轰波；2-反射激波

有利于燃料入射。由于壁面的存在,图 5.28 中 2 指示的反射激波在壁面间来回反射两次,直至最终衰减为声波。

5.3 入流极限

现阶段高超声速研究的热点在于亚燃与超燃冲压发动机。亚燃冲压发动机(ramjet)最大飞行马赫数不能高于 6。当马赫数大于 6 时,由于要将超音速来流通过激波降为亚声速,会造成较大的来流总压损失,且温度升高过大会造成空气解离而损失很大一部分能量。而超燃冲压发动机(scramjet)需要超音速启动,此外短距离内混合与完全燃烧也是超燃冲压发动机中棘手的问题。为高超音速飞行提供推力,爆轰发动机是另一选择。由于爆轰波传播速度极快,燃烧在一个薄层内即可完成,不存在有限燃烧室长度无法使高速入流充分燃烧问题。之前爆轰发动机研究中遇到的主要问题是爆轰波的稳定传播问题。由驻定正爆轰及驻定斜爆轰的研究知:当来流速度大于或等于爆轰波 C-J 速度时,爆轰波可驻定在燃烧室壁面上一个位置以燃烧来流可燃物。可燃气迎面流向爆轰波,而爆轰波本身不动。但当速度变化较大时,由于激波与边界层间复杂的相互作用,驻定爆轰波很容易与楔形体分离,而使爆轰波退出燃烧室或转变为激波,燃烧较不稳定。驻定正爆轰与斜爆轰中当来流速度小于爆轰波 C-J 速度一定范围时,爆轰波会逆流向前传播,直到传播出喷口,造成发动机不起动。因此驻定爆轰发动机中入流速度被限制在很窄范围内,入流速度变化稍大即容易造成发动机熄火。连续爆轰发动机中进气壁将爆轰波封闭在燃烧室内,不会在来流速度较低时逆流冲出燃烧室。从连续爆轰发动机的一系列计算与实验[38, 152, 153]中发现,对于亚声速与超声速入流,在同轴圆筒燃烧室中爆轰波均可连续地绕周向传播。既然旋转传播的爆轰波可实现在亚声速和超声速时爆轰波的连续传播,那么来流速度的极限值是多少,爆轰波传播模式何时改变。如能实现由亚声速直至高超声速下爆轰波连续传播,连续爆轰发动机将具有十分突出的优势。本节用三维数值模拟研究连续爆轰发动机的燃气入流速度极限,以及爆轰波传播方式的转变。

5.3.1 数学模型与边界条件

使用三维圆柱坐标系,利用 MPI 并行计算。燃烧室外壁使用镜面反射边界条件，出口端使用无反射边界条件。对于恒定的入口管喉道与出口面积比，爆轰波入流速度随进气壁上压强而变化。由于本节考虑特定入流速度时旋转爆轰波的传播模式，入流需要按特殊方式设定。现假定入流总压、总温及入流喷管喉道比可变，则可设置恒定的入流速度与压强。当燃烧室内压强大于 3 MPa 时，设可燃气无法入射。

5.3.2　物理模型

燃烧室内径为 4 cm，外径为 5 cm，长度为 6 cm。计算网格平均大小为 0.4 mm。本章前面已经验证了网格的收敛性，本节不再赘述。连续爆轰发动机三维计算中考虑 50～2 000 m/s(D_{C-J}=1 984 m/s)范围内各种入流速度时的算例，算例详细工况如表 5.1 所示。

表 5.1　计算算例

算　例	入流速度/(m/s)	爆轰波速度/(m/s)
1	50	—
2	100	1 952
3	500	1 942
4	1 000	1 928
5	1 200	1 912
6	1 500	1 900
7	2 000	1 980

5.3.3　分析

1. 500 m/s 入流时爆轰流场分析

图 5.29 为入流速度为 500 m/s 时压强与流线分布图。从图中可见爆轰波与进气壁面的倾斜角 θ 为 20°±1°。连续爆轰发动机中爆轰波不是在静止气体中传播，而是在高速入流气体中传播。正是由于可燃气以一定速度入射，才可保证爆轰波在传播一周后，可有足够多的新的燃料喷入。同时由于入射气体速度在百米每秒量级，而爆燃波传播速度只有

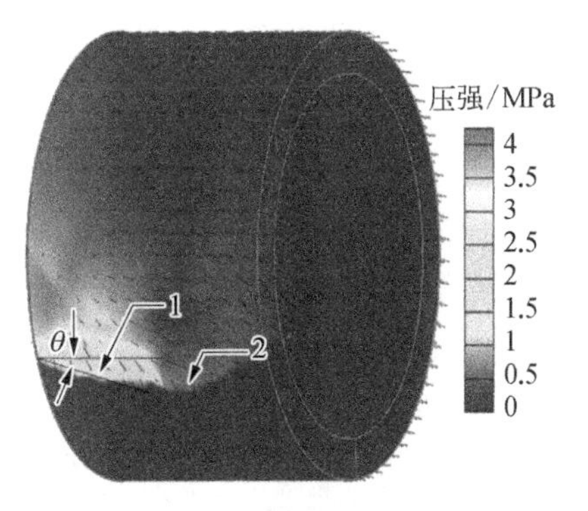

图 5.29　入流速度为 500 m/s 时压强与流线分布图

1－爆轰波；2－斜激波

米每秒量级。爆轰波传播一周后，可保证在入射气体与爆轰产物接触面处，只有极少量的燃烧剂会以爆燃方式被燃烧掉，大部分入射可燃气体保持在动态三角形区域内，供下一循环爆轰波燃烧。

2. 不同入流速度时爆轰波倾斜角

为分析方便，下面将燃烧室中间层展开为平面予以分析。图 5.30(a)与图 5.30(b)分别是入流速度为 1 000 m/s 时燃烧室流场压强与轴向速度的等值线图。图中可见爆轰波倾斜向进气壁。图 5.30(a)中 1、2 所指处均为爆轰波。爆轰波前为入射的可燃气体。由于燃烧室内压强较高，入射气体受诱导激波——4 作用使来流速度下降，压强升高。由图 5.30(b)可见诱导激波前可燃气速度约为 950 m/s，而诱导激波后气体速度降为 450 m/s 左右。另外诱导激波前后气体压强、温度分别由 0.1 MPa、300 K 变为 0.45 MPa、550 K。由速度矢量三角形关系知，爆轰波前速度越大爆轰波越倾斜。波前速度为零时，爆轰波则会垂直于进气壁。图 5.30(a)中可以看到诱导激波前后爆轰波面倾斜角发生明显变化。诱导激波前爆轰波倾斜角为 $\alpha=45^\circ\pm1^\circ$，诱导激波后爆轰波倾斜角则为 $\alpha+\beta=80^\circ\pm1^\circ$。依据矢量关系，爆轰波速度衰减均小于 $1-\cos10^\circ=1.6\%$。靠近壁面处爆轰波倾斜更严重，但未影响旋转爆轰波整体传播速度。

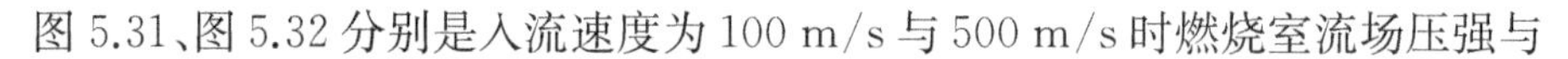

图 5.31、图 5.32 分别是入流速度为 100 m/s 与 500 m/s 时燃烧室流场压强与

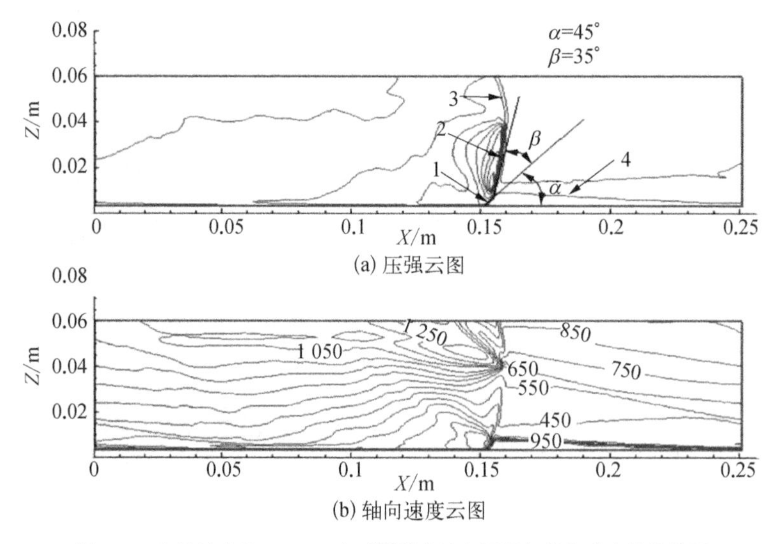

图 5.30 入流速度为 1 000 m/s 时燃烧室流场压强与轴向速度等值线图

轴向速度等值线图。由于入流速度较小，燃烧室头部未见诱导激波。爆轰波前流场受压缩波作用，轴向速度只略小于入射速度。两图中爆轰波只稍微倾斜于进气壁。当入流速度较小时，爆轰波几乎垂直于进气壁。当入流速度为 500 m/s 时，爆轰波与进气壁倾斜角约为 70°。从图 5.32(b)可见，紧随爆轰波后产物沿 z 轴方向速度为负值，燃料无法入射。

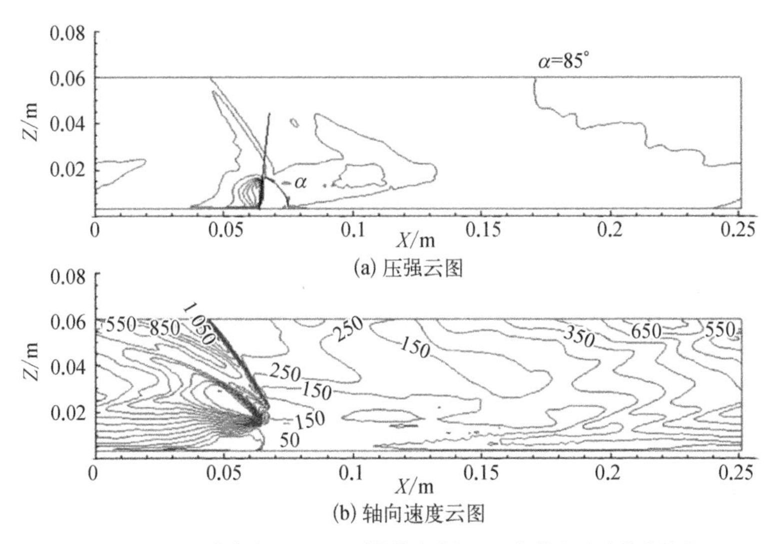

(a) 压强云图

(b) 轴向速度云图

图 5.31 入流速度为 100 m/s 时燃烧室流场压强与轴向速度等值线图

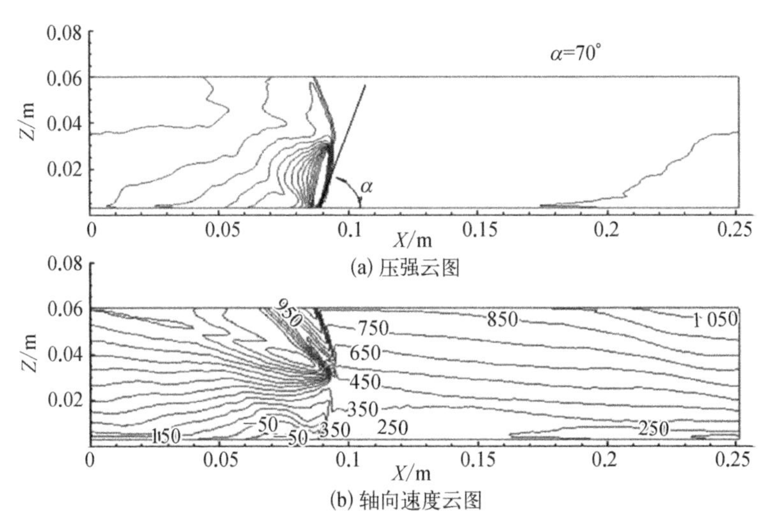

(a) 压强云图

(b) 轴向速度云图

图 5.32 入流速度为 500 m/s 时燃烧室流场压强与轴向速度等值线图

图 5.33(a)和图 5.33(b)分别是入流速度为 1 500 m/s 时燃烧室内流场压强与轴向速度等值线图。图中可见爆轰波更加倾斜于进气壁。较大区域内燃料入流速度基本未变,约为 1 550 m/s。图 5.33(c)为同时刻反应进行度参数 β 分布,比照图 5.33(a)中诱导激波位置可见,诱导激波后可燃气仍保持未燃状态,诱导激波未能加热入流气体至燃烧临界温度。

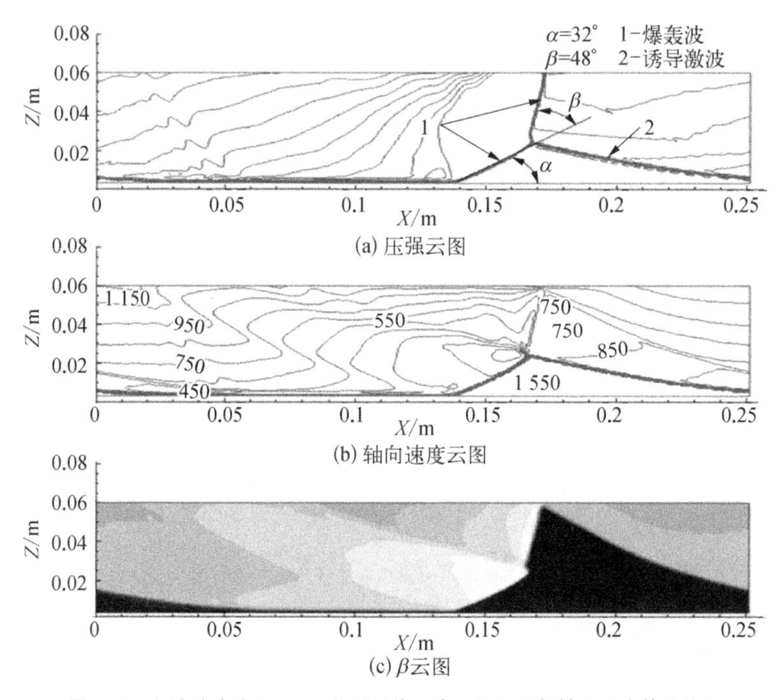

图 5.33 入流速度为 1 500 m/s 时燃烧室内流场压强与轴向速度等值线图

在图 5.33 计算获得准稳态流场的基础上,将入流速度增至 2 000 m/s,爆轰波变得更加倾斜于进气壁。传播 30 μs 后,爆轰波几乎与进气壁相切,如图 5.34 所示。由于入射能量较高,在反向同时诱导出爆轰波,反向爆轰波同样相切于进气壁。两波相遇后,爆轰波迎向进气壁运动,形成驻定模式爆轰波。图 5.35 显示 60 μs 后,爆轰波基本相向于进气壁传播,此时旋转爆轰波已转化为驻定正爆轰波。由于入流速度为 2 000 m/s,大于爆轰 C-J 速度 1 984 m/s,爆轰波会缓慢向出口端后退。图 5.36 中爆轰波已经退到距入口端 1/3 管长位置。在驻定正爆轰波的上游区域加若干已燃气体的人工扰动,扰动产生横波使驻定平面爆轰波面上逐渐形成多个三波交汇的三波点,如图 5.36 所示,其中 1 为马赫杆,2 为前导激波,3 为横波。三波点间相互碰撞,可维持爆轰波稳定的自维持传播。初始形成驻定爆轰时,整个爆轰波面还不是完全平行于进气壁,爆轰波面有起伏。但是传播一段时间后,图 5.36 中整个爆轰波面已经完全平行于进气壁。

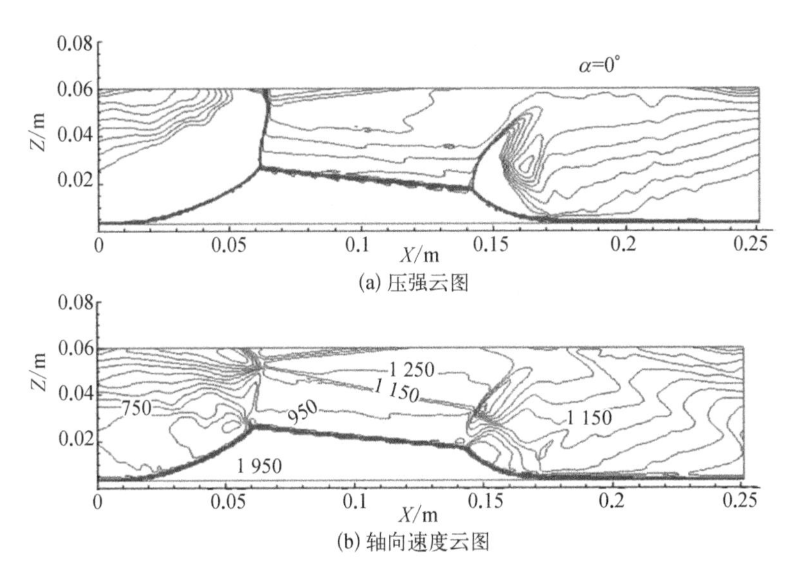

图 5.34 入流速度为 2 000 m/s 时燃烧室流场压强与轴向速度等值线图

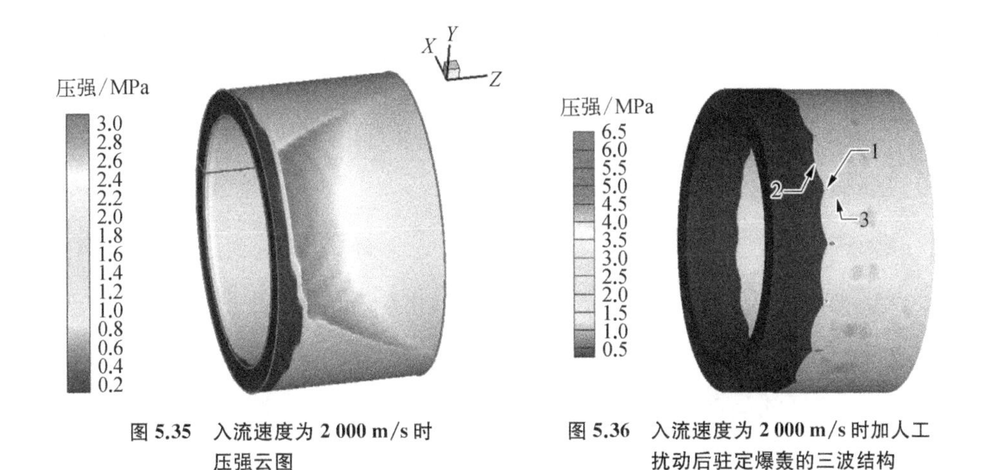

图 5.35 入流速度为 2 000 m/s 时压强云图

图 5.36 入流速度为 2 000 m/s 时加人工扰动后驻定爆轰的三波结构

3. 50 m/s 入流

其他条件相同,当入流速度降为 50 m/s 时。由于受管内爆轰产物逆压影响,反应物与爆轰产物接触面轴向速度较低,新燃料填充量不足。爆轰波循环一周将初始燃料燃尽后，新冲入燃料为极薄的一层，爆轰波面则相应地变得很窄，如图图 5.37(a)所示。受爆轰波自由面侧稀疏波作用，爆轰波后产物温度降低，爆轰传播速度下降，前导激波与燃烧面分离，最终爆轰转变为爆燃。由于爆燃波的传播速度只有米每秒量级，且等压燃烧产物压强较低，入射燃料可将燃烧面吹向燃烧室出口端。图 5.37(b)为起爆后 300 μs 时的反应进行度参数分布，可见爆燃波已退后到距入口管端管长 1/3 处。燃烧室头部为未燃气体，其余为燃烧产物。图 5.37(c)中，300 μs 时燃烧室内最大压强仅为 0.12 MPa，接近来流压强，进一步证实了燃烧室内为等压爆燃燃烧。由于燃烧为通常爆燃，入流气体与燃烧产物分界面波动较大，黏性作用明显。本程序不考虑黏性作用，不能准确模拟爆燃波传播，只给出了爆轰衰减为爆燃过程的定性分析。综合不同入流速度时爆轰波传播模式的转变，可得爆轰波传播模式及爆轰波传播速度随入流变化的关系，如图 5.38 所示。

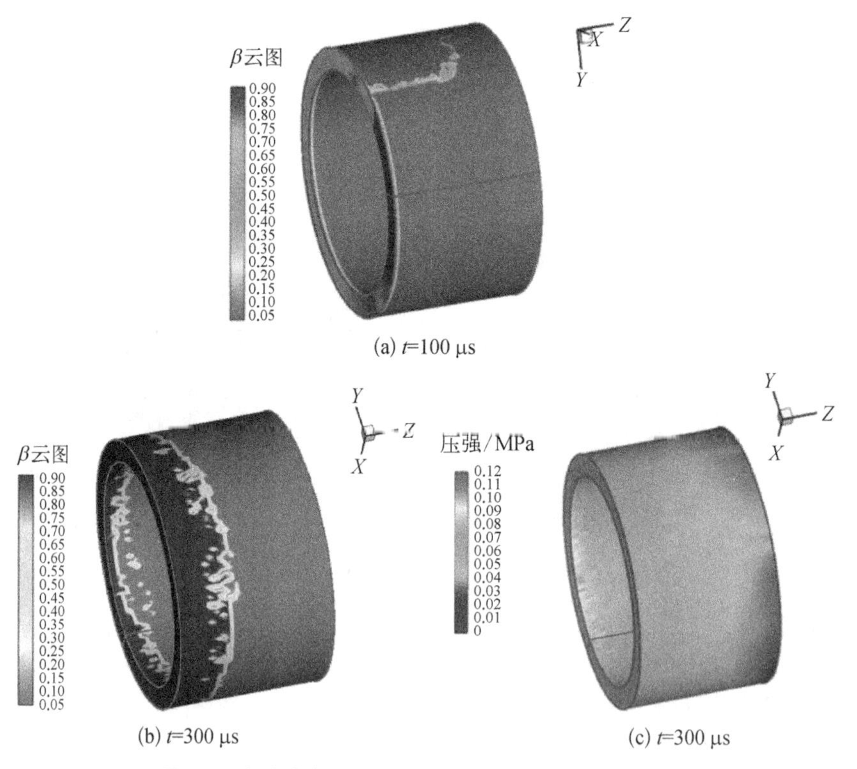

图 5.37　入流速度为 50 m/s 时可燃气分布云图(后附彩图)

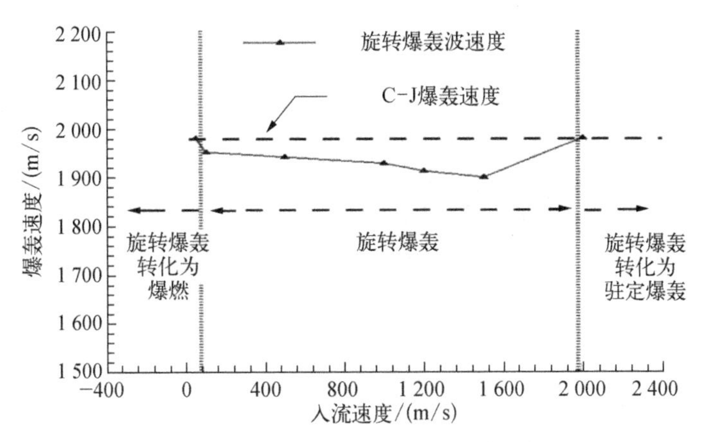

图 5.38　爆轰波传播模式随入流速度转变

第 6 章 粒子跟踪法与热力学分析

在连续爆轰发动机的发展过程中，分析它的热力学循环过程进而评估其性能是十分必要的。由于连续爆轰流场的非定常性，很难得到如传统稳态推进系统中的热力学循环过程。截至目前，关于连续爆轰发动机热力学性能方面的研究仍然很少。Heiser 等[154]曾针对脉冲爆轰发动机建立了稳态爆轰极限模型，该模型反应了脉冲爆轰发动机的理想性能，为性能对比提供了初步研究工具。

本书作者王健平在国际上首次提出将粒子跟踪法运用于连续爆轰发动机的研究中，并描述其热力学过程。本章首先根据爆轰的 C－J 理论和 ZND 模型，介绍三种描述爆轰的理想热力学循环模型，它们分别为 Humphrey 循环、F－J (Fickett-Jacobs)循环和 ZND 循环。结合在连续爆轰发动机数值模拟中采用的预混气体参数，通过理论推导，定量给出理想循环模型的热力学循环曲线，即压强-比容($p-v$)图和温-熵($T-s$)图，进而计算并比较它们的热力学循环效率。此外，为定量地比较爆轰和爆燃的热效率，本章将介绍爆燃的理想热力学循环模型，即 Brayton 循环。之后在粒子跟踪法的详细介绍中，将跟踪新喷入燃烧室的流体粒子，分析它们从喷入燃烧室，经燃烧、膨胀到喷出燃烧室的详细历经过程。分析连续爆轰流场中的爆轰波、斜激波、接触间断以及新鲜气体和高温产物之间的接触面对粒子轨迹的影响。同时记录粒子运动过程中的压强、比容、温度以及熵增等参数，即可通过数值模拟的方式得到连续爆轰发动机的热力学循环过程，进而计算出连续爆轰发动机的循环净功和热效率。

6.1　热力学循环

初始混合物为按当量比预混好的氢气/氧气，假设混合气体常数在循环过程中不变，比热比为 $\gamma = 1.4$，气体常数 $R = 692.9\ \mathrm{J/(kg \cdot K)}$，单位质量混合物的放热量为 $q = 4 \times 10^6\ \mathrm{J/kg}$[155]混合物初始压强和温度分别为 $p_1 = 1.013 \times 10^5\ \mathrm{Pa}$，$T_1 = 300\ \mathrm{K}$。由于对于爆燃来说，压缩静温比为1时，其热效率为零。爆燃只有在有压气机提前增压的前提下才会产生有效功和热效率，这也正是传统的基于爆燃燃烧方式的发动机在燃烧室之前配有压气机的原因所在。而对于爆轰来说，由于爆轰波的自压缩性，使得在没有压气机提前增压的前提下，爆轰也能产生可观的有效功和热效率。因此，为了定量地比较四种理想循环过程，我们将它们的压缩静温比统一设置为

$$\psi = \frac{T_2}{T_1} = 2.0 \tag{6.1}$$

热力学循环效率定义为循环对外界做出的净功与工质实际吸收的热量之比。循环对外界做的净功又称为循环功，它等于膨胀做出的功减去压缩消耗的功，在 $p-v$ 图上它等于循环曲线包围的面积，即

$$w_{\mathrm{net}} = \int p \cdot \mathrm{d}v \tag{6.2}$$

将 $T-s$ 曲线向"熵增"轴(即 $T-s$ 图的横轴)投影，工质实际吸收的热量为投影区域所占的面积，用 q_1 表示。那么热力学循环效率计算公式为

$$\eta = \frac{w_{\mathrm{net}}}{q_1} \tag{6.3}$$

6.1.1　Humphrey 循环

与传统的基于爆燃燃烧方式的发动机相比，基于爆轰燃烧方式的发动机有截然不同的热力学循环过程。爆轰近似于等容燃烧，最早的也是最简单地描述爆轰热力学过程的模型为理想 Humphrey 循环[156]。理想 Humphrey 循环的 $p-v$ 图和 $T-s$ 图如图6.1所示，它包括以下几个过程。

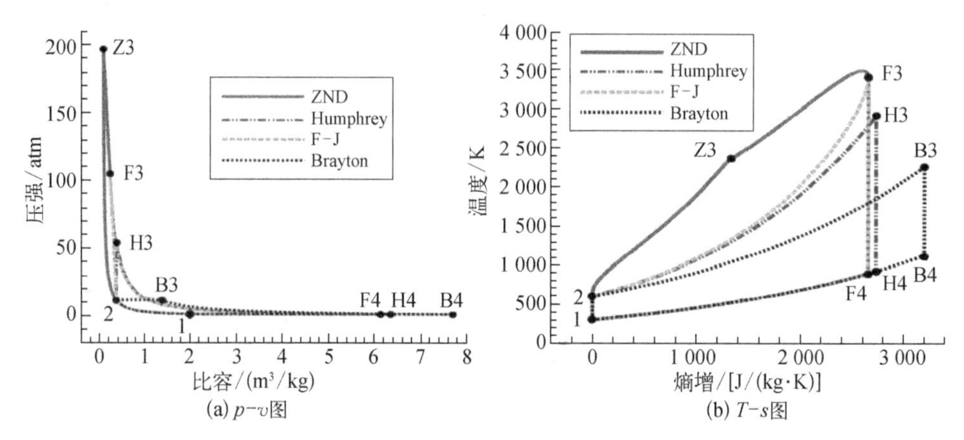

图 6.1 四种理想循环的 $p-v$ 图和 $T-s$ 图

(1) 状态 1 到状态 2：等熵压缩过程。

当初始压强 p_1、初始温度 T_1 以及压缩静温比 ψ 给定时，由等熵关系和完全气体状态方程：

$$\frac{p_2}{p_1}=\left(\frac{T_2}{T_1}\right)^{\frac{\gamma}{\gamma-1}}, \quad v_2=\frac{RT_2}{p_2} \tag{6.4}$$

即可计算出状态 2 处的混合物热力学参数值：

$$p_2=11.31\ \text{atm}, \quad T_2=600\ \text{K},$$

$$v_2=0.362\,8\ \text{m}^3/\text{kg}, \quad s_2=0\ \text{J}/(\text{kg}\cdot\text{K})$$

在这一过程中，$p-v$ 线满足等熵曲线：

$$p=p_1\left(\frac{v_1}{v}\right)^{\gamma} \tag{6.5}$$

$T-s$ 线满足：

$$s=0\ \text{J}/(\text{kg}\cdot\text{K}) \tag{6.6}$$

(2) 状态 2 到状态 H3：等容燃烧过程。

燃烧后状态点 H3 处的比容为 $v_{H3}=v_2=0.362\,8\ \text{m}^3/\text{kg}$，由放热反应后的 Hugoniot 曲线方程和完全气体状态方程：

$$\frac{p_{H3}}{p_2}=\frac{(\gamma+1)-(\gamma-1)\dfrac{v_{H3}}{v_2}+2\alpha(\gamma-1)}{(\gamma+1)\dfrac{v_{H3}}{v_2}-(\gamma-1)}$$

其中，$\alpha=\dfrac{q}{v_2 p_2}$。　(6.7)

$$T_{H3}=\frac{v_{H3}p_{H3}}{R} \tag{6.8}$$

即可计算出 $p_{H3}=54.86$ atm，　$T_{H3}=2\,909.14$ K。

再由熵增关系式：

$$\Delta s=s_{H3}-s_2=c_v\ln\frac{T_{H3}}{T_2}+R\ln\frac{v_{H3}}{v_2}=\frac{R}{\gamma-1}\ln\frac{T_{H3}}{T_2} \tag{6.9}$$

计算得 $S_{H3}=2\,734.67$ J/(kg · K)。

状态点 H3 为等容线与放热反应 Hugoniot 线的交点。在这一过程中，$p-v$ 线满足：

$$v=0.362\,8\ \mathrm{m^3/kg} \tag{6.10}$$

$T-s$ 线满足方程：

$$s=\frac{R}{\gamma-1}\ln\frac{T}{T_2} \tag{6.11}$$

(3) 状态 H3 到状态 H4：等熵膨胀，直至压强等于初始压强。那么，$p_{H4}=p_1=1$ atm，$S_{H4}=S_{H3}=2\,734.67$ J/(kg · K)。

再由等熵关系和完全气体状态方程：

$$\frac{p_{H4}}{p_{H3}}=\left(\frac{T_{H4}}{T_{H3}}\right)^{\frac{\gamma}{\gamma-1}},\quad v_{H4}=\frac{RT_{H4}}{p_{H4}} \tag{6.12}$$

即可计算得到 $T_{H4}=926.5$ K，$v_{H4}=6.335\,8\ \mathrm{m^3/kg}$。

在这一过程中，$p-v$ 线满足等熵曲线方程：

$$p=p_{H3}\left(\frac{v_{H3}}{v}\right)^{\gamma} \tag{6.13}$$

$T-s$ 线满足：

$$s=2\ 734.67\ \mathrm{J/(kg \cdot K)} \tag{6.14}$$

(4) 状态 H4 到状态 1：等压放热，循环封闭。

在这一过程中，$p-v$ 线满足：

$$p=1\ \mathrm{atm} \tag{6.15}$$

$T-s$ 线满足方程：

$$s=s_{\mathrm{H4}}+\frac{\gamma R}{\gamma-1}\ln\frac{T}{T_{\mathrm{H4}}} \tag{6.16}$$

根据前述的热效率计算方法，计算该理想 Humphrey 循环的热效率为 $\eta^{\mathrm{H}}=$ 62.05%。

6.1.2 F-J 循环

爆轰 C-J 理论中假设爆轰波面无限薄，在这个无限薄的爆轰波面上，混合物瞬间放热，即假设反应速率无限大。Fickett 等[157]基于 Jacobs[158]的观点发展了爆轰热力学循环的 F-J 模型。该循环基于 C-J 爆轰理论，与 Humphrey 循环相比，更接近真实的爆轰过程，但是并没有考虑前导激波的压缩过程。如图 6.1 所示，理想 F-J 循环包括如下几个过程。

(1) 状态 1 到状态 2：等熵压缩过程。与 Humphrey 循环中该过程相同，这里不再详述。

(2) 状态 2 到状态 F3：沿 Rayleigh 线燃烧放热，直至上 C-J 点(即点 F3)。

Rayleigh 线方程：

$$m^2=\frac{p-p_2}{v_2-v}=\text{常数}\ A \tag{6.17}$$

燃烧放热后的 Hugoniot 线方程：

$$\frac{p_{\mathrm{F3}}}{p_2}=\frac{(\gamma+1)-(\gamma-1)\dfrac{v_{\mathrm{F3}}}{v_2}+2\dfrac{q}{p_2 v_2}(\gamma-1)}{(\gamma+1)\dfrac{v_{\mathrm{F3}}}{v_2}-(\gamma-1)} \tag{6.18}$$

由于经过初始燃烧点 2 有两条 Rayleigh 线与 Hugoniot 线相切，切点分别为上 C－J 点和下 C－J 点。经计算，切点的状态参数为

$$v_{C-J}=\frac{A\gamma v_2+p_2\gamma}{A(\gamma+1)},\quad p_{C-J}=p_2+A(v_2-v_{C-J}) \tag{6.19}$$

其中，A 有两个值，分别是 A^+ 和 A^-，表示为

$$A^{\pm}=\frac{p_2\gamma}{v_2}+\frac{q(\gamma^2-1)}{v_2^2}\pm\frac{p_2}{v_2}\sqrt{\frac{q^2(\gamma^2-1)^2}{p_2^2v_2^2}+\frac{2\gamma(\gamma^2-1)q}{p_2v_2}} \tag{6.20}$$

A^+ 和 A^- 分别对应上 C－J 点和下 C－J 点。

因此点 F3（即上 C－J 点）处的参数值为 $v_{F3}=0.221\ 5\ m^3/kg$，$p_{F3}=104.56\ atm$。再由完全气体状态方程，计算得 $T_{F3}=3\ 387.38\ K$。

由熵增关系式：

$$s_{F3}-s_2=\frac{\gamma R}{\gamma-1}\ln\frac{T_{F3}}{T_2}-R\ln\frac{p_{F3}}{p_2}=\frac{R}{\gamma-1}\ln\frac{T_{F3}}{T_2}+R\ln\frac{v_{F3}}{v_2} \tag{6.21}$$

计算得 $S_{F3}=2\ 656.82\ J/(kg\cdot K)$。

在这一过程中，$p-v$ 线满足：相切 Hugoniot 线于上 C－J 点的 Rayleigh 线方程，即

$$p=p_2+A^+(v_2-v) \tag{6.22}$$

$T-s$ 线满足熵增关系式：

$$s=\frac{R}{\gamma-1}\ln\frac{T}{T_2}+R\ln\frac{v}{v_2} \tag{6.23}$$

（3）状态 F3 到状态 F4：等熵膨胀，直至压强等于初始压强。那么，$p_{F4}=p_1=1\ atm$，$S_{F4}=S_{F3}=2\ 656.82\ J/(kg\cdot K)$。

再由等熵关系和完全气体状态方程，计算得 $T_{F4}=897.23\ K$，$v_{F4}=6.135\ 6\ m^3/kg$。在这一过程中，$p-v$ 线满足曲线方程：

$$p=p_{F3}\left(\frac{v_{F3}}{v}\right)^{\gamma} \tag{6.24}$$

$T-s$ 线满足：

$$s=2\ 656.82\ \mathrm{J/(kg\cdot K)} \tag{6.25}$$

(4) 状态 F4 到状态 1：等压放热，循环封闭。

在这一过程中，$p-v$ 线满足：

$$p=1\ \mathrm{atm} \tag{6.26}$$

$T-s$ 线满足方程：

$$s=s_{F4}+\frac{\gamma R}{\gamma-1}\ln\frac{T}{T_{F4}} \tag{6.27}$$

计算上述理想 F－J 循环过程热效率为 $\eta^{F}=63.91\%$，与同等条件下 Humphrey 循环的热效率非常接近（$\eta^{H}=62.05\%$）。

6.1.3 ZND 循环

在爆轰 ZND 模型中，假设爆轰波由前导激波、诱导反应区和放热反应区组成。ZND 循环正是基于爆轰 ZND 模型，与 F－J 循环相比，它将前导激波的压缩过程考虑到热力学循环中。可燃物经前导激波压缩，由燃烧初始状态沿激波的 Hugoniot 线上升到 von-Neumann 尖峰。不像 C－J 理论假设放热反应在C－J点瞬间完成，ZND 模型中假设放热反应沿 Rayleigh 线从 von-Neumann 尖峰到上 C－J点。如图 6.1 所示，理想 ZND 循环包括以下几个过程。

(1) 状态 1 到状态 2：等熵压缩过程。同上。

(2) 状态 2 到状态 Z3：前导激波压缩过程，混合物状态由燃烧初始点 2 沿激波的 Hugoniot 线上升到 von-Neumann 尖峰。

在 F－J 循环中，计算的与燃烧放热的 Hugoniot 线相切的 Rayleigh 线方程为

$$p=p_2+A^{+}(v_2-v) \tag{6.28}$$

那么，该 Rayleigh 线与激波的 Hugoniot 线交点即 von-Neumann 尖峰，计算得 $p_{Z3}=197.81\ \mathrm{atm}$，$v_{Z3}=0.080\ 4\ \mathrm{m^3/kg}$。再由完全气体状态方程计算得 $T_{Z3}=2\ 326.2\ \mathrm{K}$。

由熵增计算公式：

$$s_{Z3}=s_2+\frac{\gamma R}{\gamma-1}\ln\frac{T_{Z3}}{T_2}-R\ln\frac{p_{Z3}}{p_2}=\frac{R}{\gamma-1}\ln\frac{T_{Z3}}{T_2}+R\ln\frac{v_{Z3}}{v_2} \tag{6.29}$$

得 $s_{Z3}=1\,303.66\ \mathrm{J/(kg\cdot K)}$。

在这一过程中，$p-v$ 线满足激波的 Hugoniot 线方程，即

$$p=p_2\left(\frac{(\gamma+1)-(\gamma-1)\dfrac{v}{v_2}}{(\gamma+1)\dfrac{v}{v_2}-(\gamma-1)}\right) \tag{6.30}$$

$T-s$ 线满足熵增关系式：

$$s=\frac{R}{\gamma-1}\ln\frac{T}{T_2}+R\ln\frac{v}{v_2} \tag{6.31}$$

(3) 状态 Z3 到状态 F3：沿 Rayleigh 线燃烧放热。状态 F3 的物理参量值与 F-J 循环中所述一致，这里不再详述。

在这一过程中，$p-v$ 线满足：相切 Hugoniot 线于上 C-J 点的 Rayleigh 线方程，即

$$p=p_2+A^+(v_2-v) \tag{6.32}$$

$T-s$ 线满足熵增关系式：

$$s=s_{Z3}+\frac{R}{\gamma-1}\ln\frac{T}{T_{Z3}}+R\ln\frac{v}{v_{Z3}} \tag{6.33}$$

(4) 状态 F3 到状态 F4：等熵膨胀，直至压强等于初始压强。与 F-J 循环中该过程一致，不再详述。

(5) 状态 F4 到状态 1：等压放热，循环封闭。同上。

该理想 ZND 循环的热效率为 $\eta^Z=75.72\%$，大于同等条件下 Humphrey 循环和 F-J 循环的热效率。

6.1.4 Brayton 循环

传统的涡轮、涡扇以及冲压发动机多采用爆燃的燃烧方式，爆燃近似于等压燃烧，通常用理想的 Brayton 循环描述爆燃的循环过程。相比于等容燃烧的

Humphrey 循环模型，Brayton 循环中只是将燃烧过程替换为等压燃烧，其他过程不变。如图 6.1 所示，理想 Brayton 循环包括如下四个过程。

(1) 状态 1 到状态 2：等熵压缩过程。同上。

(2) 状态 2 到状态 B3：等压燃烧过程。

燃烧后状态点 B3 的压强 $p_{B3}=p_2=11.31\ \text{atm}$，由放热反应后的 Hugoniot 曲线方程、完全气体状态方程及熵增关系式，即可计算出：

$$v_{B3}=1.36\ \text{m}^3/\text{kg},\quad T_{B3}=2\ 249.38\ \text{K},\quad s_{B3}=3\ 204.79\ \text{J}/(\text{kg}\cdot\text{K})$$

状态点 B3 恰好为等压线与放热反应 Hugoniot 线的交点。在这一过程中，$p-v$ 线满足：

$$p=11.31\ \text{atm} \tag{6.34}$$

$T-s$ 线满足方程：

$$s=\frac{\gamma R}{\gamma-1}\ln\frac{T}{T_2} \tag{6.35}$$

(3) 状态 B3 到状态 B4：等熵膨胀，直至压强等于初始压强。那么，$p_{B4}=1\ \text{atm}$，$s_{B4}=3\ 204.79\ \text{J}/(\text{kg}\cdot\text{K})$。

再由等熵关系和完全气体状态方程，计算得到 $T_{B4}=1\ 124.69\ \text{K}$，$v_{B4}=7.691\ 1\ \text{m}^3/\text{kg}$。

在这一过程中，$p-v$ 线满足曲线方程：

$$p=p_{B3}\left(\frac{v_{B3}}{v}\right)^{\gamma} \tag{6.36}$$

$T-s$ 线满足：

$$s=3\ 204.79\ \text{J}/(\text{kg}\cdot\text{K}) \tag{6.37}$$

(4) 状态 B4 到状态 1：等压放热，循环封闭。

在这一过程中，$p-v$ 线满足：

$$p=1\ \text{atm} \tag{6.38}$$

$T-s$ 线满足方程：

$$s = s_{B4} + \frac{\gamma R}{\gamma - 1} \ln \frac{T}{T_{B4}} \tag{6.39}$$

计算上述理想 Brayton 循环过程热效率为 $\eta^{B} = 50\%$。

6.1.5　几种理想循环模型对比

预压缩是等压燃烧过程中必不可少的过程，预压缩程度直接决定等压燃烧循环的热力学性能。而在爆轰的过程中，前导激波的压缩就足以起爆和维持爆轰循环过程，因此即便没有压气机，基于爆轰燃烧方式的发动机也能产生可观的性能。描述爆轰循环过程的三种理想模型主要区别在于燃烧过程的刻画，Humphrey 循环最为简化，即假设爆轰为等容燃烧。实际的爆轰过程并不是完全等容的。F－J 循环模型假设燃烧过程沿 Rayleigh 线从燃烧初始状态到上 C－J 点，该模型中没有体现爆轰波的结构，即没有考虑前导激波的压缩过程。ZND 循环模型中加入了前导激波的压缩过程，即假设可燃物经前导激波压缩，沿激波的 Hugoniot 线到 von-Neumann 尖峰，随后放热反应从 von-Neumann 尖峰到上 C－J 点。而对于实际的爆轰来说，燃烧过程大多介于 F－J 循环模型和 ZND 循环模型之间，F－J 循环模型没有考虑爆轰波中前导激波的压缩过程，而 ZND 循环模型过高地估计了前导激波的压缩，在后面的数值结果分析中会充分验证这一点。

预压缩的静温比会对循环的性能产生明显影响，图 6.2 为静温比变化时四种理想循环模型的 $T-s$ 图。随着静温比的增加，四种理想循环的最高温度线性增大，最大熵增明显减小，而最大熵增减小的梯度随着静温比的增大而减小。

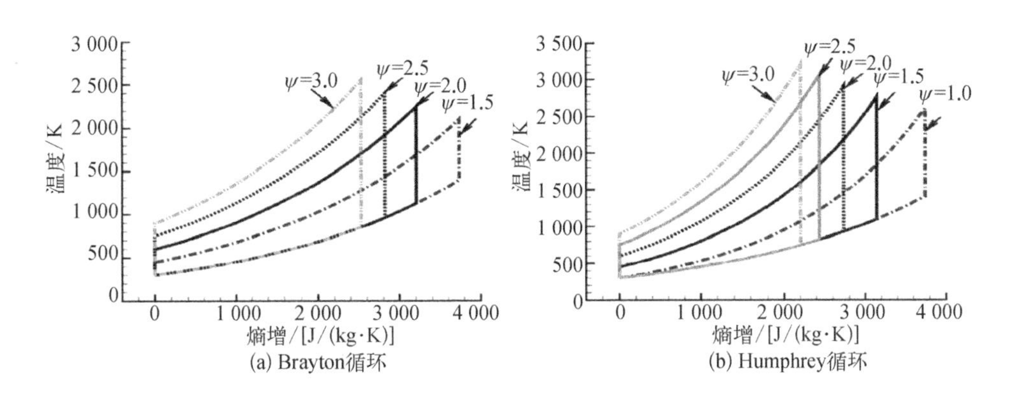

(a) Brayton循环　(b) Humphrey循环

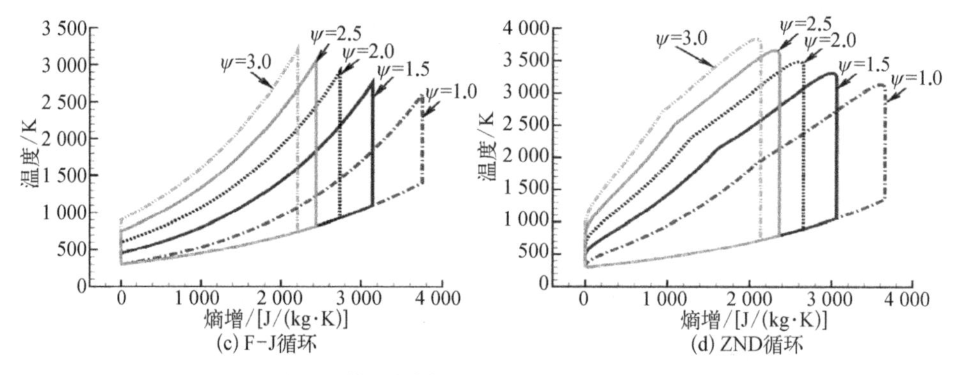

(c) F-J循环　　(d) ZND循环

图 6.2　静温比变化时四种理想循环的 $T-s$ 图

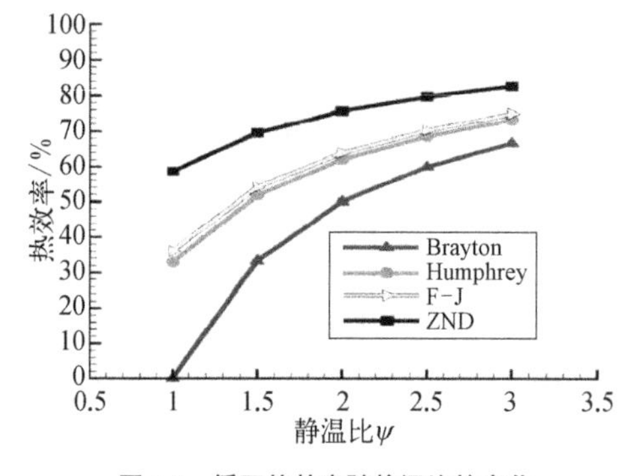

图 6.3　循环热效率随静温比的变化

图 6.3 为四种理想循环热效率随静温比的变化，四种循环的热效率随静温比的增大而增大。当静温比为 1 时，理想 Brayton 循环的热效率为零，随着静温比增大，Brayton 循环的热效率明显增加，所以预压缩过程对 Brayton 循环的热效率起到至关重要的作用。在四种理想循环中，Brayton 循环的热效率最小，ZND 循环的热效率最大，Humphrey 循环的热效率始终接近于 F-J 循环。然而，随着静温比的增加，四种循环的热效率相差越来越小。当静温比较小时，燃烧方式对热效率起较大的作用，随着静温比的增加，预压缩过程对循环热效率的影响越来越大。

6.2　粒子跟踪法在连续爆轰发动机数值模拟中的应用

6.2.1　反应模型和网格验证

为验证本章采用的两步化学反应模型的可靠性，数值模拟研究了一维爆轰管中爆轰波传播问题。初始时刻一维爆轰管中填充按当量比混合的氢气和氧气，初始压强和温度分别为 1 atm 和 300 K。爆轰管一端封闭，设置为镜面反射边界条件，另一端为出口端，设置为自由边界条件。爆轰波由 30 atm、2 000 K 的高温高压热点起爆。数值计算中，空间方向使用五阶 MPWENO 格式，时间方向上使用三阶 TVD Runge-Kutta 方法。氢/氧两步化学反应模型中的参数设置详见第3章。

图6.4为氢/氧两步化学反应模型计算得到的一维爆轰管中爆轰波传播稳定后的压强、温度和速度分布，压强峰值与温度峰值紧密耦合在一起，呈现出典型的爆轰波结构特征。计算中，爆轰波传播 50 μs，向前推进 13.62 cm，即爆轰波传播速度为 2 724.22 m/s。同等条件下，用 Gaseq 计算爆轰波速度C-J理论值为 2 843.22 m/s，数值计算的爆轰速度与 C-J 理论值符合得很好，相差不到5%。这种差距主要由两步反应模型中假设反应前后的气体参数不变所致。

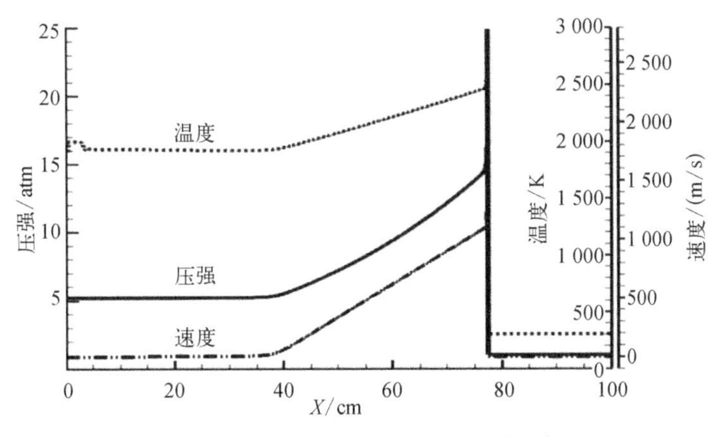

图6.4　一维爆轰管中压强、温度和速度分布

另外，我们针对上述一维爆轰管中的爆轰传播问题，计算得到三种不同网格尺寸下的结果来验证化学反应模型和数值格式对网格变化的收敛性。图6.5为网格大小分别为0.05 mm、0.1 mm和0.2 mm时，爆轰波传播稳定后的压强分布图。网格变化对爆轰波结构、传播速度以及膨胀区稳定压强均无明显影响，只有压强峰值随着网格尺寸的增大而减小。网格变大会在一定程度上抹平压强峰值，进而导致压强峰值小幅减小。但由于压强尖峰宽度极小，产生即瞬间消失，尖峰

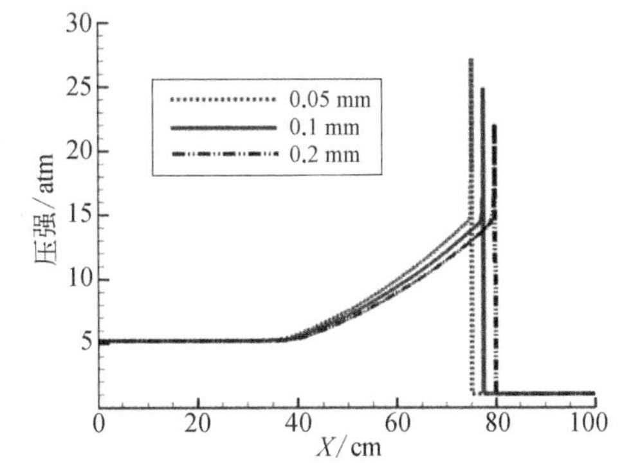

图6.5　三种网格尺寸下一维爆轰波传播的压强分布(氢/氧两步化学反应模型)

差别并不会影响二维和三维计算的整体结果。

图 6.6 给出网格分别为0.05 mm、0.1 mm 和 0.2 mm 时，二维计算得到的爆轰传播稳定后的压强分布云图，网格变化不会影响连续爆轰流场的波系结构。在三种网格尺寸下，均可清晰分辨出连续爆轰流场中的爆轰波面，斜激波面以及推力墙附近的诱导激波面。数值模拟得到的流场波结构与俄罗斯 Bykovskii 等[38]实验中得到的连续爆轰流场波结构定性符合。数值计算中，随着网格尺寸的增大，三种网格下爆轰波的周向传播速度分别为 2 396.52 m/s、2 390.88 m/s 和 2 378.09 m/s。虽然连续爆轰波的周向传播速度随着网格尺寸的增大略有减小，但变化很小，相差不到 5%。

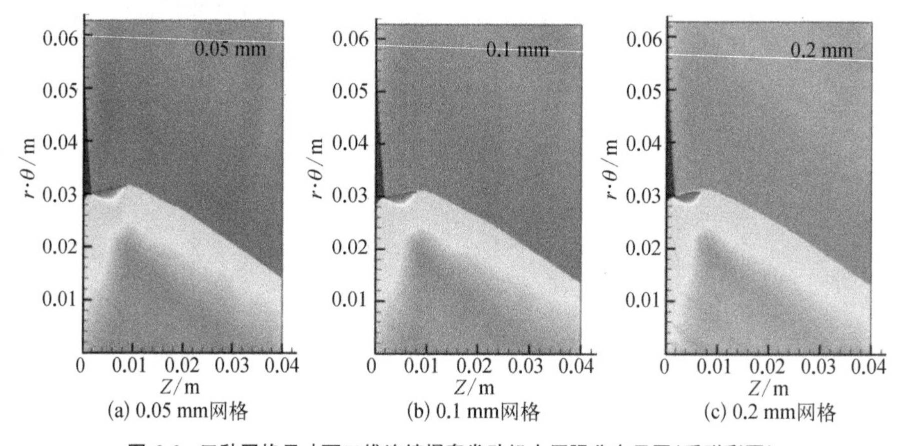

图 6.6 三种网格尺寸下二维连续爆轰发动机中压强分布云图(后附彩图)

综合以上一维和二维数值计算结果，以及它们与理论和实验的对比分析可知，采用氢/氧两步化学反应模型和五阶 MPWENO 格式可以得到真实可靠的连续爆轰流场分布，它们可以用于连续爆轰发动机的数值模拟研究中。本节的二维数值模拟中，采用 0.1 mm 的网格尺寸。

6.2.2 粒子轨迹跟踪

本节采用氢/氧两步化学反应模型，在连续爆轰发动机二维数值模拟的基础上，提出粒子跟踪法，详细分析新喷入燃烧室的粒子的历经过程。计算的二维连续爆轰发动机的燃烧室半径为 1 cm，长度为 5 cm。假设燃烧室推力墙处开有密集的拉瓦尔小孔，按当量比预混好的氢气/氧气混合物沿轴向喷入。入流总压为30 atm，入流马赫数为2.87。推力墙处喷注参数根据当地压强的不同设定，详见第3章。初始时刻，整个计算域被当量比预混好的氢气/氧气混合物填满，初始压强为1 atm，初始温度为300 K，在头部用一段一维爆轰波起爆，如图6.7(a)所示。图6.7为流场在初始65 μs内的演化过程，每幅图的左侧为相应时刻的压强分布云图，右侧为放热反应进行度参数云图。爆轰波经一维爆轰起爆后，绕圆周方向传播燃烧初始时刻燃烧室内填充的预混可燃气，如图6.7(b)所示。与此同时，新鲜可燃气由左侧进气壁喷入，供爆轰波旋转燃烧，如图6.7(c)所示。随着爆轰波的周向传播，初始流场中的可燃混合物被爆轰波或高温产物燃尽，新充入燃烧室的预混可燃物在爆轰波面前形成动态三角形区域供爆轰波燃烧，如图6.7(d)所示。

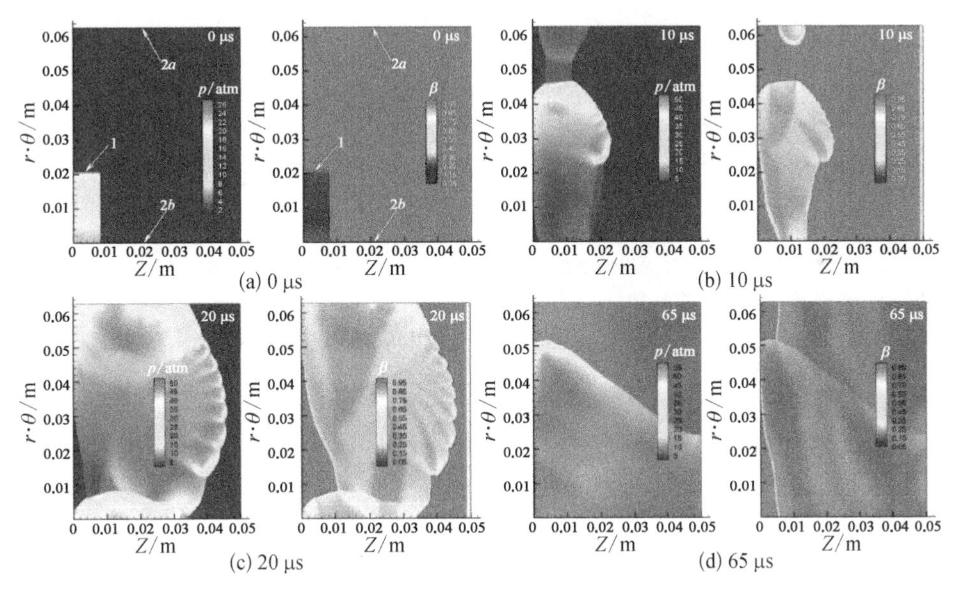

图6.7 二维连续爆轰发动机数值模拟初始65 μs内流场演化过程

1-起爆爆轰波面；2a、2b-周期边界

在上述计算中，一维爆轰起爆后，爆轰波大概传播8圈即形成稳定的连续爆轰。图6.8为爆轰波传播稳定后，流场的温度、密度、压强和流线，以及反应进行度参数云图。如图6.8(a)所示，连续爆轰波传播稳定后，流场中清晰可见爆轰波面、斜激波面、两次爆轰产物之间形成的接触间断面、高温产物与新鲜气体之间的接触面以及燃烧室头部附近由于新鲜气体高速喷注形成的诱导激波。

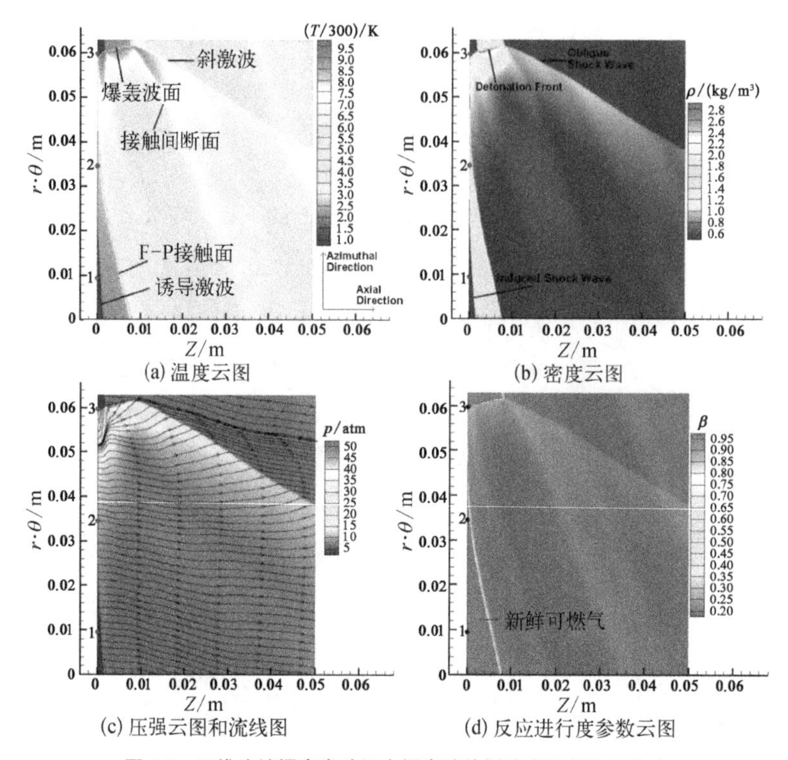

(a) 温度云图 (b) 密度云图

(c) 压强云图和流线图 (d) 反应进行度参数云图

图 6.8 二维连续爆轰发动机中爆轰波传播稳定后的流场分布

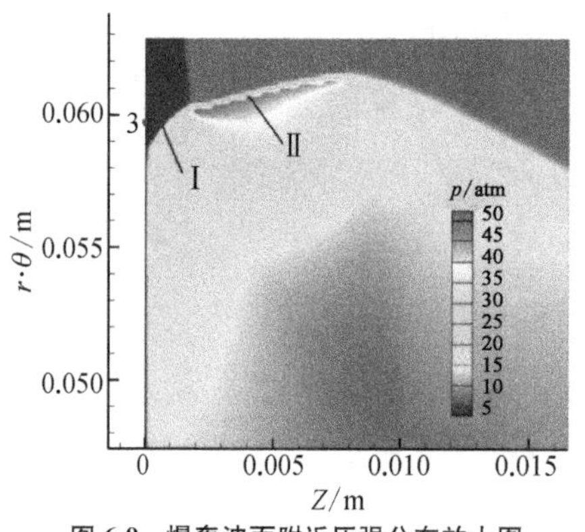

图 6.9 爆轰波面附近压强分布放大图

在连续爆轰流场中，喷入燃烧室的新鲜气体一部分被爆轰波燃烧，另一部分被燃烧室内的高温产物燃烧。将爆轰波面附近的流场放大，由图 6.9 可知，爆轰波面被诱导激波分为两部分，分别被标记为Ⅰ和Ⅱ。这两部分爆轰波呈现出不同的特征，爆轰波Ⅱ波面前后的压强阶跃要明显高于爆轰波Ⅰ处，因此粒子被不同位置的爆轰波燃烧也会呈现出不同的参数变化。

在非定常流中，粒子轨迹与流线是有所区别的，在本节中要想获得流体粒子的轨迹，需要实时跟踪粒子所在位置，以及物理参数的变化。由于爆轰流场数值计算的时间步很小，粒子在一个时间步内所运动的距离往往还不到一个网格的大小，因此很多时候粒子所在的位置并不刚好在网格点上。在二维连续爆轰发动机中的粒子跟踪法中，用邻近四个网格点上的参数插值计算出粒子所在位置的物理参数值，即随着流场在每一时间步上的更新，粒子的位置及物理参数也随之更新，进而得到粒子轨迹图及物理参数在运动过程中随时间的变化趋势。

当连续爆轰流场传播稳定后，我们跟踪了大量的新喷入燃烧室的流体粒子，分析它们的轨迹和物理参数的变化，最后总结出三种具有代表性的粒子轨迹来详细分析。如图 6.8 中燃烧室头部被标记为“1”“2”“3”的三个圆点即具有代表性的三个粒子的初始位置。从这一时刻开始，记录粒子在每一时间步的位置和物理参数。经分析可知，粒子“1”会被爆轰波Ⅱ燃烧，粒子“2”会被燃烧室内的高温产物燃烧，粒子“3”会被爆轰波Ⅰ燃烧。接下来我们详细分析三种粒子在燃烧室中的详细历经过程，研究连续爆轰流场中的复杂波系结构对其运动规律的影响。进而了解新鲜气体喷入燃烧室后，怎样被燃烧，燃烧后怎样运动直至喷出燃烧室。

图 6.10 为三种粒子从喷入燃烧室，经燃烧到最后喷出燃烧室过程中的轨迹图，水平线是周期边界线。由图 6.10可知，无论粒子喷入的初始位置在哪里，它们的轨迹沿圆周方向的波动都很小，只有不到燃烧室周长的 12%。虽然爆轰波的传播方向沿圆周方向，但新鲜气体喷入燃烧室后被燃烧，随后几乎沿轴向迅速喷出，其轨迹并没有因爆轰波很大幅度地沿周向运动，这也正是连续爆轰发动机能产生大推力的主要原因。

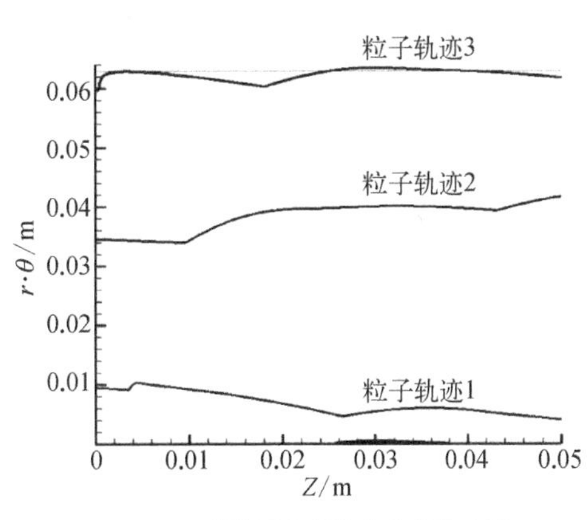

图 6.10 三种粒子在燃烧室中的轨迹图

此外，三种粒子在燃烧室内的运动时间大约为 58.4 μs，而此时爆轰波的循环周期为 26.2 μs，即粒子从进入燃烧室到喷出这一时间段内爆轰波大概传播两圈。接下来我们针对三种粒子详细分析它们在燃烧室内的运动过程和物理参数的变化。

1. 粒子“1”轨迹分析

为了研究轨迹沿圆周方向波动的原因，将粒子“1”的轨迹沿圆周方向放大 8 倍，如图 6.11 所示，用字母“a, b, …, g”标记粒子在运动过程中的关键点。

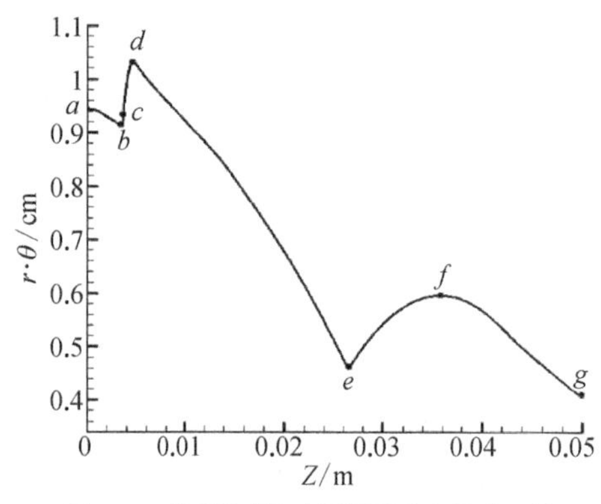

图 6.11　粒子"1"轨迹沿圆周方向放大 8 倍

图 6.12 为粒子"1"运动过程中密度、压强、温度、轴向速度和周向速度随时间的变化。图 6.13 为粒子"1"运动到流场相应位置时，连续爆轰流场的温度分布云图，图中标记的圆点分别对应图 6.11 中轨迹上的关键点。下面我们分阶段分析粒子"1"的运动过程。

(1) "a"到"b"：粒子"1"刚好被喷入燃烧室推力墙"a"点处，随后它随着流场向右下方运动，直到在"b"点遇到爆轰波，如图 6.13(b)所示。

(2) "b"到"c"：在这一过程中，粒子只运动非常短的距离，期间粒子"1"与爆轰波Ⅱ相遇，如图 6.13(c)所示。相遇瞬间轨迹发生偏转，如图 6.11 中"b"点所示。密度、压强、温度以及圆周方向速度迅速增大，轴向速度减小，如图 6.12 所示。由于爆轰波的作用，在这一过程中，最高压强和最高温度分别达到 50 atm

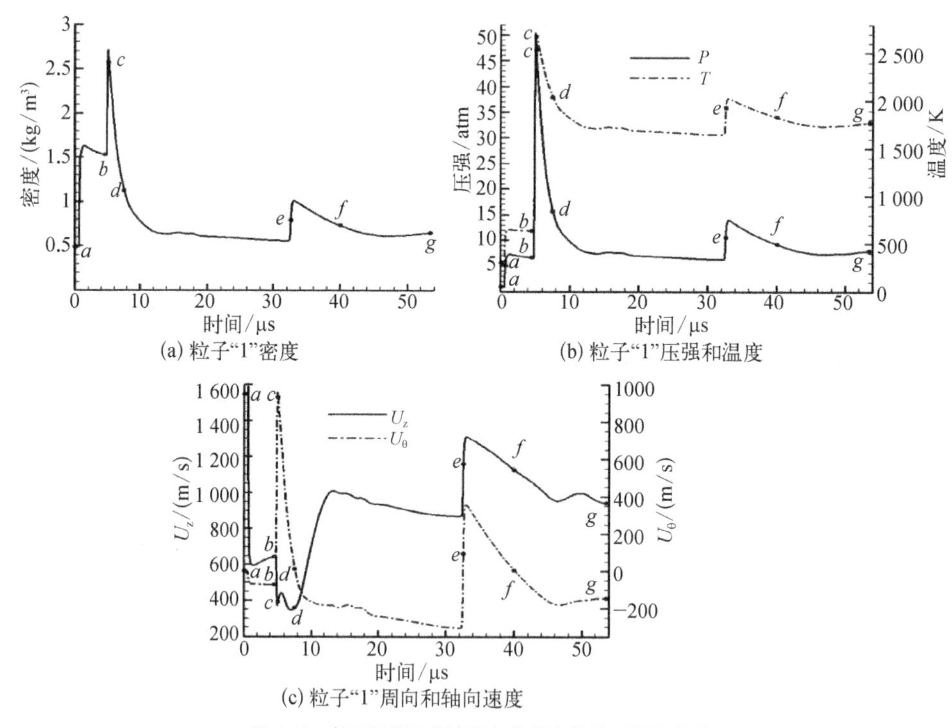

图 6.12　粒子"1"运动过程中物理参数随时间的变化

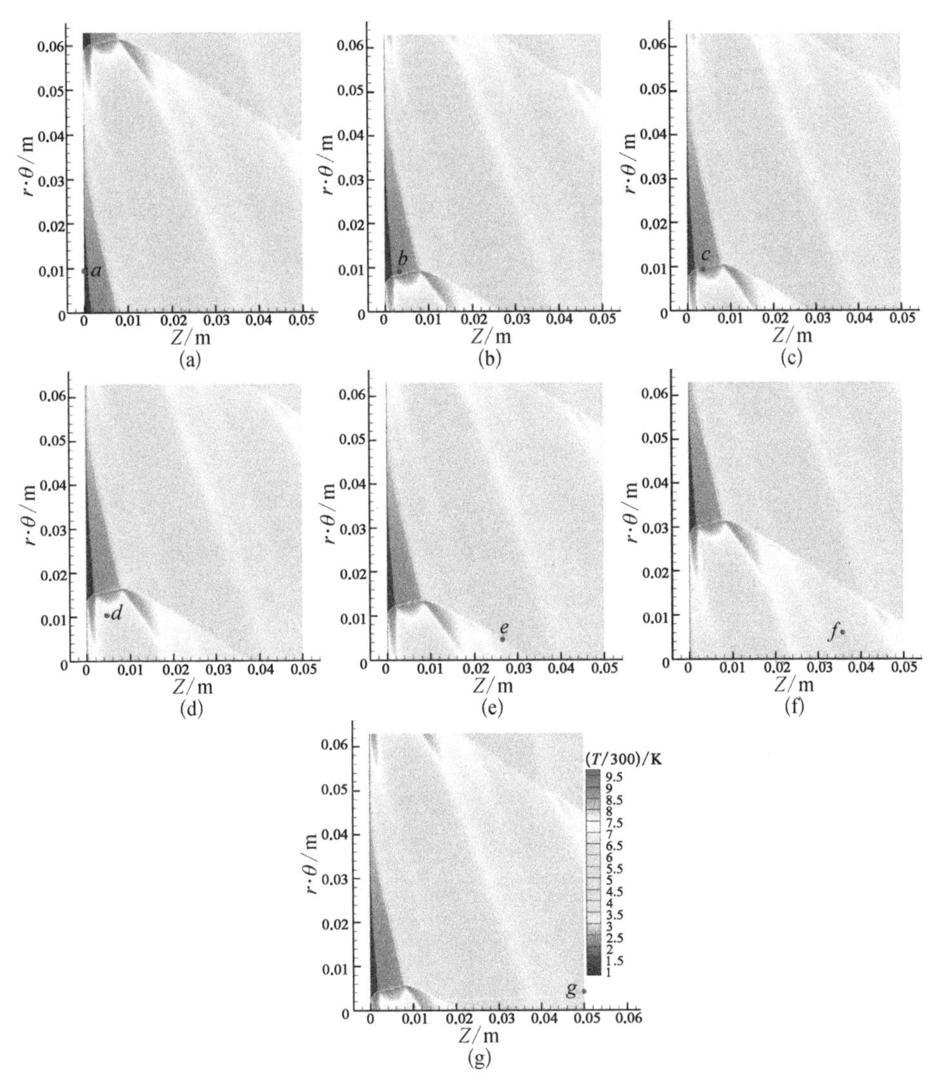

图 6.13 粒子“1”运动到相应位置时流场的温度分布云图

和 2 700 K。

(3) “c”到“d”：爆轰波经过后，粒子“1”跟随爆轰波运动一段距离，在爆轰波后膨胀波的作用下，其周向速度迅速减小直至为 0，如图 6.12(c)中“d”点所示，这时轨迹再次发生偏转，如图 6.11 中“d”点。在这一过程中，压强、密度和周向速度迅速减小，温度虽有所下降，但仍然维持在很高的水平，轴向速度有小幅波动。这一过程反映了典型的爆轰波后流场的膨胀现象。

(4) “d”到“e”：在这一过程的开始阶段，同样受爆轰波后膨胀作用的影响，密度、压强、温度和周向速度继续减小，而轴向速度迅速增大。粒子“1”继续向下游运动，这些物理参量逐渐过渡到平稳状态。爆轰波大概传播一周后，粒子“1”与伴随在爆轰波斜后方的斜激波相遇，如图 6.13(e)所示，轨迹再一次发生偏转，如图 6.11 中“e”点。与此同时，密度、压强、温度、周向速度和轴向速度均瞬间增大，如图 6.12 所示。当粒子遇到斜激波时，各物理参量的变化规律与粒子遇到爆轰波时基本一致(除轴向速度)，只是遇到爆轰波时各物理参量的阶跃程度要明显比遇到斜激波时的大，遇到爆轰波和斜激波时轨迹均发生偏转。

(5) “e”到“f”：与斜激波相遇之后，密度、压强、温度、周向和轴向速度均减小，并有趋于平稳的趋势，同与爆轰波相遇后类似，如图 6.12 所示。随后，粒子“1”跟随斜激波运动一段距离，直至周向速度减小到零，轨迹发生偏转，但偏转的幅度要明显小于与爆轰波相遇，如图 6.11 中“f”点。这是因为爆轰波后产物的膨胀作用要远远强于斜激波后的膨胀作用，使得斜激波通过后轨迹及物理参量的变化都更加平缓。

(6) “f”到“g”：粒子继续向下游运动，直至喷出燃烧室，如图 6.13(g)所示。

综上所述，粒子“1”喷入燃烧室后被爆轰波Ⅱ燃烧，与斜激波相遇一次，没有与接触间断及新鲜气体和高温产物之间的接触面相遇。与爆轰波和斜激波相遇过程中，轨迹发生偏转，各物理量值出现阶跃。

2. 粒子“2”和粒子“3”轨迹分析

与粒子“1”不同，粒子“2”喷入燃烧室后被高温产物燃烧。图 6.14 为粒子“2”的轨迹沿圆周方向的放大图。图 6.15 为粒子“2”运动过程中密度、压强、温度、轴向速度和周向速度随时间的变化。图 6.16 为粒子“2”运动到流场相应位置时，连续爆轰流场的温度分布云图，图中标记的圆点分别对应图 6.14 中轨迹上的关键点。

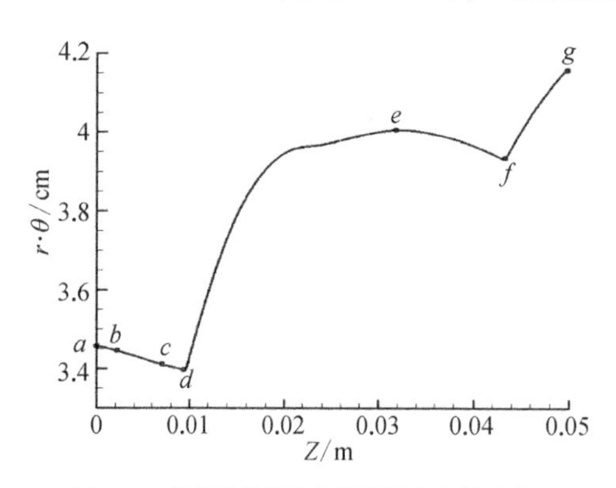

图 6.14 粒子“2”的轨迹沿圆周方向的放大图

粒子“2”被喷入燃烧室后，瞬间轴向速度由于诱导激波的作用减小。随

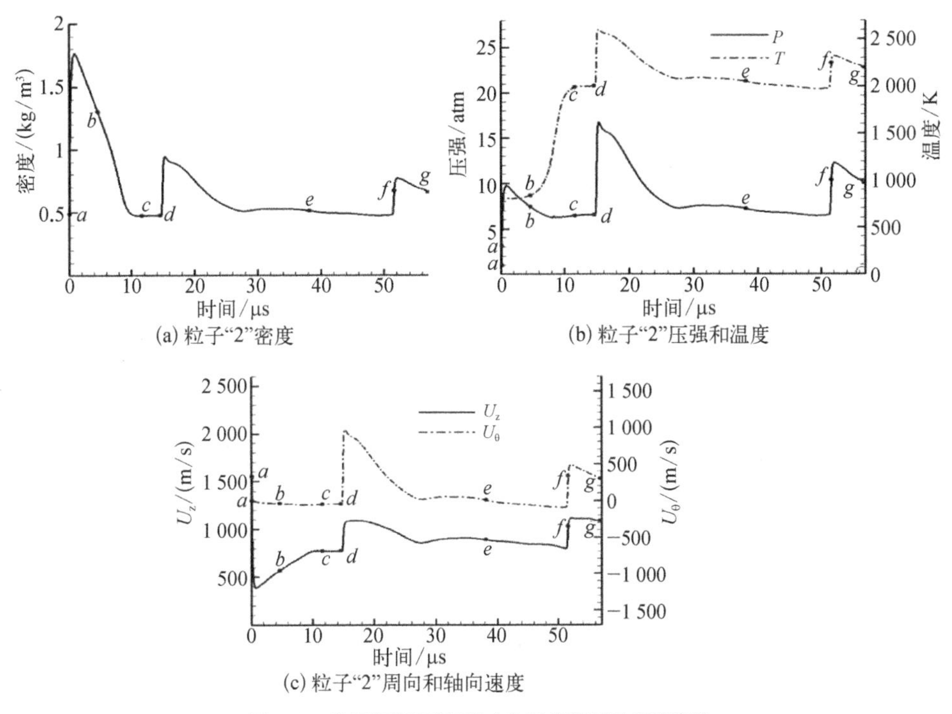

图 6.15　粒子"2"运动过程中物理参数随时间的变化

后，粒子"2"在"b"点遇到新鲜混合物与高温产物之间的接触面，随后被高温产物燃烧，如图 6.16(b)所示，直至运动到"c"点，如图 6.16(c)所示。在"c"点，粒子的放热反应进行度参数降为 0.2，可见粒子已被高温产物燃烧。如图 6.15 所示，粒子被流场中高温产物燃烧的过程中，其轴向速度有所增加，周向速度保持不变(几乎为 0)，密度减小，温度大幅提高，压强略有减小。该过程中物理参量的变化趋势与爆燃过程符合得很好，可推测高温产物的燃烧属于爆燃。在这一过程中，轨迹没有发生偏转，只是随着流场整体趋势向右下方运动，如图 6.14 所示。

粒子"2"继续向下游运动，在"d"点与斜激波相遇，如图 6.16(d)所示，轨迹发生偏转，如图 6.14 中"d"点。物理参量的变化规律与粒子"1"遇到斜激波时变化规律一致，这里不再详述。随后在"e"点，粒子与接触间断相遇，如图 6.16(e)所示，接触间断并没有使轨迹发生偏转，如图 6.14 中"e"点。粒子与接触间断相遇后，运动轨迹一直沿着接触间断面，并没有穿过接触间断。在"f"点，粒子再一次与斜激波相遇，如图 6.16(f)所示，该点恰好为接触间断与斜激波的相交位置。最

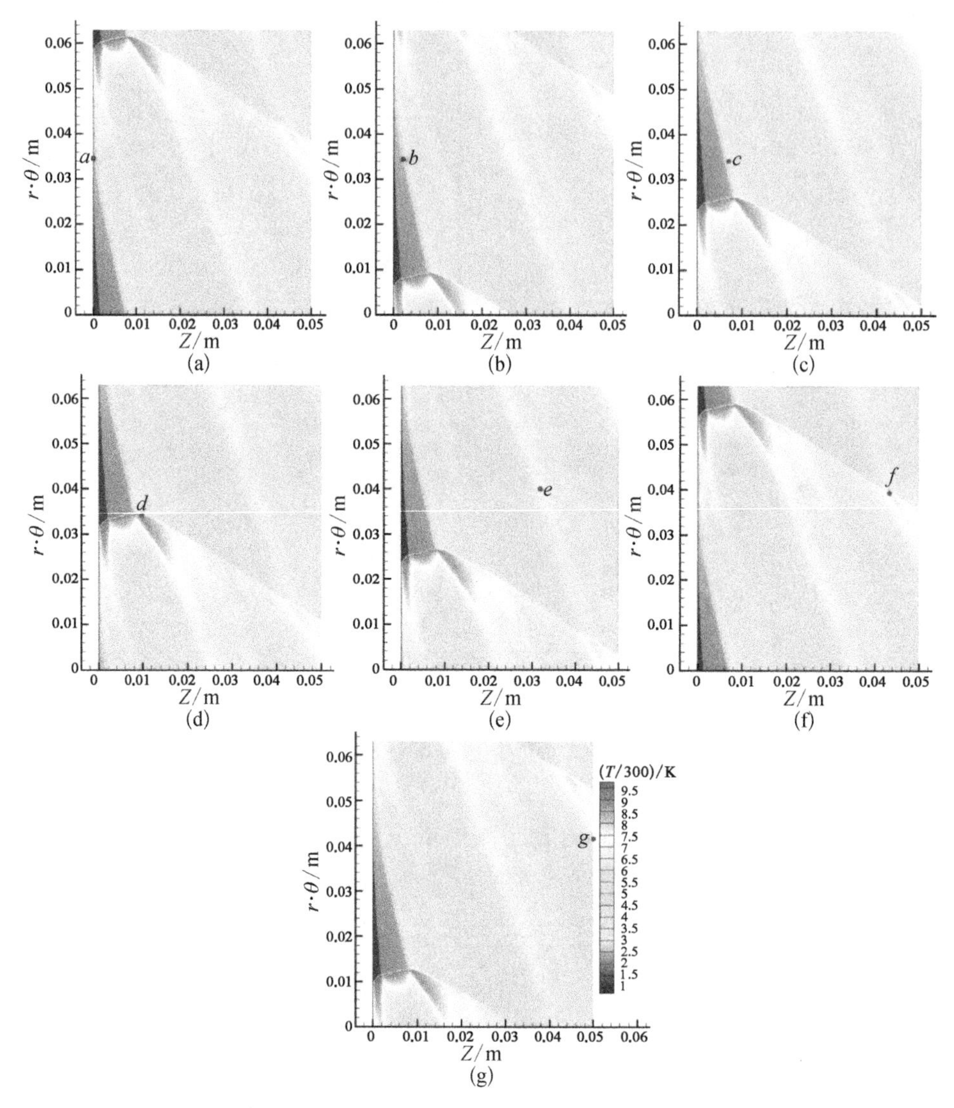

图 6.16 粒子“2”运动到流场相应位置时连续爆轰流场的温度分布云图

后粒子“2”在“g”点喷出燃烧室。

综上所述，粒子“2”喷入燃烧室后被流场中高温产物燃烧，与斜激波相遇两次，与接触间断相遇一次，并没有与爆轰波相遇。被高温产物燃烧及与接触间断相遇过程中，轨迹没有发生偏转。

粒子“3”的轨迹如图 6.17 所示，图中水平直线为周期边界线。粒子“3”被喷入燃烧室后，瞬间被爆轰波 I 燃烧，此时它的压强、温度、密度和周向速度迅速增加，轴向速度减小，如图 6.18 所示。被爆轰波Ⅰ燃烧过程中，最高压强和最大温度分别达到 22 atm 和 2 700 K。虽然最高压强仅为被爆轰波Ⅱ燃烧的粒子“1”的 44%，但是最高温度达到与粒子“1”相当的水平。粒子“3”与爆轰波相遇后，随爆轰波运动一段距离，直至图 6.17 中“b”点，它的周向速度减小到零，其轨迹发生偏转。随后粒子“3”继续向下游运动，在“c”点与斜激波相遇，轨迹发生偏转，如图 6.17 中“c”点。之后的运动过程与粒子“1”类似，在“e”点，粒子“3”喷出燃烧室。

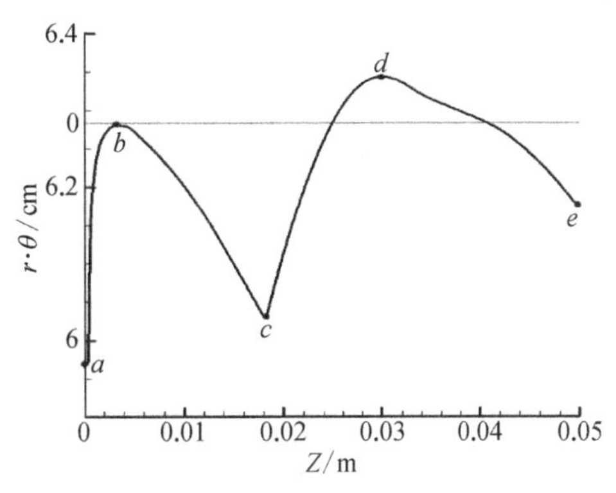

图 6.17　粒子“3”的轨迹沿圆周方向放大图

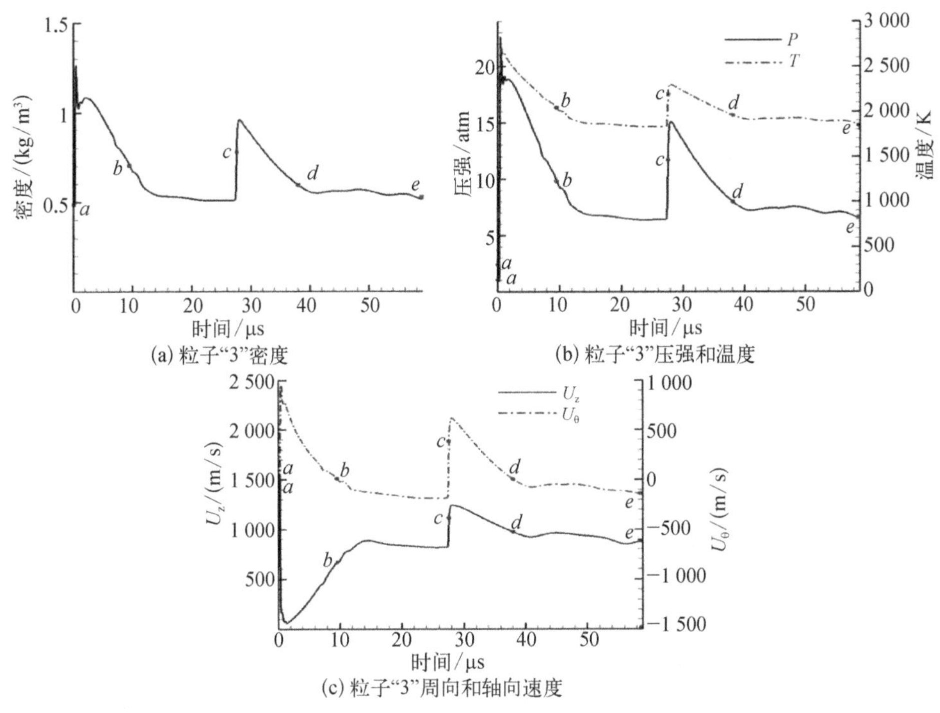

图 6.18　粒子“3”运动过程中物理参数随时间的变化

综上所述，粒子“3”被爆轰波Ⅰ燃烧，与斜激波相遇一次，没有与接触间断和新鲜气体及高温产物之间的接触面相遇。

结合以上对三种粒子运动轨迹和物理参数的详细分析可知，爆轰波和斜激波对轨迹有较明显的影响，即它们会使粒子轨迹沿圆周方向发生偏转，与此同时物理参数也会有较大的波动。而新鲜气体与高温产物之间的接触面和接触间断对轨迹并没有明显的影响，即连续爆轰流场中的压强阶跃会使粒子的轨迹发生偏转。

粒子“1”“2”“3”在运动过程中其压强随时间的变化如图 6.19 所示，被爆轰波Ⅱ燃烧的粒子“1”最高压强上升到 50 atm，被爆轰波Ⅰ燃烧的粒子“3”和被流场中高温产物燃烧的粒子“2”最高压强仅有 20 atm。由于连续爆轰发动机的推进性能主要由燃烧室内的压强与周围大气压强的差值计算，被爆轰波Ⅱ燃烧的新鲜气体会对连续爆轰发动机的推进性能做出最大的贡献。另外，值得一提的是粒子“2”的最高压强并不是通过燃烧获得的，而是由斜激波引起的。

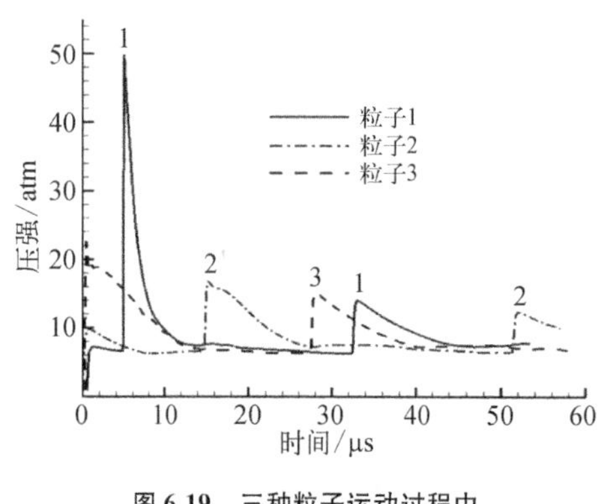

图 6.19 三种粒子运动过程中压强随时间的变化

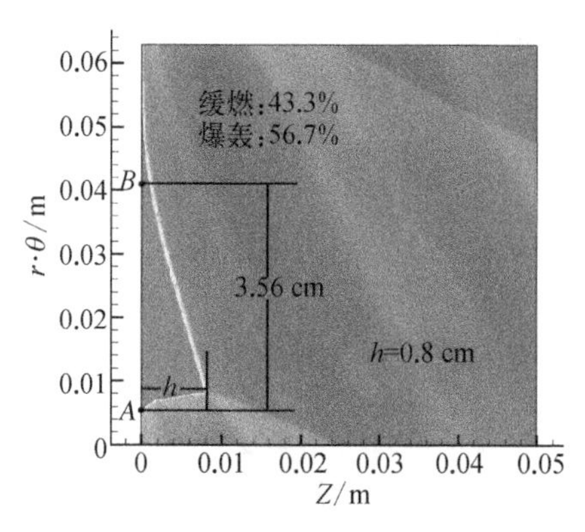

图 6.20 连续爆轰发动机中被爆轰波燃烧的气体所占比例

如前所述，喷入燃烧室内的粒子，一部分被爆轰波燃烧，而另一部分会被流场中的高温产物燃烧。被高温产物燃烧的过程与爆燃过程一致，这部分燃烧的热效率要明显小于爆轰的热效率，会使连续爆轰发动机的性能有一定程度的损失。如图 6.20 所示，通过跟踪大量的粒子可知，在“A”点和“B”点之间被喷入的粒子会被爆轰波燃烧，其余位置喷入的粒子会被流场中的高温产物燃烧。在本节所计算的燃烧室尺寸下，喷入燃烧室内的新鲜气体中有 56.7％会被爆轰波燃烧，其余被流场中高温产物燃烧。不同的燃烧室尺寸下，被爆轰波燃烧的新鲜气体所占的比例会有所不同，尽量提高爆轰所占的比例可以使连续爆轰发动机的整体性能有所提升。

6.2.3 热力学过程分析和比较

在跟踪粒子轨迹的同时，记录物理参量随时间的变化，这样就可以得到压强随比容的变化，即 $p-v$ 图(示功图)，以及温度随熵增的变化，即 $T-s$ 图(示热图)。$p-v$ 图代表热力学过程的机械功，封闭的 $p-v$ 循环曲线围成的面积即热力学循环净功；而 $T-s$ 图代表热力学过程的放热量。接下来我们详细分析粒子"1"的热力学循环过程，为了获得热力学循环封闭曲线，在燃烧室出口处设置一段松弛长度，在这段长度内，热力学参量值从出口流场状态过渡到无穷远处大气状态，即循环初始状态。对于量热完全气体，根据热力学第一、第二定律，可得熵增的计算公式为

$$ds = C_p \frac{dT}{T} - R\frac{dp}{p}, \quad C_p = \frac{\gamma}{\gamma - 1}R \tag{6.40}$$

其中，C_p 为定压比热容；γ 为比热比；R 为气体常数。

图 6.21 为粒子"1"(其初始位置在图 6.8 中标记为"1")的热力学循环 $p-v$ 图和 $T-s$ 图，图中标记的点"a，b，…，f"与轨迹图 6.11 中所标记的点相对应。由图 6.21 可知，粒子喷入燃烧室后，在一定程度上先被燃烧室内新鲜未燃混合物压缩(点"a"到点"b")，在这一过程中，压强、温度和熵增均略有增大，比容有所减小。随后，进入爆轰放热阶段(点"b"到点"c")，这一过程中，压强瞬间升

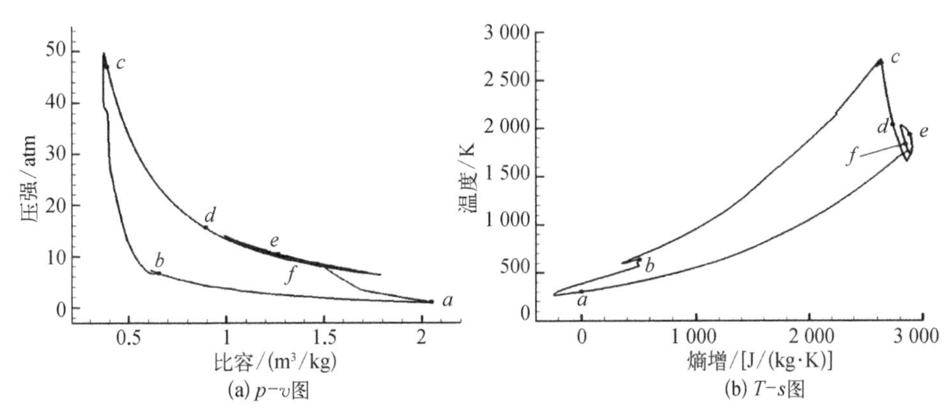

图 6.21 粒子"1"热力学循环曲线

高，比容略有减小，温度和熵增大幅增大。燃烧过后，进入膨胀阶段（点“c”到点“e”），压强和温度有所减小，比容增大，熵增略有增大。数值模拟得到的爆轰各阶段的物理参量变化规律与理论过程是完全一致的。此外，在点“e”附近，$p-v$ 图和 $T-s$ 图都有一定程度的波动，熵增略有增加，这是由于粒子“1”与斜激波相遇所致，如图 6.13(e) 所示。然而热力学曲线的整体趋势并没有受斜激波的影响，即爆轰波后伴随的斜激波并不会对连续爆轰发动机的整体性能造成很大损失。

在爆轰的发展进程中，存在几种理想的循环模型描述爆轰的热力学过程。本章将二维数值模拟得到的爆轰热力学循环过程与一维数值模拟得到的爆轰直管中爆轰热力学过程和理想 ZND 循环模型进行对比分析。图 6.22 为二维数值模拟，一维数值模拟和理想 ZND 模型的热力学循环曲线对比。三种情况均采用相同的混合气体和初始参数，即可燃物为按当量比预混好的氢/氧混合物，初始压强和温度分别为 1 atm 和 300 K。

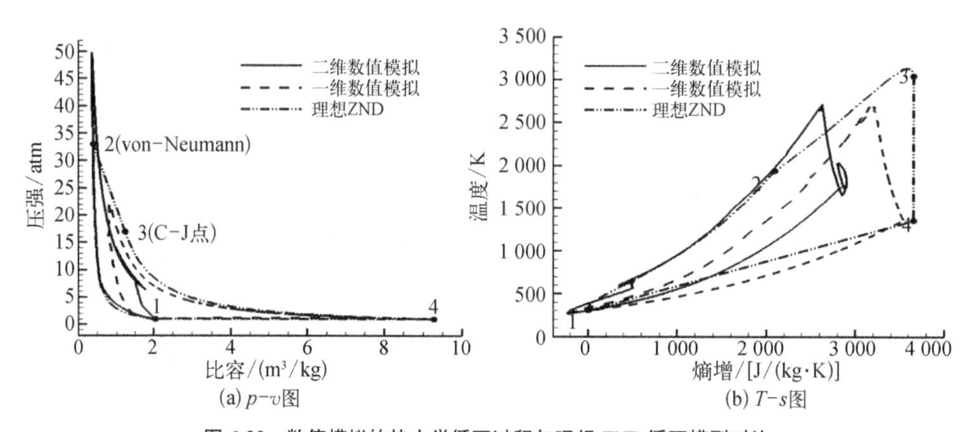

图 6.22　数值模拟的热力学循环过程与理想 ZND 循环模型对比

在理想 ZND 循环模型中，可燃混合物以初始状态“1”喷入燃烧室，然后被前导激波压缩。在这一过程中，压强沿激波的 Hugoniot 线上升到 von-Neumann 尖峰，比容略有减小，温度和熵增增大。随后进入化学反应阶段，释放大量热量，燃烧产物开始膨胀，引起压强和密度的减小，温度和熵增继续增大。在 $p-v$ 图中混合物的状态沿 Rayleigh 线从 von-Neumann 尖峰过渡到上 C-J 点。之后爆轰产物等熵膨胀，直至压强等于初始状态“1”处的压强。最后，循环过程按等压规律被强制性封闭，完成整个循环过程。

如图 6.22 所示，一维和二维数值模拟得到的热力学循环过程与理想 ZND 循环过程定性的符合。当混合物初始状态相同时，由于二维爆轰波面上复杂的三波结构，使得二维爆轰波的最高压强要明显高于一维爆轰的最高压强。二维数值模拟得到的最大熵增小于一维数值模拟和理想 ZND 模型的最大熵增。数值模拟得到的最高温度略小于理想 ZND 模型的最高温度。由图 6.22(b)中 $T-s$ 图可知，数值模拟得到的膨胀过程中熵增略有增大，并不像理想 ZND 模型的膨胀过程是完全等熵的，这是由于粒子在运动过程中并不是绝热的，与周围流场存在着热交换。数值模拟得到的热力学循环曲线相比于理想循环模型更接近实际的爆轰过程。

由于本节数值模拟中采用的燃烧室尺寸较小，长度仅有 5 cm，所以预混混合物被燃烧后还没有经过充分膨胀就被喷出燃烧室，这使得 $p-v$ 图和 $T-s$ 图中的二维数值模拟得到的膨胀过程并不完全。另外，如果在连续爆轰发动机的燃烧室尾部连接尾喷管，数值模拟得到的膨胀过程会更加理想。

通过热力学循环示功图($p-v$ 图)和示热图($T-s$ 图)可以分别计算出热力学过程的循环净功和吸收的热量，进而计算出循环热效率。如表 6.1 所示，计算得二维数值模拟中被爆轰波Ⅱ燃烧的粒子“1”的热效率为 34.5%，净机械功为 1.5 MJ/kg；一维数值模拟得到的循环热效率为 39.7%，净机械功为 1.9 MJ/kg；而同等条件下，理想 ZND 循环模型的热效率和循环净功分别为 51.1% 和 3.63 MJ/kg，明显比数值模拟得到的热效率高。一维爆轰直管中和二维连续爆轰发动机中的爆轰循环的净机械功分别达到同等情况下理想 ZND 模型循环净功的 52.9%和 41.3%。

表 6.1　净功和热效率对比

燃烧类型	热力学循环净功/(MJ/kg)	热效率/%
理想 ZND 循环模型	3.63	51.1
一维数值模拟	1.92	39.7
二维数值模拟(粒子“1”)	1.50	34.5

在二维连续爆轰发动机中，粒子“1”被爆轰波Ⅱ燃烧，它的热力学性能会高于整个连续爆轰发动机的平均性能。为了定量给出连续爆轰发动机的整体性能，计

算不同位置喷入的大量粒子的热效率和净机械功后取平均值。计算得到本节所研究的连续爆轰发动机(半径为 1 cm,长度为 5 cm)的平均热效率为26.4%,平均净机械功为 1.1 MJ /kg,仅为理想 ZND 循环的 30%。如图 6.20 所示,在“A”点和“B”点之间喷入的被爆轰波燃烧的粒子,它们的平均热效率为 31%,平均净机械功为 1.3 MJ /kg。由于喷入燃烧室内的部分气体会被高温产物燃烧,使得连续爆轰发动机的整体热效率降为 26.4%。提高爆轰波燃烧的新鲜气体所占的比例,可以提高连续爆轰发动机的整体性能。如果在燃烧室尾部连接尾喷管,循环净功和热效率有望进一步提升。

6.3 二维和三维流场中的粒子轨迹及结果分析

6.3.1 物理模型和数值方法

如前所述,连续爆轰发动机的燃烧室为同轴圆环腔结构。燃烧室左端为进气壁,按当量比预混好的燃料/氧化剂混合物沿进气壁上的小孔或细缝连续入射,爆轰波绕圆周方向旋转传播,它被封闭在燃烧室头部不喷出。膨胀后的燃烧产物在下游出口处喷出。在爆轰波后还伴随有斜激波和接触间断,接触间断为两次循环产物的接触面,爆轰波面与接触间断后面的区域为本次循环的爆轰产物,接触间断与斜激波面之间为上次循环产物受本次循环斜激波压缩后的产物。爆轰波面、斜激波面和接触间断面组成的三波交汇结构为连续爆轰流场典型的波系特征,它保持了连续爆轰流场的稳定性,使爆轰波能维持动态稳定地旋转传播。在新喷入的气体层和流场中的高温产物之间存在接触面,在这一接触面上会有少量的新鲜气体被高温产物燃烧。

本节数值计算中控制方程为广义坐标系下守恒型欧拉方程,采用氢/氧两步化学反应模型。空间方向采用 MPWENO 格式进行离散,时间方向采用三阶 TVD Runge-Kutta 法,数值格式和化学反应模型中的参数设置详见第 3 章。

为了系统地比较二维和三维数值模拟结果,数值计算中采用一致的燃烧室尺寸、初始条件和喷注参数。二维计算中,燃烧室的半径为4.5 cm,长度为4.8 cm。三维计算中,燃烧室的内半径为 4 cm,环腔厚度为 1 cm,燃烧室长度为 4.8 cm。初始时刻燃烧室头部区域冲入一段按当量比预混好的氢气/氧气混合物,剩下的区域填充燃烧产物。整个燃烧室内的初始压强为1 atm,初始温度为 300 K。在头部用一段周向传播的一维爆轰起爆，入流总压为30 atm，入流马赫数为4。燃烧室头部设置为拉瓦尔喷嘴入流边界条件；出口处分别对亚声速和超声速出流设置为无反射出流边界条件和自由边界条件；内、外壁面设置为镜面反射边界条件。在二维数值模拟中，上、下边界（圆周方向）采用周期边界条件。本章的研究主要基于连续爆轰发动机流场的宏观分布，并不涉及爆轰波面上精细的胞格或横波结构，因此三维和二维数值模拟中均采用0.2 mm的网格尺寸。图6.23和图6.24分别为二维和三维数值模拟得到的连续爆轰传播稳定后流场中放热反应进行度参数和压强分布云图。

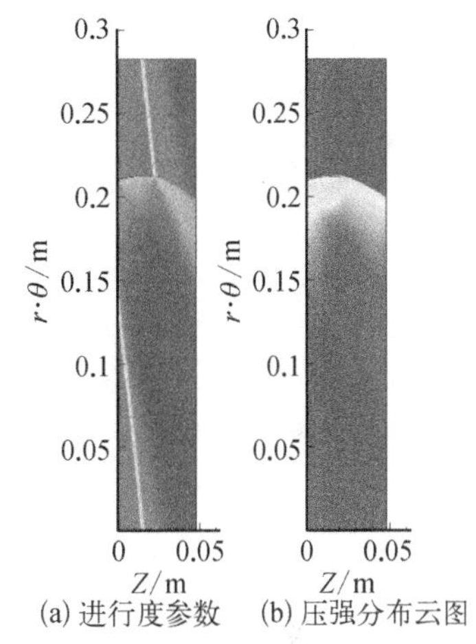

(a) 进行度参数　(b) 压强分布云图

图6.23　二维数值模拟流场放热反应进行度参数和压强分布云图

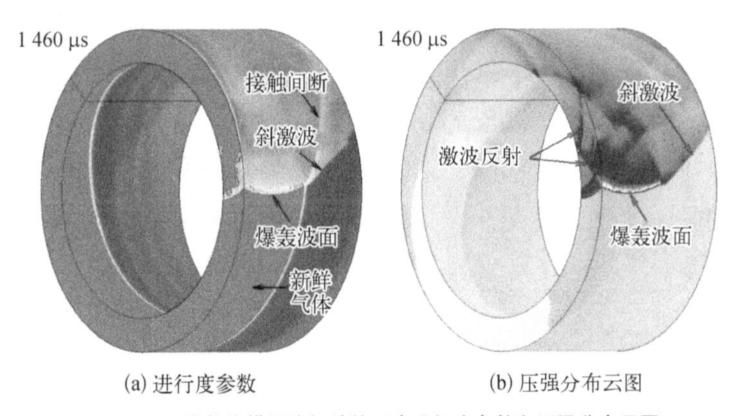

(a) 进行度参数　(b) 压强分布云图

图6.24　三维数值模拟流场放热反应进行度参数和压强分布云图

二维数值模拟得到的爆轰波周向传播速度为2 491.4 m/s，三维数值模拟得到的中间层环面上爆轰波周向传播速度为2 603.1 m/s。二维燃烧室中爆轰波波面高度为22.52 mm，三维燃烧室中间层环面上爆轰波波面高度为26.0 mm。三维连续爆轰发动机中由于内、外壁面的影响，爆轰波沿半径方向会呈现出不同的特征。在二维流场中，爆轰波面上仅在圆轴方向上存在横波，而三维流场中，轴向和半径方向都会出现横波结构，这也正是在相同尺寸下二维连续爆轰流场和三维连续爆轰流场中相应参数会有所不同的原因。但是二维和三维流场的整体分布基本相同，它们都可以刻画出连续爆轰流场典型的波系结构。

6.3.2 节和 6.3.3 节分别在上述尺寸的二维和三维燃烧室中应用粒子跟踪法，跟踪大量的新喷入燃烧室的粒子，分析它们的历经过程，并比较二维和三维计算得到的轨迹和热力学循环曲线。

6.3.2 二维流场中的粒子轨迹

在二维连续爆轰发动机燃烧室中，当爆轰波传播稳定后跟踪大量的新喷入燃烧室内的粒子。图 6.25 为所跟踪粒子的初始位置和相应时刻流场中放热反应进行度参数云图，从这一时刻开始，一系列粒子被喷入燃烧室，为了显示清楚，图中只标记了有限个粒子的初始位置，它们分别被标记为 1，2，…，28。粒子被喷入燃烧室后，要么被爆轰波燃烧，要么被燃烧室内的高温产物燃烧（该燃烧过程与爆燃过程一致）。如图6.24所示，在直线 $y_1 = 15.57$ cm 和 $y_2 = 4.44$ cm 之间被喷入的粒子会被流场中的高温产物燃烧，剩余区域喷入的粒子会被爆轰波燃烧。在本节所计算的燃烧室尺寸下，喷入燃烧室内的新鲜气体中有 60.6%会被爆轰波燃烧，其余被流场中的高温产物燃烧。由于爆轰波后压强很高，甚至高于喷注总压，这时可燃混合物无法喷入燃烧室。在上述二维计算中，燃烧室头部压强均小于喷注总压30 atm，因此整个喷注面上均有可燃混合物喷入。

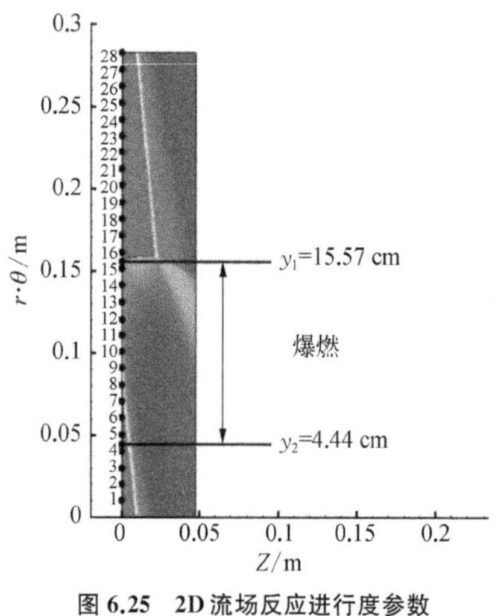

图 6.25 2D 流场反应进行度参数分布及粒子初始位置

图 6.26 为图 6.25 中标记的 28 个粒子在燃烧室内运动的轨迹图。由图可知，无论粒子喷入燃烧室的初始位置在哪里，它们的轨迹均大体沿圆轴方向，沿圆周方向的波动很小。粒子 19 沿圆周方向波动幅度最大，但其周向波动也仅有燃烧室周长的 8.3%。因此，可燃混合物喷入燃烧室后，被爆轰或流场中高温产物燃烧，随后几乎沿轴向迅速喷出。虽然连续爆轰流场中有周向传播的爆轰波和斜激波，但它们并没有很大程度地带动粒子沿圆周方向运动。受爆轰波后膨胀波的作用，整个流场的运动趋势大体沿圆轴方向，这也正是连续爆轰发动机能产生大推力的重要原因。多数粒子被喷入燃烧室后被爆轰波燃烧，例如，粒子 1～粒子 4 和粒子 16～粒子 28，与爆轰波相遇瞬间，粒子的轨迹发生偏转。轨迹图 6.25 中被蓝

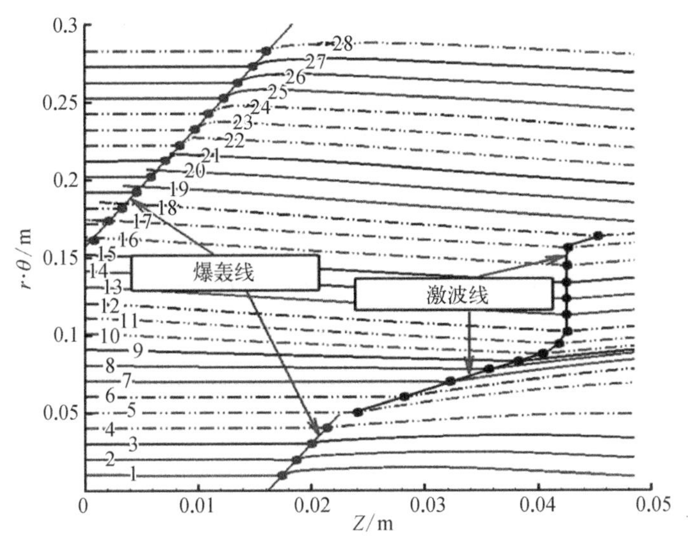

图 6.26 二维数值模拟得到的粒子轨迹图(后附彩图)

色直线连接起来的圆点为粒子与爆轰波相遇的位置。其余粒子会被流场中高温产物燃烧,例如,粒子 5～粒子 15,新鲜气体与高温产物之间的接触面不会改变粒子运动趋势,粒子与该接触面相遇时轨迹没有发生偏转。流场中还有一些粒子会与斜激波相遇,例如,粒子 5～粒子 18,图 6.25 中黑色曲线连接起来的圆点为粒子与斜激波相遇的位置,粒子与斜激波相遇瞬间其轨迹会发生偏转。

如图 6.25 所示,初始位置沿圆周方向依次排列的粒子,它们与爆轰波相遇的位置连接起来刚好为一条蓝色直线。而与斜激波相遇的位置连接起来的曲线可分为两部分,一部分为一条倾斜直线(粒子 5～粒子 10 和粒子 17～粒子 18),而另一部分为一条与圆周方向平行的直线(粒子 12～粒子 16)。这与它们喷入燃烧室后被燃烧的位置不同有关,粒子 12～粒子 16 喷入燃烧室后瞬间被燃烧,它们与斜激波相遇的位置在轴向距离上相同。而粒子 5～粒子 10 喷入燃烧室后,在新鲜气体层组成的三角形的斜边上被高温产物燃烧,燃烧位置沿圆周方向依次排列,进而导致与斜激波相遇的位置沿圆周方向线性变化。同理,其他粒子与爆轰波或斜激波相遇位置可连接为直线,也是因为它们被爆轰波燃烧的位置沿圆周方向线性排列所致。

图 6.27 为通过跟踪 28 个粒子得到的热力学过程 $p-v$ 曲线和 $T-s$ 曲线。由图 6.27(a)和图 6.27(b)可知,大多数粒子喷入燃烧室后,首先被燃烧室内混合物

压缩，这个过程中，压强上升至大约 3.8 atm，温度上升至 580 K。随后粒子被爆轰或流场中的高温产物燃烧，爆轰过程中，压强增大至近 34 atm，温度升至2 700 K，比容略有减小，熵增增大；被高温产物燃烧过程中，比容明显增大，压强略有减小（近似等压），温度和熵增大幅增大。受流场中膨胀波的影响，爆轰波通过后，粒子的热力学过程也随之进入膨胀阶段，膨胀过程中，熵增略有增加，如图 6.27(b) 所示。被流场中高温产物燃烧的粒子燃烧后没有明显的膨胀现象。另外，热力学过程受斜激波的影响，$p-v$ 曲线和 $T-s$ 曲线出现了一定幅度的波动，但热力学过程的整体趋势并未改变。数值计算得到的热力学过程的$p-v$ 曲线和 $T-s$ 曲线与理想循环模型符合得很好。

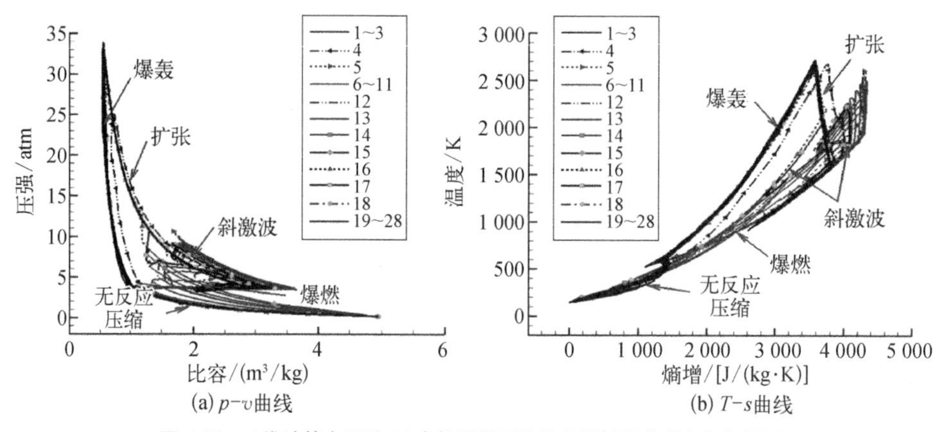

图 6.27 二维计算中跟踪 28 个粒子得到的热力学过程曲线(后附彩图)

6.3.3 三维流场中的粒子轨迹

三维连续爆轰流场要比二维流场复杂得多，在连续爆轰发动机三维数值模拟中，当爆轰波绕圆周方向传播稳定后，跟踪大量的新喷入燃烧室的粒子。图 6.28 为三维连续爆轰发动机燃烧室头部横截面上放热反应进行度参数云图以及所跟踪粒子的初始位置分布。从这一时刻开始，一系列粒子被喷入燃烧室，为了显示清楚，图中只标记了有限个粒子的初始位置，它们的初始位置分别沿周向和半径方向不同，在靠近内壁环面、靠近外壁环面以及中间环面上分别被标记为 $a1$，$a2$，…，$a17$；$b1$，$b2$，…，$b17$ 和 $c1$，$c2$，…，$c17$。

连续爆轰流场中，由于爆轰波后压强很高，甚至高于喷注总压，这时新鲜气体无法喷入燃烧室。在二维计算中并没有此现象。然而，由于三维连续爆轰流场的最高压强要高于二维，使得三维流场中紧随爆轰波后的一小段区域内压强过高，预混气体无法喷入燃烧室。而在不同的环面上，不进气区域所占环面周长的比例有所不同。如表6.2所示，随着环面半径的增大，不进气区域所占的比例随之增大。但是在整个进气端壁面上，不进气区域只占很小的比例。另外，在靠近燃烧室内壁的环面上，有22.7%的新鲜气体会被流场中的高温产物燃烧，而在外壁面上只有3.1%的新鲜气体被高温产物燃烧。即环面半径越大，被爆轰波燃烧的混合气体所占的比例越大。在整个三维流场中，被高温产物燃烧的气体所占的比例要明显小于二维计算结果(39.4%)，由于二维计算中没有涉及内、外壁面对爆轰波的影响，使其过高地估计了被高温产物燃烧的气体所占的比例。在内壁环面、中间环面以及外壁环面上爆轰波的高度分别为31.2 mm、26.0 mm和25.1 mm，爆轰波面的高度随环面半径的增大而减小。

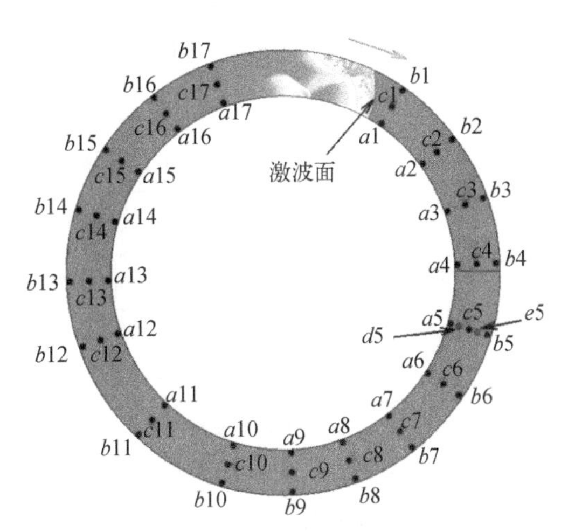

图6.28 三维计算燃烧室头部横截面上反应进行度参数云图和粒子初始位置分布

表6.2 不同环面上的不进气比例、被高温产物燃烧的气体比例和爆轰波面高度

项　　目	外环面	中间环面	内环面
不进气比例/%	4.7	2.4	1.9
高温产物燃烧的比例/%	3.1	12.7	22.7
爆轰波面高度/mm	25.1	26.0	31.2

图6.29为初始位置在中间环面上的17个粒子轨迹沿周向的波动图，图中蓝色的线连起来的圆点为粒子与爆轰波相遇的位置，黑色线连起来的圆点为粒子与斜激波相遇的位置。粒子 $c1$, $c2$, …, $c16$ 被爆轰波燃烧，与爆轰波相遇瞬间，粒子轨迹沿周向发生偏转。粒子 $c17$ 被流场中的高温产物燃烧。粒子 $c1$、$c17$ 与斜

激波相遇，相遇瞬间轨迹沿周向发生偏转。图 6.29 中介于 $y_2=22.8$ cm 和 $y_1=23.4$ cm 之间的区域，由于爆轰波后的高压强，可燃物无法喷入燃烧室。介于 $y_4=21.1$ cm 和 $y_3=21.4$ cm 之间的区域，由于激波反射造成的压强二次提升，可燃物无法喷入燃烧室。在 $y_3=21.4$ cm 至 $y_2=22.8$ cm，以及 $y_5=19.1$ cm 至 $y_4=21.1$ cm 区域内被喷入的粒子会被流场中高温产物燃烧，在这个中间环面上，喷入燃烧室内的新鲜气体有 12.7%会被流场中的高温产物燃烧，如表 6.2 所示。由轨迹图 6.29 可知，与二维结果一致，粒子喷入燃烧室后，其轨迹沿圆周方向的波动很小，燃烧后几乎沿轴向迅速喷出。粒子轨迹沿周向波动的幅度不到中间环面周长的 12.6%。不同环面上的粒子沿圆周方向的波动幅度会略有不同，但大体趋势一致。爆轰波面附近的粒子轨迹沿圆周方向波动较大，粒子喷入的初始位置与爆轰波面距离越大，其轨迹沿圆周方向的波动越小。三维计算中粒子轨迹沿圆周方向的波动幅度略大于二维计算中粒子轨迹的波动，但三维粒子轨迹的偏转相比于二维轨迹偏转更加平缓。

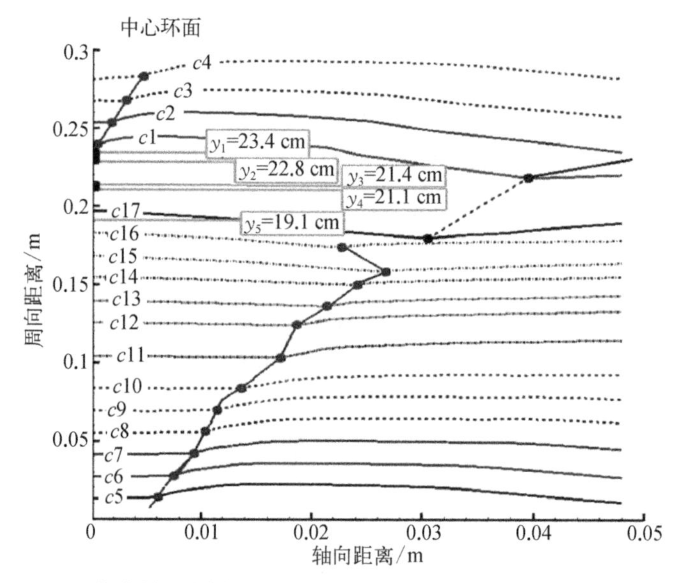

图 6.29 (三维)初始位置在中间环面上的 17 个粒子轨迹沿周向的波动图(后附彩图)

图 6.30 为初始位置在靠近内壁环面上的粒子 $a2$ 的轨迹、压强和温度变化。当粒子遇到爆轰波时，其压强和温度骤增，轨迹发生偏转。爆轰波通过后，压强和温度下降，随后压强出现第二个峰值，这是由爆轰波后的激波反射引起

的。当连续爆轰发动机的燃烧室环腔厚度足够大时，内、外壁面之间会出现反复多次的激波反射现象。

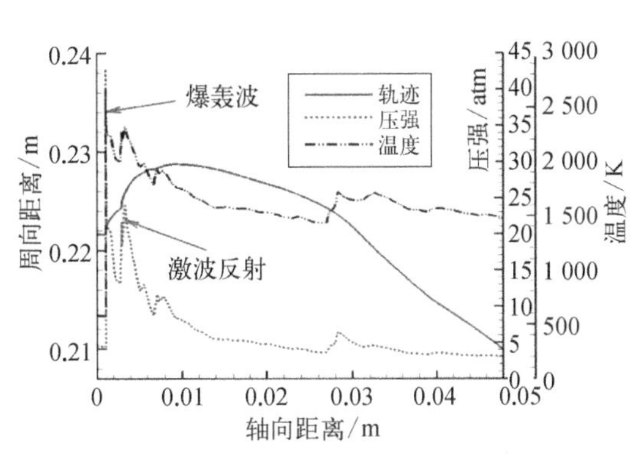

图 6.30 初始位置在靠近内壁环面上的粒子 *a*2 的轨迹、压强和温度变化

图 6.31 为初始位置沿径向分布不同的 5 个粒子的轨迹沿周向和径向的变化，它们的初始位置在图 6.28 中分别被标记为 *a*5、*d*5、*c*5、*e*5、*b*5。由图 6.31(a)可知，初始位置沿径向分布不同的 5 个粒子，几乎在同一时间与爆轰波相遇，遇到爆轰波之前，它们的轨迹沿周向的变化基本一致。爆轰波通过后，粒子紧随爆轰波运动一段距离，初始位置越靠近内壁环面的粒子，它的轨迹跟随爆轰波运动的幅度越大。受爆轰波后膨胀波的影响，粒子跟随爆轰波运动的周向速度逐渐减小，直至为零，随后粒子向爆轰波传播的相反方向运动，直至喷出燃烧室。由图 6.31(b)可知，粒子轨迹沿径向的波动不大，不会出现明显的内、外壁之间流场相互掺混和干扰的现象。然而，初始位置在中间环面附近的粒子沿径向的波动要大于初始位置在内壁环面和外壁环面附近的粒子。初始位置沿径向不同的粒子，它们的轨迹沿周向和径向的波动趋势是一致的，波动幅度略有不同。但不同初始位置的粒子喷出燃烧室所用的时间有所不同，图 6.32 为初始位置分布在三层半径不同的圆环面上的粒子喷出燃烧室所用的时间。

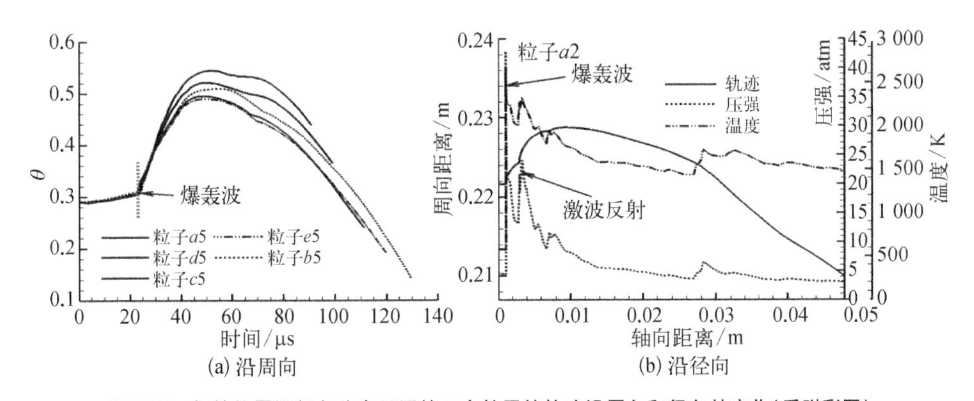

图 6.31 初始位置沿径向分布不同的 5 个粒子的轨迹沿周向和径向的变化(后附彩图)

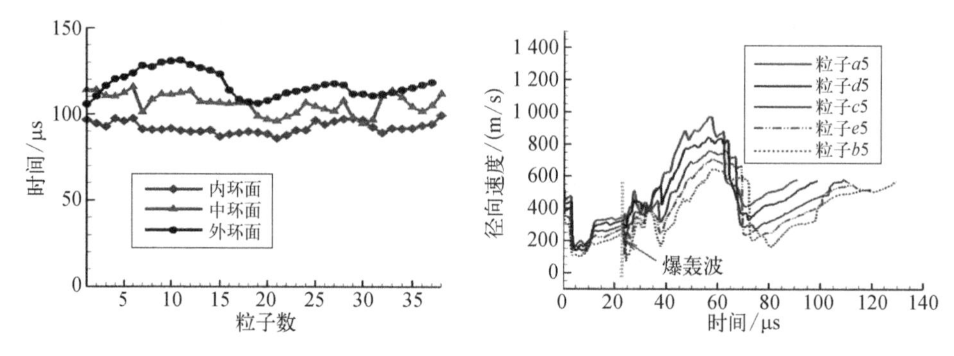

图 6.32　初始位置分布在不同环面上的粒子喷出燃烧室所用的时间

图 6.33　初始位置沿半径方向分布不同的5个粒子轴向速度的变化(后附彩图)

由图 6.32 可知,初始位置在同一层圆环面上的粒子喷出燃烧室所用的时间会略有不同,随着环面半径的增大,这种差异会有所增大。整体来看,初始位置越靠近外壁面的粒子,喷出燃烧室所用的时间越长。粒子喷出燃烧室所用的时间与其轴向速度直接相关,图 6.33 为初始位置沿半径方向分布不同的 5 个粒子的轴向速度随时间的变化。粒子初始喷入位置所在环面的半径越小,其轴向速度越大,进而喷出燃烧室所用的时间越短。在三维连续爆轰流场中,在外壁面附近,爆轰波受凹面压缩作用变得更强,而内壁面附近爆轰波受凸面膨胀作用会有所减弱,因此外壁环面上的爆轰波一般要强于内壁环面。环面半径越小,最高压强越小,这会使得轴向速度相对较大。

图 6.34 为初始位置在中间环面上的 17 个粒子的热力学曲线图。其中粒子 $c17$ 被流场中的高温产物燃烧,燃烧过程中压强略降,比容增大,温度和熵增大幅

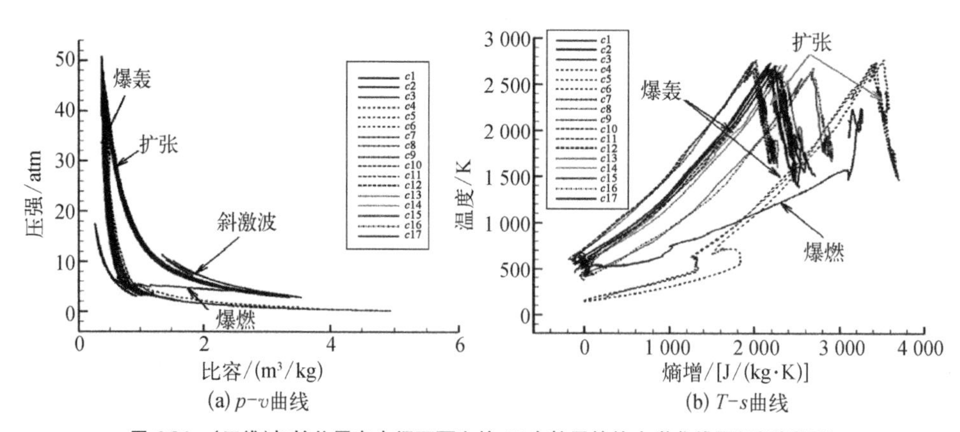

图 6.34　(三维)初始位置在中间环面上的 17 个粒子的热力学曲线图(后附彩图)

增大。由于三维连续爆轰流场中,爆轰波后伴随有复杂的激波反射等波系结构,使得即便被高温产物燃烧的粒子的压强也会增大至 20 atm 左右。其他被爆轰波燃烧的粒子($c1$～$c16$)的热力学曲线大体趋势均相同,即爆轰过程中,压强、温度和熵增瞬间大幅提高,比容略有减小。然而,粒子的初始位置不同时,它们的 $p-v$ 曲线上的最高压强和 $T-s$ 曲线上的最大熵增会有所不同。最高压强不同是因为粒子与爆轰波面相遇的位置不同,爆轰波面上不同位置上的压强峰值不同。

另外,由于在数值计算中入口处均设置为"拉瓦尔喷嘴入流边界条件"。当入流总压为 30 atm 时,根据本书第 3 章介绍的数值方法,当壁面压强 $p_w < p_{w3} = 3.7$ atm 时,可燃混合物通过管外斜激波调整压强,喷口处入流条件不受进气壁面上的压强影响。这时燃烧室入口处的压强、温度和轴向速度分别设置为 $p = 0.2$ atm, $T = 142.9$ K 和 $W = 1\,489.1$ m/s。在二维燃烧室流场中,除爆轰波后的一段高压区,其余区域的压强均低于 p_{w3},所有被爆轰波燃烧的粒子的初始位置均分布在这个区域内。而三维燃烧室流场中,被爆轰波燃烧的粒子的初始位置分布在 $p_w < p_{w3}$ 和 $p_{w3} < p_w < p_{w2}$ 两个区域内,这两个区域对燃烧室入口处的压强、温度和轴向速度的设置是不同的。在图 6.34(b)中,粒子 $c4$～粒子 $c6$ 的初始位置恰好位于 $p_w < p_{w3}$ 这一区域内,因此它们的初始温度要低于其他粒子的初始温度。它们喷入燃烧室后,被流场中的气体混合物压缩,之后才被爆轰波燃烧。虽然粒子 $c4$～粒子 $c6$ 的整个热力学过程中最大熵增要大于其他初始位置的粒子,但是所有被爆轰波燃烧的粒子,在爆轰过程中的净熵增是基本一致的。

初始位置沿半径方向不同的粒子,它们的热力学 $p-v$ 曲线和 $T-s$ 曲线基本相同。由于圆环面的半径越大,爆轰波的最高压强越高,因而越靠近外壁面上的粒子 $p-v$ 曲线上的最高压强越高。

6.3.4 三维和二维结果对比分析

图 6.35 为二维和三维数值计算得到的粒子轨迹对比图。图中针对二维和三维流场中的粒子跟踪分别给出 5 个粒子的轨迹图,其中三维轨迹线(正方形块标示线)为初始位置在燃烧室中间层环面上的粒子的轨迹,纵坐标为初始时刻距离爆轰波面的周向距离。图 6.35 中,三维流场中的粒子 $c3$、$c6$、$c9$、$c11$ 和二维流场中的粒子 19、23、27、3 被爆轰波燃烧,而三维流场中的粒子 $c17$ 和二维流场中的粒子 12 被流场中的高温产物燃烧。

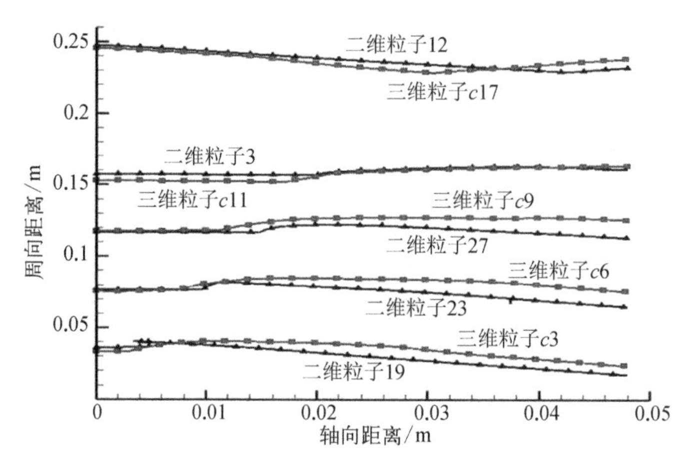

图 6.35 二维和三维数值计算得到的粒子轨迹对比图

由图 6.35 可知,三维中间层环面上和二维燃烧室中的粒子轨迹沿圆周方向的波动基本一致。初始位置距离爆轰波面较近的粒子,三维轨迹的偏转相比于二维轨迹的偏转更加平缓。但二维计算无法刻画轨迹受三维流场的影响。三维燃烧室中,由于各层环面之间的爆轰流场相互影响和耦合,使得三维中间层环面上的流场参数与二维流场参数有所不同。例如,在二维流场中预混可燃物可在整个进气壁面喷入,有 39.4%的新鲜气体会被流场中高温产物燃烧,爆轰波面高度为 22.5 mm。而在三维中间层环面上,进气壁上有 2.4%的区域由于爆轰波后的高压区可燃物无法喷入燃烧室,有大约 12.7%的新鲜气体会被流场中的高温产物燃烧,在这层环面上爆轰波面的高度为 26.0 mm。

在 6.4.2 节和 6.4.3 节分别通过数值计算得到了粒子在燃烧室内运动过程中的热力学示功图($p-v$ 曲线)和示热图($T-s$ 曲线)。由本章理想循环模型的介绍可知,有三种描述爆轰热力学过程的模型,分别为等容燃烧的 Humphrey 循环,基于爆轰 C-J 理论的 F-J 循环和基于爆轰 ZND 理论的 ZND 循环模型。其中 Humphrey 循环模型最为简单,将爆轰近似为等容燃烧。F-J 模型假设爆轰过程为沿 Rayleigh 线从初始状态到上 C-J 点的过程,它没有涉及爆轰波的结构分布。ZND 模型考虑了爆轰波的结构特征,爆轰过程分为沿激波 Hugoniot 线的前导激波压缩到 von-Neumann 尖峰过程和沿 Rayleigh 线从 von-Neumann 尖峰到上 C-J 点的放热过程。数值计算中,粒子喷入燃烧室后,有时会被流场中的混合物小幅压缩后才遇到爆轰波。在本节的计算中,粒子遇到爆轰波前的温度和压强分别为

590 K 和 3.8 atm,将这一状态点作为三种理想循环模型的初始状态点,推导它们的热力学循环过程。图 6.36 为二维和三维数值计算得到的热力学 $p-v$ 曲线和 $T-s$ 曲线与三种理想循环模型(Humphrey 循环、F-J 循环、ZND 循环)的对比图,图中三维结果分别给出初始位置在外壁环面、中间层环面和内壁环面上粒子的热力学曲线。

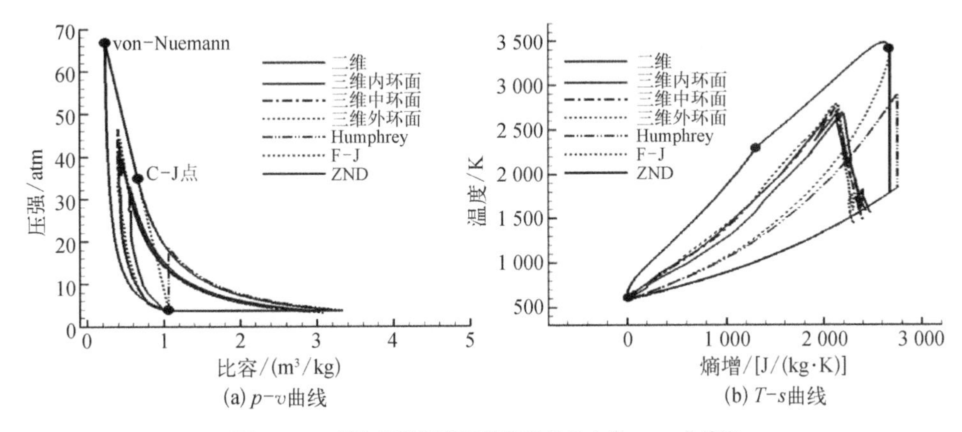

图 6.36 二维和三维数值计算得到的热力学 $p-v$ 曲线和 $T-s$ 曲线与三种理想循环模型的对比图(后附彩图)

由图 6.36 可知,三维和二维数值计算得到的 $p-v$ 曲线和 $T-s$ 曲线与三种理想循环模型均定性符合。三维的热力学曲线与二维结果非常接近,但存在以下几点不同: $p-v$ 曲线中,二维计算得到的最高压强要小于三维计算,爆轰过程的比容减小也比三维中减小的幅度小;$T-s$ 曲线中,二维爆轰过程中的熵增略大于三维计算,最高温度略小于三维计算。与理想循环模型比较可知,实际的爆轰过程中比容有一定程度的减小,与等容燃烧的 Humphrey 循环有一定差距。然而实际燃烧过程与理想 F-J 循环和 ZND 循环也存在一定差距,它刚好介于二者之间。这是因为 F-J 循环中没有考虑爆轰波前的前导激波压缩过程,而 ZND 循环假设前导激波将可燃物从初始状态点压缩到 von-Neumann 尖峰,它过高地估计了前导激波的压缩。二维和三维数值计算得到的最高压强均低于 von-Neumann 尖峰。由图 6.36(b)可知,数值计算得到的最大熵增和最高温度均小于三种理想循环模型,爆轰波后的膨胀过程并不是完全等熵的,膨胀过程中熵增略有增加。

根据 6.1 节介绍的计算热力学循环净功和热效率的方法,计算图 6.36 中 7 条热力学曲线的循环净功和热效率如表 6.3 所示。二维计算得到的循环净功和热效率低于三维计算，在三维燃烧室中，随着环面半径的增大，循环净功基本保持不变，循环热效率略有增大。数值计算得到的热效率大于理想 Humphrey 循环和 F－J 循环，小于理想 ZND 循环。

表 6.3 循环净功和热效率对比

	2D	三维内环面	三维中环面	三维外环面	Humphrey 循环	F－J 循环	ZND 循环
净功/(MJ/kg)	1.2	1.5	1.5	1.5	1.0	1.1	3.1
热效率/%	30.9	32.5	34.6	35.3	24.2	27.8	51.5

第 7 章 多波面现象

在已有的实验研究中发现在连续爆轰发动机工作时会产生多波面(mutti-detonation front)燃烧的现象[54, 98, 159]。但是数值模拟却没有对其进行过更加细致的研究,除了就相同燃烧室条件下单个波面和多个波面的燃烧情况进行了对比[160],并没有对波面数量的依赖条件进行充分讨论。Bykovskii 等[38]根据实验经验和化学理论推导了波面数量和进气流场参数间的关系,但对多波面形成或破碎的过程缺少更深入的解释。本章通过三维数值模拟对多个燃烧室模型和燃烧参数进行计算,对连续爆轰发动机中的多波面现象进行较为深入的探索,并尝试解释其中物理现象的形成原因。

7.1 波面数量与稳定性

7.1.1 进气与点火方式

图 7.1(a)是稳定燃烧时 5 个爆轰波波面传播的一个三维等值面图。图中等值面为化学反应进度等值面,表面的颜色表示温度大小。从温度分布图上来看,充入的低温气体组成了整个进气三角形,而三角形的短边是高温区域,即爆轰波波面。混合气体从环腔状的燃烧室底端均匀喷入燃烧室中,爆轰波紧贴着进气壁面沿圆周方向持续传播,燃烧产物沿燃烧室轴线向图中上方的燃烧室出口排出。在进气端,当燃烧室内压强高于进气压强时,进气端设为反射边界条件;当燃烧室压强低于进气压强时,进气端设为紧密排布的拉瓦尔喷嘴。

点火方式是模拟预爆轰管点火。为了生成多波面传播的流场，在程序初始即点火阶段，用均匀分布的多个相同的C-J爆轰波来起始，假设为多个预爆轰管同时点火。图7.1(b)是一个6波面点火的示意图。将一维爆轰波的物理数据引入进气端附近，按照波面的数量平均分布。点火区域高度为10 mm，点火波面之间填充未燃烧的预混气体，燃烧室其他部分填充常温的燃烧产物。这样的设置可以确保爆轰波向一个方向传播。

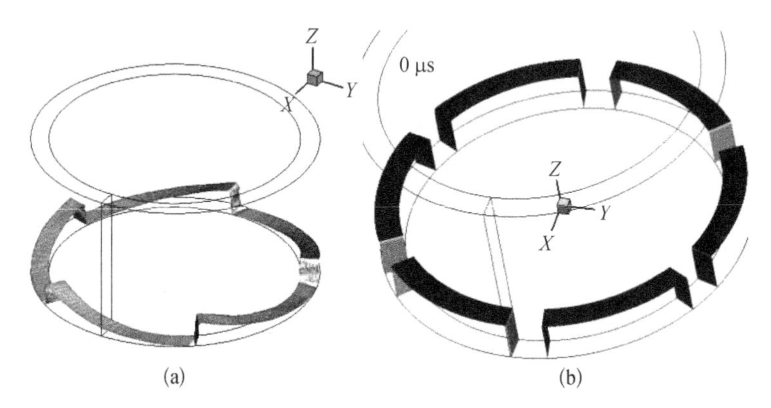

图7.1 连续爆轰发动机燃烧基本状态和点火方式

7.1.2 燃烧室条件对波面个数及发动机性能的影响

爆轰波的持续传播需要有充分多的掺混燃料才能维持，因此波面的个数必然是和燃料的充裕程度相关的。燃烧室主要有两个参数对发动机进气量有重要影响：一个是燃烧室尺寸，另一个是进气状况。对于燃烧室的尺寸，显而易见，半径越大的燃烧室可以维持数量更多的爆轰波面燃烧。当进气情况一致时，波面个数与半径大小是成正比的，数值计算也与这个结论相符，这里不做更多的讨论。

进气情况包括进气量的大小和气体的混合程度。为了简化问题的讨论，这里不考虑混合的问题，即来流为充分预混的可燃气体，文章将只对进气量进行讨论。我们通过改变进气总压的大小来控制进气量。表7.1是我们对不同进气量与燃烧波面个数和推力指标影响程度的运算结果。其中，“进气三角形高度”指的是图7.1(a)新鲜气体三角形内所有点中距离进气固壁面最远的轴向距离，“稳定时间”指的是从点火到爆轰波尺寸和传播速度都保持稳定时的时间。

表 7.1　不同进气总压对爆轰波面个数和推力的影响

总　压	燃烧指标	1 波面	2 波面	3 波面	4 波面	5 波面	6 波面
30 atm	进气三角形高度/mm	47	22	14	12	10	8
	稳定时间/μs	1 200	730	540	480	500	560
	比冲/s	5 700	5 780	5 820	5 800	5 800	5 780
	推力/N	1 900	1 990	2 070	2 100	2 120	2 100
	出口流量/(kg/s)	1.19	1.23	1.27	1.29	1.30	1.29
25 atm	进气三角形高度/mm	46	22	14	12	10	退化到 4 波面
	稳定时间/μs	1 400	500	600	490	630	
	比冲/s	5 530	5 590	5 630	5 620	5 620	
	推力/N	1 500	1 580	1 640	1 680	1 680	
	出口流量/(kg/s)	0.98	1.01	1.04	1.06	1.07	
20 atm	进气三角形高度/mm	45	22	14	12	退化到 3 波面	点火失败
	稳定时间/μs	1 200	490	580	560		
	比冲/s	5 190	5 300	5 340	5 350		
	推力/N	1 090	1 170	1 220	1 680		
	出口流量/(kg/s)	0.76	0.79	0.82	1.06		
15 atm	进气三角形高度/mm	不稳定	22	14	退化到 3 波面	点火失败	
	稳定时间/μs		500	530			
	比冲/s	5 600	4 850	4 830			
	推力/N	860	800	820			
	出口流量/(kg/s)	0.55	0.59	0.58			
10 atm	进气三角形高度/mm	不稳定	22	退化到 2 波面	点火失败		
	稳定时间/μs		930				
	比冲/s	3 850	3 930				
	推力/N	410	430				
	出口流量/(kg/s)	0.38	0.39				

以下对表 7.1 的数据内容逐一进行分析。

(1) 对于每一种进气压强,无论燃烧波面个数为多少,其比冲、推力以及流量是大致相同的,因此波面的个数对发动机的推力性能没有明显的影响。随着波面个数的变化,进气三角形的高度相应降低,进气三角形的高度与波面个数的乘积基本一致。乘积中的不完全相等并不是由于测量误差造成的,而是当波面数量不同时,进气三角形内的气压分布也不完全相同,使得三角形的高度并不能完全按照比例形成。这个乘积一定程度上体现了气体的充入量,它的一致性与出口流量的一致性相匹配。Bykovskii 等[38]根据理论和经验推导了爆轰波波面个数与流场相关参数的关系式:

$$K = \pi d_c / nh$$

其中,d_c是燃烧室的外直径;n 为波面个数;h 是可燃混合物层的高度。对于大多数气态氧化剂,参数 $K = 7 \pm 2$。在表 7.1 中凡是能够形成稳定波面的算例都是满足这个公式的。这也证明了计算的可靠性。

(2) 在同样的进气总压下,不同的波面数量会导致从点火到稳定燃烧所需的时间不同。总的来说,过多或过少的波面都会使得到达稳定的时间增长,甚至无法形成稳定爆轰。以 30 atm 的进气总压为例,尽管此进气条件能满足 1~6 个波面的运行,但最早达到稳定状况是在 4 个波面的算例。爆轰波传播达到稳定燃烧的标准时,出口推力和比冲曲线将趋于水平直线。图 7.2 分别是 30 atm进气总压下 1 个波面、4 个波面和 6 个波面的推力和比冲发展曲线图。其中为了更好地显示曲线趋于稳定的过程,图 7.2(a)表示 1 个波面推力和比冲曲线的坐标标尺与图 7.2(b)和图 7.2(c)并不相同。从曲线中可以看出,三个波面条件下比冲都是先于推力曲线趋于水平直线的。由于推力与比冲和流量的乘积成正比,可以看出连续爆轰发动机比冲的性能是由爆轰燃烧决定的,当爆轰燃烧稳定时,比冲就会稳定。推力曲线滞后于比冲逐渐过渡到水平直线,说明爆轰燃烧稳定时,整个燃烧室的流场并未达到动态平衡的状态,需要再经过一段时间流场的演化才能达到稳定状态。推力曲线趋于水平直线的过程是平均值逐渐减小的过程,这说明流量是逐渐减小的。其原因是爆轰波面在趋于稳定的状态时其尺寸和强度都略微增长,使得进气固壁面附近的气压升高,阻碍了气体的充入。由于所有的稳定爆轰波都是从点火初期就已经形成,这个现象

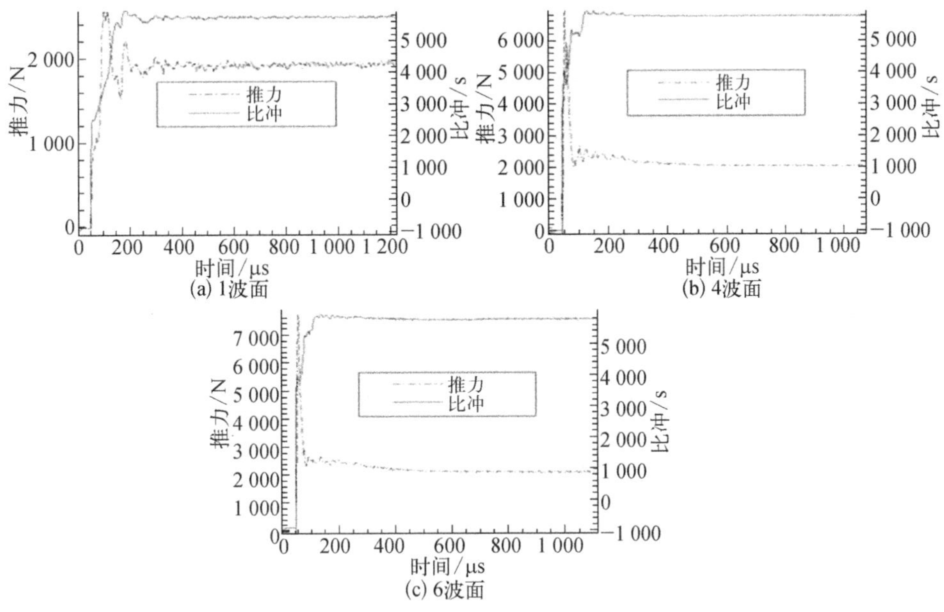

图 7.2　30 atm 进气总压下 1 波面、4 波面、6 波面推力与比冲发展曲线图

的出现和持续的时间也与燃烧室内初始条件的设置相关。点火初期流量大有利于爆轰波的维持。

当波面数目过少时，波面与波面之间的距离较长，新鲜气体停留在燃烧室内的时间也相应增长，这会导致一部分新鲜气体在爆轰波到来之前提前燃烧甚至爆炸，使得燃烧面不稳定。图 7.3 显示的就是 30 atm 进气条件下 1 个波面燃烧时新鲜气体提前燃烧的现象。这种现象导致了燃烧的不稳定性。当起爆波面数目过多时，由于每个波面前面的平均分得进气量减少，也带来燃烧不稳定，例如当总压为 25 atm 时，6 个波面点火的爆轰波最终收敛到 4 个波面的爆轰波（这 4 个波面尺寸并不完全相同），而在这个进气总压的条件下，4 个波面恰巧是其稳定速度最快的情况。因此可以推断，对于一定尺寸和进气流量的连续爆轰发动机燃烧室，存在一个能最快达到稳定的波面个数。波面个数不可能过多的问题将在后面详细阐述。

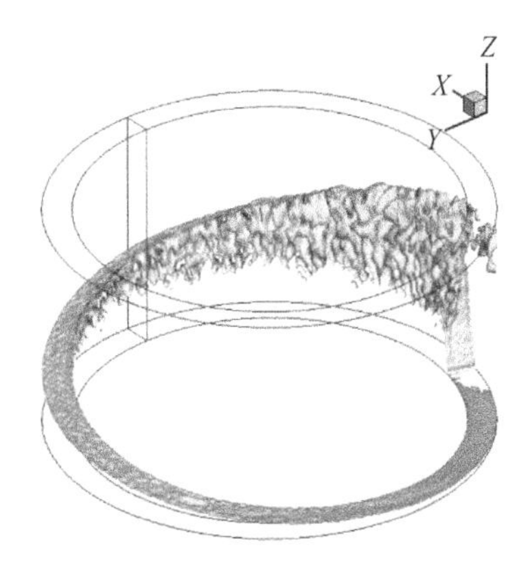

图 7.3　30 atm 进气总压下波面的不稳定燃烧

(3) 不同进气总压下,相同的波面数进气三角形高度基本相同。尽管不同进气总压意味着燃料流量有较大区别,但因为壁面附近的压强和密度也随着总压的变化而同步增减,所以才能使得不同进气量下进气三角形高度基本相同。虽然进气三角形高度基本相同,但是爆轰波面上的压强波峰是不同的,峰值的大小会随着总压的变化而改变。

(4) 在一定的压强范围内,连续爆轰发动机都能保持较高的比冲。表 7.1 中可以看到,在进气总压为 15～30 atm 时,比冲基本为 5 000～5 800 s,说明连续爆轰发动机工作的高效率对总压的依赖性不大。但当进气总压减少至10 atm时,比冲锐减到 4 000 s 以下,说明此时爆轰燃烧能量过低,爆轰波难以维持,其占整个燃烧过程的分量减少,因而比冲降低。

7.1.3 点火至稳定燃烧过程的分析

从表 7.1 可以看出,同一进气总压下可以允许不同波面数的燃烧情况,但是波面数量的上限却是和进气总压紧密相关的。进气总压越高,波面总数的上限越大。但是,从结果中同样可以看到,稳定燃烧时,在不同进气压强但相同波面数的条件下,进气三角形的高度是基本相同的。在以往其他人的研究中,认为多波面的产生是燃料足够充沛导致的,因而提出波面数应该等于进气质量总流速和单个波面一个周期燃烧消耗速度的商。按照这个理论,较低进气总压或较小流量应该也能形成与较高压强一致的多波面现象,波面增多时应该也能形成相应的高度较低的进气三角形和尺寸较小的爆轰波面来维持燃烧。这与数值结果不符。产生以上矛盾的原因在于此理论忽视了点火到稳定燃烧的动态过程。在表 7.1 中我们看到,当波面数过多时会出现波面数目退化和点火失败的现象,这揭示了点火到稳定燃烧的发展过程中存在稳定性问题,正是这个稳定性问题限制了波面总数的上限。

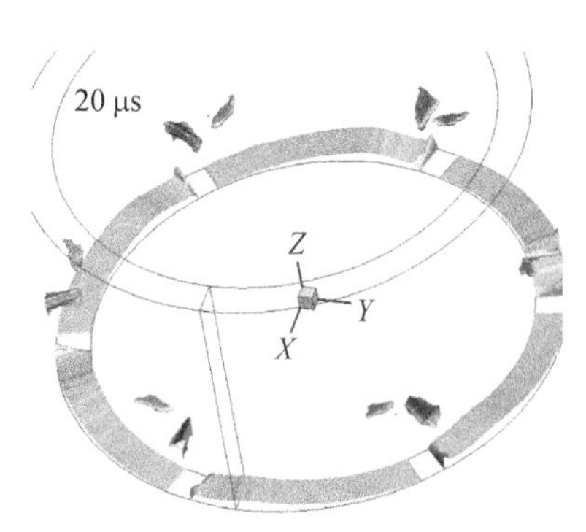

图 7.4 点火 20 μs 时燃烧室内的化学反应进度等值面图

以下我们以 20 atm 进气条件下 6 波面点火为例进行分析和解释。

图 7.4 是点火后 20 μs 时燃烧室内的化学反应进度等值面图。图中进气三角形的长腰基本与底边贴合,说明点火前留在燃烧室内的预

混气体已经基本烧尽，而新充入的新鲜气体量十分有限。在图中可以看到灰色部分即爆轰波面，爆轰波将点燃新充入的混合气体，而爆轰波面由于气体充入量稀少而急剧缩小。如果此时波面过小而不足以维持爆轰波的传播，爆轰波就会熄灭。由于爆轰波传播的速度是基本稳定的，因此要保证气体的充入量，要么减少点火的波面数，使得气体在爆轰波面到来之前有足够的充入时间，要么增大进气总压，或降低出口总压，提升进气的流量。否则，压强较低时无法维持较高的波面数。

但这还不是压强影响爆轰波发展的唯一因素。即使充入的气体能够维持点火爆轰波的传播，在爆轰波发展过程中，进气总压过低依然会导致燃烧不稳定。

图7.5是点火后720～728 μs的燃烧室局部放大图，等值面依然是化学反应速率的等值面，爆轰波的传播方向是从图中的右侧传往左侧。在720 μs时可以看到爆轰波面内侧部分会产生局部爆炸（图中箭头所指部分）。随着时间的推移，接下来几张图片中的箭头所指部分可以看到爆炸的波面向外壁扩散并反射的过程。波面的显示是由于爆炸产生的局部高压阻碍了新鲜气体的充入。从本质上来说，爆炸产生是因为内外壁壁面对爆轰波不同的反射作用，使得靠近内壁的爆轰波能

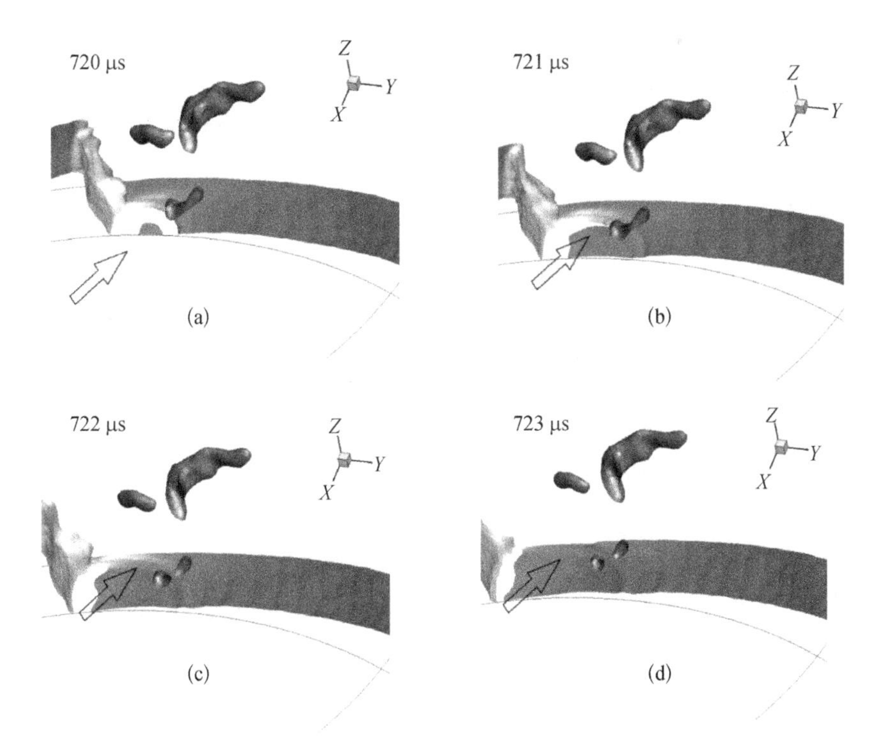

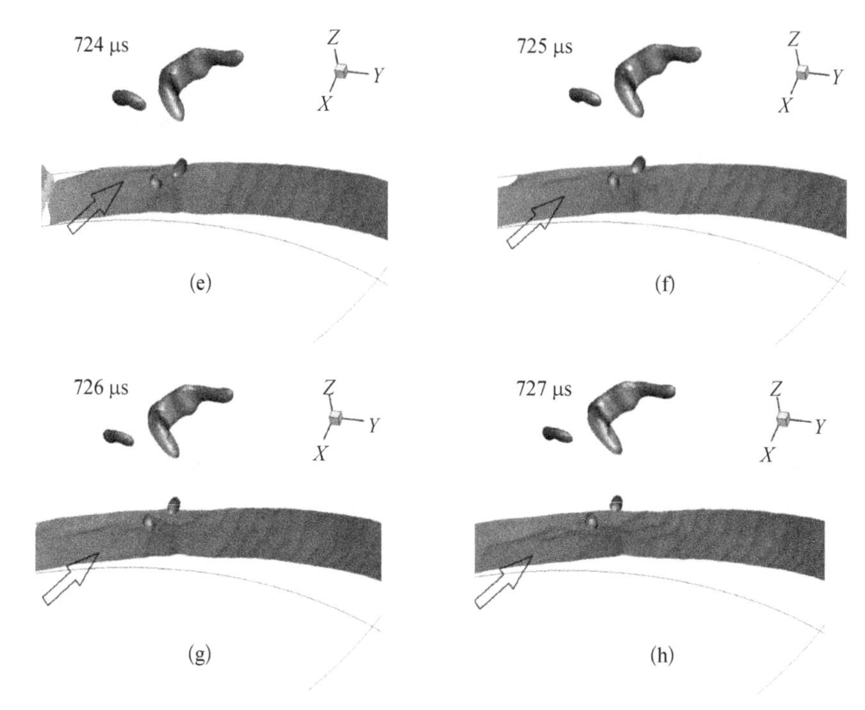

图 7.5　点火后 720～728 μs 的燃烧室局部放大图

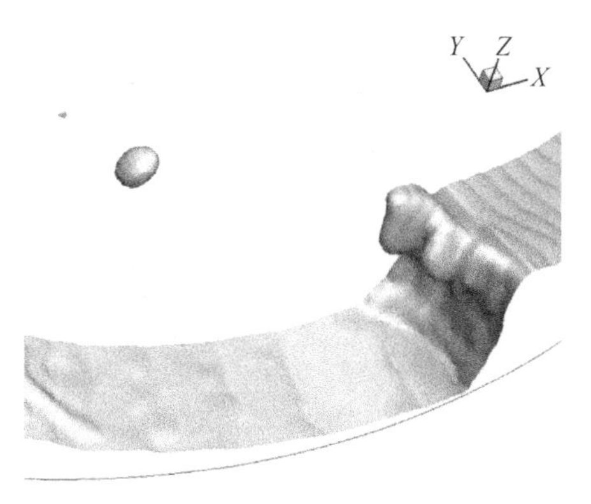

图 7.6　爆轰波面后方内侧未充分燃烧而脱离和即将脱离的气团

量略小于靠近外壁的爆轰波。于是内壁爆轰波面前方的气体的起爆速度要略慢于外壁面，起爆时波前已经积累了预混气体小包，从而诱发爆炸。同时，在这些图上也可以看到一些没有燃烧的气体包团从爆轰波波面后方内侧部分游离出来，这是由于爆轰波能量较弱，未能完全燃烧的气团从壁面内侧隆起并脱落。图 7.6 的局部放大图可以清晰地看到气团即将脱落的现象。通过这个现象可以解释爆轰波发展中的不稳定性。

爆轰波面在向前传播时，需要消耗一定的能量起爆前方的气体，若前方气体反应速度过慢，则会使爆轰波无法及时补充能量而衰落。此外，进气总压也会影响爆轰波波面的能量。例如，在 4 波面燃烧的条件下，点火后初始爆轰波波面消失之前，30 atm 和 25 atm 进气时，波面最高压强为 35～40 atm；20 atm 进气时，波面最高压强跌至 23～25 atm；15 atm 进气时，波面最高压强只有 19～22 atm；10 atm进气时，波面最高压强为 16～19 atm。

点火初期，燃烧室内压强极高，充入的新鲜气体较少，随着燃烧产物的逐渐排放，新鲜气体的充入量也在增加。于是点火到稳定燃烧的过程，其实是新鲜气体充入量逐渐增多至稳定的过程。在这个过程中，爆轰波的能量必须足够高才能保证及时引爆前面的气体来维持传播。如果波面能量较低，波面前方的部分气体就无法得到充分燃烧而脱落。如果波面能量过低，就会导致爆轰波面因能量不足而破碎，从而使爆轰波消失。图 7.7 给出了 20 atm 进气总压 6 波面点火 930～1 010 μs 爆轰波波面破碎的过程。图中箭头所指波面即为处在破碎过程中的波面。在 930 μs 时，图中显示波面后方内侧已经拖曳出较长的气团，但波面还基本维持了爆轰波的形态，并且爆轰波波面前方有充足的新充入的未燃气体。随着时间的推进，气团脱落的位置沿进气三角形顶端，即爆轰波与斜激波的交界位置，从爆轰波波面内侧逐步发展到波面外侧，同时也缩小了爆轰波波面的尺寸。爆轰波能量的持续衰弱使得爆轰波难以继续推进，在 980 μs 的图片中可以看到气团不仅

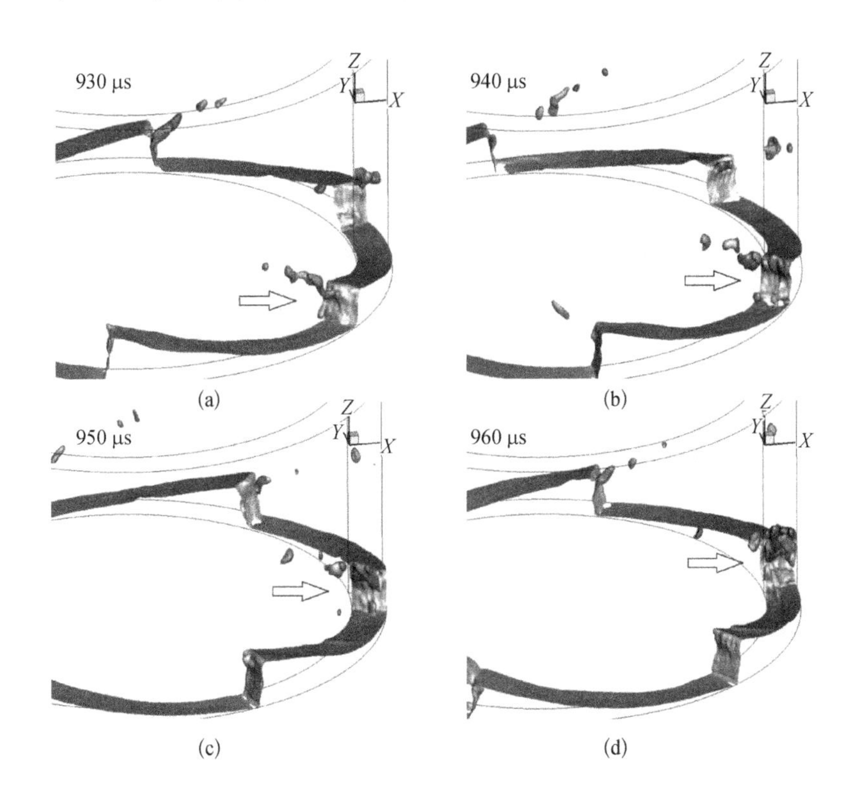

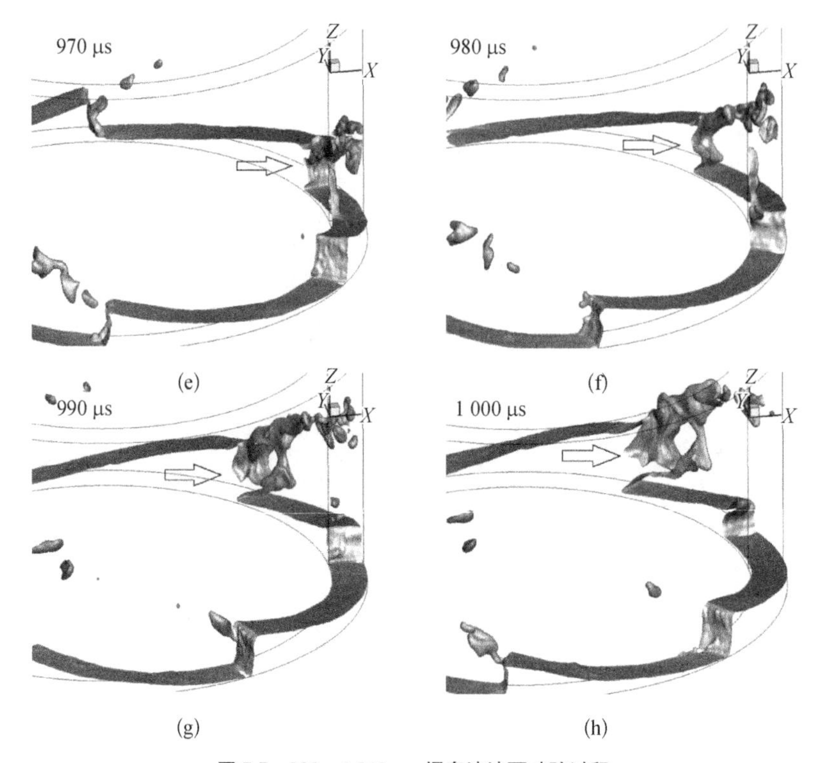

图 7.7 930～1 010 μs 爆轰波波面破碎过程

从爆轰波面上方脱离，也从爆轰波面下方脱离。自此爆轰波面破碎，爆轰燃烧退化为普通燃烧。波面个数过多致使点火后爆轰波面能量急剧下降，可能致使爆轰波无法及时引燃大量新充入的新鲜气体而熄灭。

通过以上分析，可知相同进气总压下波面数量对进气量不会有影响，但是较低的进气总压会使得点火初期进气量减少，不利于点火爆轰波的维持，同时也会降低爆轰波面的能量，使得在爆轰波发展过程中容易不完全燃烧。这些因素都会增加爆轰波传播的不稳定性，因而较低的进气压强无法维持较高总数的多波面燃烧。

7.2 多种进气方式

在许多连续爆轰发动机的数值模拟中，研究者假设燃烧室内外壁之间的间隔与燃烧室半径的比值非常小，将燃烧室简化为二维模型。他们认为沿燃烧室内壁传播的爆轰波和沿外壁传播的爆轰波几乎是相同的，流场在半径方向上没有大区别。然而这样的简化存在一个一直没有得到明确解释的问题，即内外壁间距与燃烧室半径的比值在多小的情况下，三维的计算才可以简化为二维计算？此外，在实际燃烧室设计中，燃料喷入的固壁面在设计上很难做到在半径方向上完全一致，喷嘴的分布很难也没有必要在半径方向上均匀分布。这样简化后的二维数值模拟可能会丢失实验中的一些现象，不能准确反映燃烧室内真实的爆轰波传播。

在之前的绝大多数数值模拟工作中，对燃料混合气体的充入方式都采用了相似的设定。燃料喷射壁面的边界条件被假想为固壁和喷嘴均匀组合，即微小的喷嘴紧密地分布在整个进气固壁面上，因此固壁面上的每一点都含有一个细小的喷嘴。这样的进气边界条件设定对于数值模拟来说是简单易行的，但在真实的实验里却难以做到。此外，利用这样过于简化的设定，也有可能无法展现实验中的一些现象。目前对进气方式的相互对比和细致讨论的研究依然是较少的。在7.1节中，数值模拟的方式存在一些缺陷。首先实际实验中多波面的个数并非由多处点火直接引发的，波面个数和点火位置个数并不相等。其次进气方式依然使用的传统进气方式。本节对传统的进气方式进行了修改，将以前融合在一起的壁面和喷嘴分开来，使得进气固壁端一部分为纯粹的进气区域，而另一部分是纯粹的反射固壁区域。在反射固壁区域气体是无法穿透的。为了探寻影响爆轰波形成和传播的主要因素，同时为了解释实验中存在的一些特殊现象，四种新的进气方式在本节进了模拟和分析，相关的结论将有助于燃烧室的设计。研究结果认为进气方式会极大影响激波和燃烧面的相互作用，并可能显著地影响爆轰燃烧的效率。燃烧室长度为120 mm，内半径为30 mm，外半径为40 mm。燃烧室内的气体假定为绝热无黏流体。在圆周方向上的网格利用周期性边界条件进行连接。内外壁面为固壁，使用光滑壁面边界条件。出口流场使用无反射边界条件，松弛因子为0.05。点火方式是沿圆周方向在进气固壁附近导入一个一维C-J爆轰数值结果。这种设定方式模拟了预爆轰管将爆轰波引入燃烧室内的过程。

进气的大小是与进气固壁附近的背压相关的。过去大多数数值模拟都是以固壁面布满细小喷嘴为基础的。当固壁面喷嘴外的气压 p_w 足够小时，燃料才能沿燃烧室轴线方向喷入。相应的边界条件，取为一维等熵流入流边界条件，即第3章中所介绍的。这个假设忽略了可能往上游发展的回火现象。Frolov等[161]的数值模拟表明，燃烧产物几乎是不会穿越喷嘴向上游流动的。另外，回火的现象可以通过非预混燃料的方式在实验中避免。

新的进气方式将进气固壁端的某些区域转变为完全不透气的固壁，在这些区域边界条件为光滑的壁面。参数 Δ 是进气喷嘴区域占整个进气固壁面面积的比值。Hishida 等[162]的文章中，这个参数被用来控制进气的多少，即进气量会随着这个面积比的变化而成比例的变化。

7.2.1 全面进气(全范围进气)

新鲜预混气体可以从整个固壁圆环面上喷入燃烧室中(图 7.8 中黑色部分)，即所谓全面进气或全范围进气。绝大部分连续爆轰发动机的数值模拟都采用的是这种进气方式。

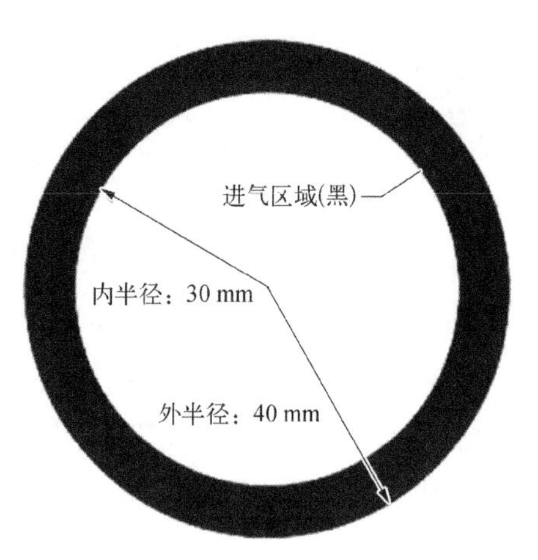

图 7.8 全面进气示意图

图 7.9 显示的是爆轰波稳定传播状态下燃烧室的温度和压强分布图，可以看出燃烧室内形成了一个典型的爆轰波。图中可以清楚地看到旋转传播的爆轰波流场细节。在这个数值模拟中，爆轰波的平均传播速度是 1 800 m/s，这与氢气/空气的 C－J 爆轰速度理论值 1 984 m/s 是十分接近的。

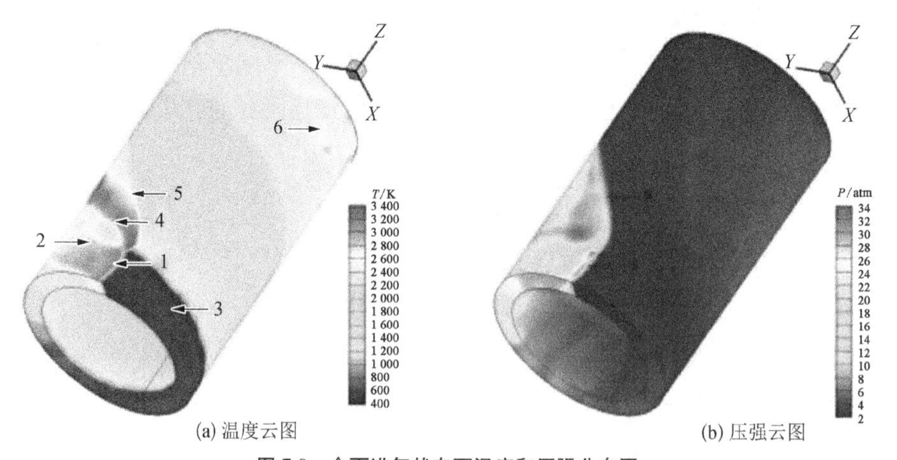

(a) 温度云图 (b) 压强云图

图 7.9 全面进气状态下温度和压强分布图

1－爆轰波面；2－燃烧产物；3－新鲜预混气体；4－接触间断；5－斜激波；6－K－H 不稳定性

其他研究者的工作已经对总压等进气条件对爆轰波及其稳定性的影响进行了充分的讨论，这些参数在本章的介绍中将不再被讨论。这个进气将被作为基准算例进行比较。接下来将要讨论的是与这种进气方式不同的非均匀分布进气方式。

7.2.2 居中细缝进气

居中细缝进气指的是在进气固壁端壁面内外壁半径平均值的位置有一圈环形的细缝(图 7.10 中黑色区域)，新鲜混合气体可以透过这条细缝充入燃烧室。在这种进气状态下，当壁面压强满足喷口入射条件时新鲜气体只能从环形细缝喷入，细缝外侧和内侧的固壁均不透气。因此进气区域在圆周方向是连续的，但在半径方向是部分间断的。Δ 是进气面积比，表示有多少进气固壁端可以用来燃料喷入。当进气面积覆盖整个固壁端(也就是 Δ 为 1)，这种进气方式等同于全面进气方式。

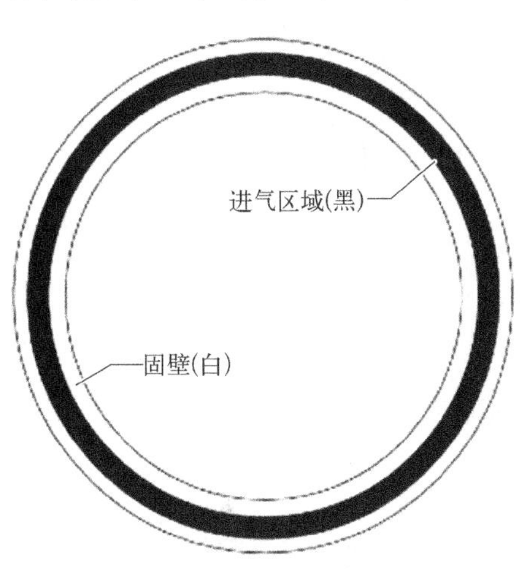

图 7.10 居中细缝进气方式示意图

图 7.11 显示了在半径平均值位置截取的流场环面上温度和压强的分布图，其中 Δ 为 77%。爆轰波和斜激波在图中依然可以被清晰地分辨出来，但这里有一条额外的未燃烧气体“尾巴”从爆轰波、斜激波、燃烧产物和新鲜气体四者的交界点上拖曳而出。在温度分布图上可以看到两个相对高温区域，一个处于爆轰波后紧贴进气固壁端的位置，另一个在斜激波的后面。后者所占面积要大于前者的面积。前者温度变化的来源是爆轰波后燃烧释放的热量和膨胀波对相应区域的冷却，而后者温度的上升是斜激波加热造成的。

为了详细说明爆轰波后和拖曳的未燃烧气体的结构，五个流场截面被抽取出来，如图 7.12 所示。截面距离进气固壁端的轴线距离分别为 4 mm、10 mm、16 mm、22 mm 和 28 mm。少量的新鲜气体在接触面上被燃烧产物提前引燃，燃烧产物在图 7.12 中用数字 3 标出。在被喷入燃烧室之后，新鲜气体遇上高温产物就可以促发燃烧。由于从进气固壁至下游方向上燃烧产物

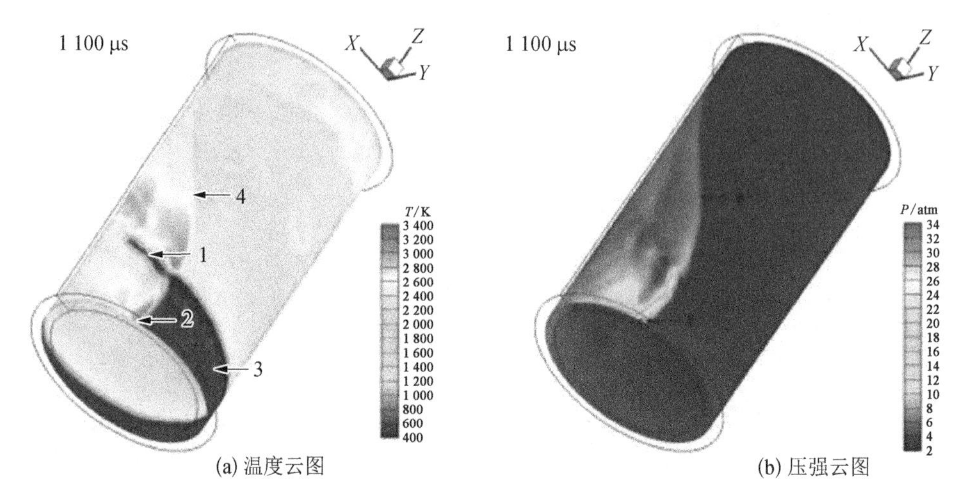

(a) 温度云图 (b) 压强云图

图 7.11 居中细缝进气条件下半径平均值流场筒状截面上温度和压强分布图

1 -未燃烧气体“尾巴”；2 -爆轰波面；3 -新鲜燃料混合物；4 -斜激波

将新充入的燃料混合气团包裹起来，因而接触面不仅有下游方向的接触面，还包括朝向内壁面和外壁面的接触面。于是同全面进气方式相比，更多的新鲜气体会在爆轰波来到之前被燃烧产物提前引燃，从而使得爆轰波所需的燃料有所匮乏。在每个截面上，压强尖峰用数字 5 标出，这也就是爆轰波面的位置。可以看出随着气流逐渐远离进气固壁端排向下游，爆轰波面逐渐缩小，能量减弱。在爆轰波面的正后方，新充入的燃料混合物被爆轰波消耗，但朝向内壁面和外壁面的两个接触面也会被普通燃烧消耗掉部分燃料。爆轰波强度也因同样的原因逐渐减弱。于是在紧贴着壁面位置是正爆轰波，然后向下游逐渐过渡为正爆轰波和斜爆轰波的组合，继而是斜爆轰波。在斜爆轰波位置爆轰波能量依然在继续减弱，以至于最后爆轰波因能量过小而无法燃烧掉新鲜混合气体。

在图 7.12 数字 1 所指位置，压强峰值处的温度约为 3 000 K。在爆轰波波面朝向内壁面和外壁面的两端，即数字 2 所指位置，温度分别为 3 200 K 和3 500 K。这两处的温度比压强峰值位置的温度还高，是因为爆轰波面两端的气体在爆轰波面到来之前已经被烧掉并释放出热量，爆轰波来到后进一步被激波加热。因此燃烧产物的温度上升很明显，而这白白消耗了爆轰波的能量。

爆轰波前预混气体的提前燃烧和燃烧产物的剧烈升温是削弱爆轰波的两个

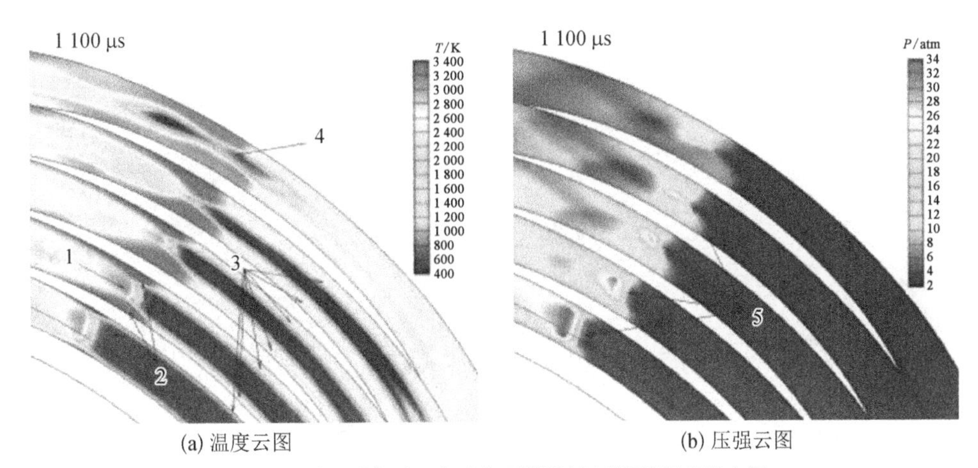

(a) 温度云图 (b) 压强云图

图 7.12 靠近进气端五个垂直于轴线流场截面的局部放大图

1 -爆轰波面处的高温区域；2 -爆轰波面两侧的温度峰值区域；3 -提前引燃的新鲜燃料混合物；4 -未燃烧气体；5 -爆轰波面

主要因素。弱化的爆轰波在扫过新鲜气团时无法烧尽所有的气体。靠近进气固壁面的新鲜气体是被爆轰波消耗的，而远离壁面的新鲜气体会被普通的爆燃燃烧消耗。由于爆轰波的燃烧速度要远远快于爆燃燃烧的速度，因此产生了一条未燃烧气体的"尾巴"，如图 7.12 中数字 4 所指。

当 Δ 小于一个临界值时，稳定的旋转爆轰是不会出现的。这里"稳定的爆轰"指的是爆轰波能够持续的沿圆周方向传播，并且保持其形态和强度基本稳定。这个稳定的爆轰波并不是由点火阶段初始的 C－J 爆轰波决定的。如图 7.13 所示，点火初始的爆轰波（图 7.13(a)数字 1 所指）在燃烧演化的过程中会逐渐减弱消失，越来越多的新鲜气体在点火后充入到燃烧室中。在点火后 570 μs 时，新鲜气体和燃烧产物交界面上的燃烧会诱发一个自发爆炸（图 7.13(b)数字 2 所指）。随着时间的进一步发展，另一个爆炸也被诱发且形成了第二个爆轰波（图 7.13(c)数字 3 所指）。这两个爆轰波继续传播并最后合并为一个爆轰波（图 7.13(d)数字 4 所指），并最后保持连续稳定的传播。

产生稳定爆轰波的临界值为 Δ ＝77％。Δ ＝54％ 是能够形成爆轰的最小比值。在这个比值状态下，会有两个能量较弱的爆轰波在燃烧室内传播，而且爆轰波的传播方向会不停的改变，如图 7.14 所示。这种不稳定现象产生的原因是新鲜气体过少，无法维持爆轰波的传播，因而在爆轰波面上，激波面和燃烧波面会产生

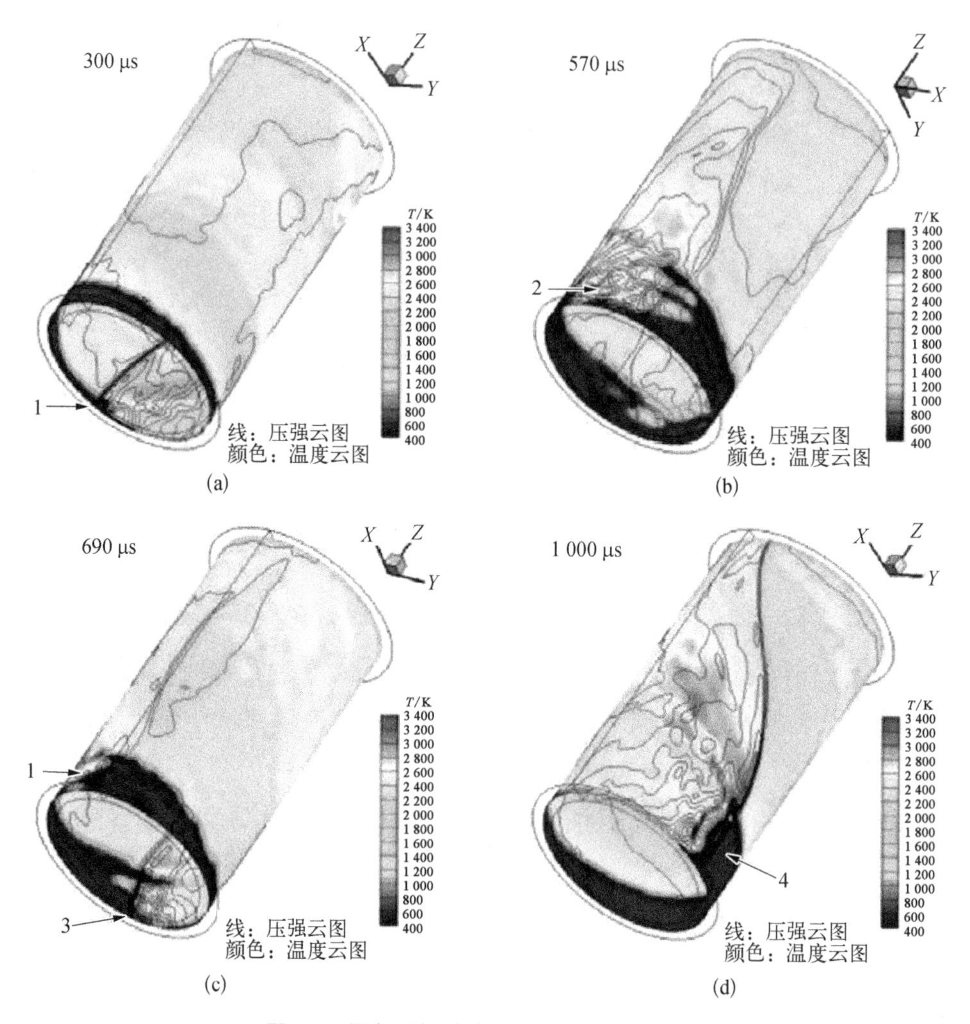

图 7.13　居中细缝进气条件下爆轰波的发展过程

分离。于是爆轰波会减弱为爆燃波，新鲜气体的消耗速率会随之降低。消耗速率的降低使得新鲜气体会重新集聚于进气固壁端附近，从而诱发爆炸并形成新的爆轰波。这个过程会反复出现，然而一个稳定的流场结构是无法形成的。

7.2.3　两侧细缝进气

图 7.15 是两侧细缝进气的示意图。这种进气方式和居中细缝进气方式的区别是进气区域分布在靠近内壁面和外壁面的两侧（黑色区域）。图 7.16 显示了流场的温度和压强分布，图 7.17 显示了爆轰波面附近的流场截面，其中面积比为

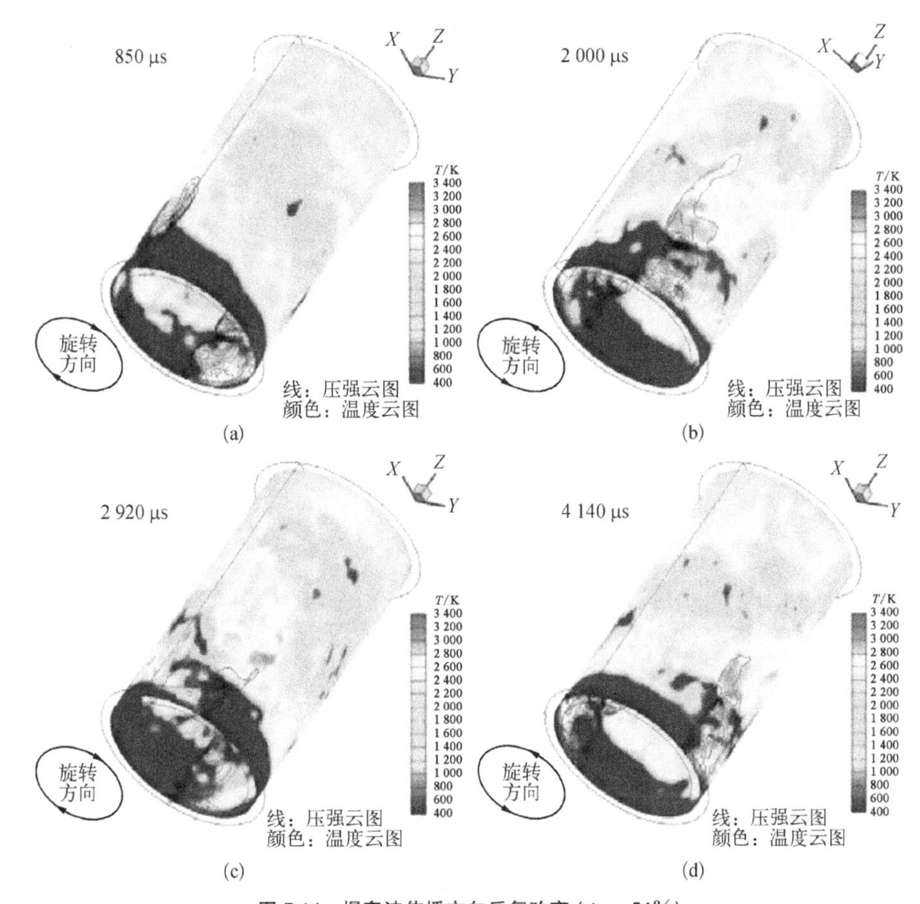

图 7.14 爆轰波传播方向反复改变 ($\Delta = 54\%$)

$\Delta = 77\%$。截面的截取位置和 7.2.2 节居中细缝进气的截取位置相同。当使用两侧细缝进气条件时，数值模拟结果显示与居中细缝进气类似的流场特征。压强的峰值区域依然同温度的峰值区域分离，温度峰值区域依然是爆轰波面侧面被激波加热的燃烧产物。

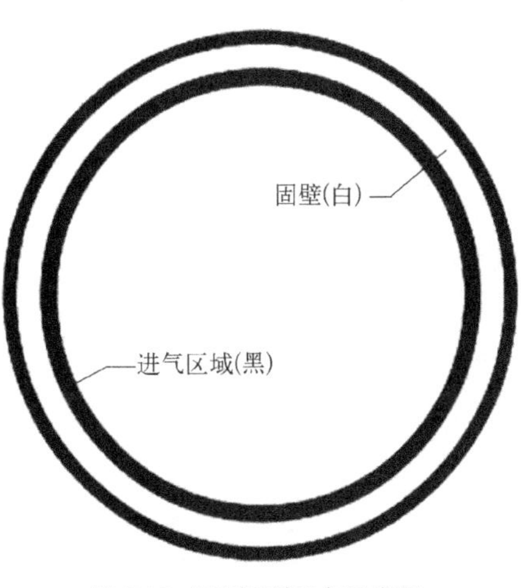

图 7.15 两侧细缝进气示意图

两侧细缝进气方式的最特别之处在于两个爆轰波面压强峰值不同。靠近外壁面的压强峰值约为 35 atm，比靠近内壁的压强峰值高出 5 atm(图 7.17(b)中数字 2 所指),并且靠近外侧面未燃烧气体"尾巴"的长度明显比内侧面的要短。此外,拖曳而出的未燃气团的体积也是内侧大于外侧(图 7.17(a)数字 1 标出)。此现象产生的原因是内外壁曲率的不同造成壁面激波的反射产生差异,外壁面的激波反射集中后强化了外壁面附近的爆轰波。

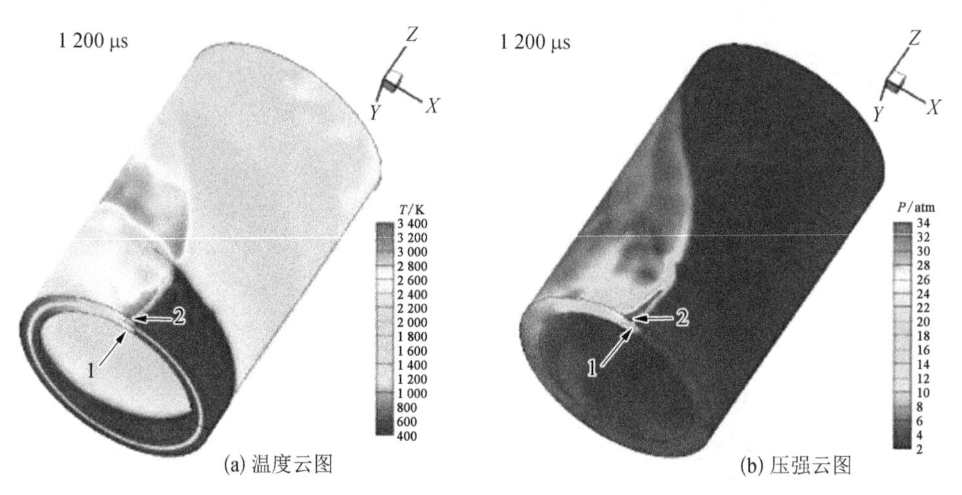

(a) 温度云图 (b) 压强云图

图 7.16 两侧细缝进气条件下温度和压强分布图

1 -沿内壁面的爆轰波波面;2 -沿外壁面的爆轰波波面

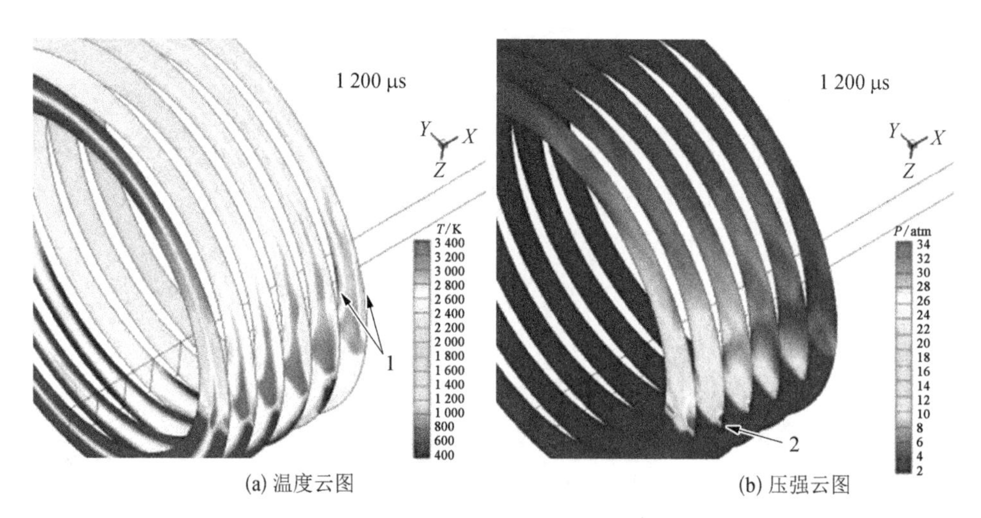

(a) 温度云图 (b) 压强云图

图 7.17 在两侧细缝进气条件下 6 个不同截面上温度和压强分布图

1 -不同尺寸的拖曳未燃气体团;2 -不同尺寸的爆轰波面

爆轰稳定的临界值为 $\Delta = 73\%$，这个值基本上与居中细缝进气的临界值相等。随着进气面积比的下降，同居中细缝进气一致，爆轰波流场会变得不稳定。

同居中细缝进气方式相对比，紧贴内壁面和外壁面的新鲜混合气团依然是被高温燃烧产物所包裹。在进气面积比基本相同的前提下，这种进气方式会使得沿壁面的新鲜气体层变得明显更薄。导致这个现象产生的原因一个是积聚的燃烧产物会阻碍爆轰波面前的新鲜气体的充入，另一个依然是接触面上的普通燃烧提前消耗了燃料。靠近内外壁面的爆轰波通过激波相连，扫过夹在中间的燃烧产物。此外，与居中细缝进气不同的是，高温区域集中在每个截面的中间半径圆环区域上，而高压区域则位于高温区域两侧。

7.2.4 放射间隔进气

图 7.18 是放射间隔进气的示意图。在这种进气方式下，进气区域在半径方向上是连续的，但在圆周方向上是均匀分隔开的。为了便于描述这种进气方式的构造，这里维持稳定爆轰的进气面积临界值是通过测量进气区域和间隔区域的宽度来确定的。

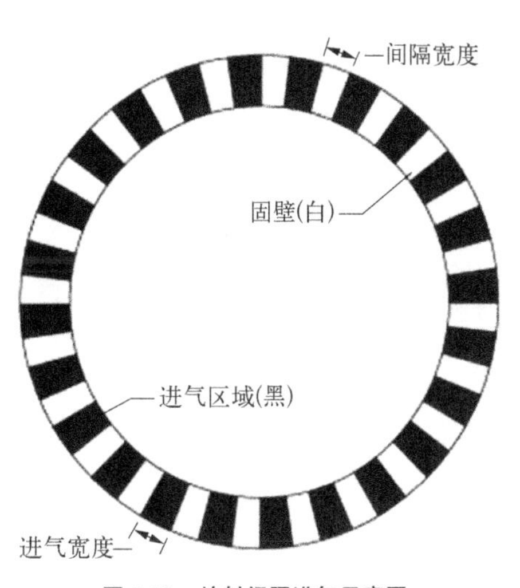

图 7.18 放射间隔进气示意图

(1) 当不透气的间隔为 1 mm 宽时，没有维持稳定爆轰波传播的临界值，即任何进气区域宽度都可以维持稳定的爆轰波。因为间隔非常窄，新充入燃烧室的气体会快速膨胀、融合并填满进气固壁端附近的空间。此时燃烧室内的流场结构与全面进气方式的流场十分相似。

(2) 当不透气的间隔为 2 mm 宽时，维持稳定爆轰波的进气区域临界宽度为 6 mm。图 7.19 显示了稳定爆轰波流场形成的过程，可以看出燃烧是由一个爆轰波点火引发的，但最后形成了三个同向稳定传播的波面。这三个爆轰波面都是从点火后自发形成的爆炸发展而来的。在点火后最初的 500 μs 里，新鲜气体和燃烧产物的相互作用致使爆轰波不断生成和熄灭，如图中 210 μs 和 430 μs 流场图所示。初始化使用的一个较大尺寸的爆轰波在前 100 μs 的时间里沿顺时针方向扫

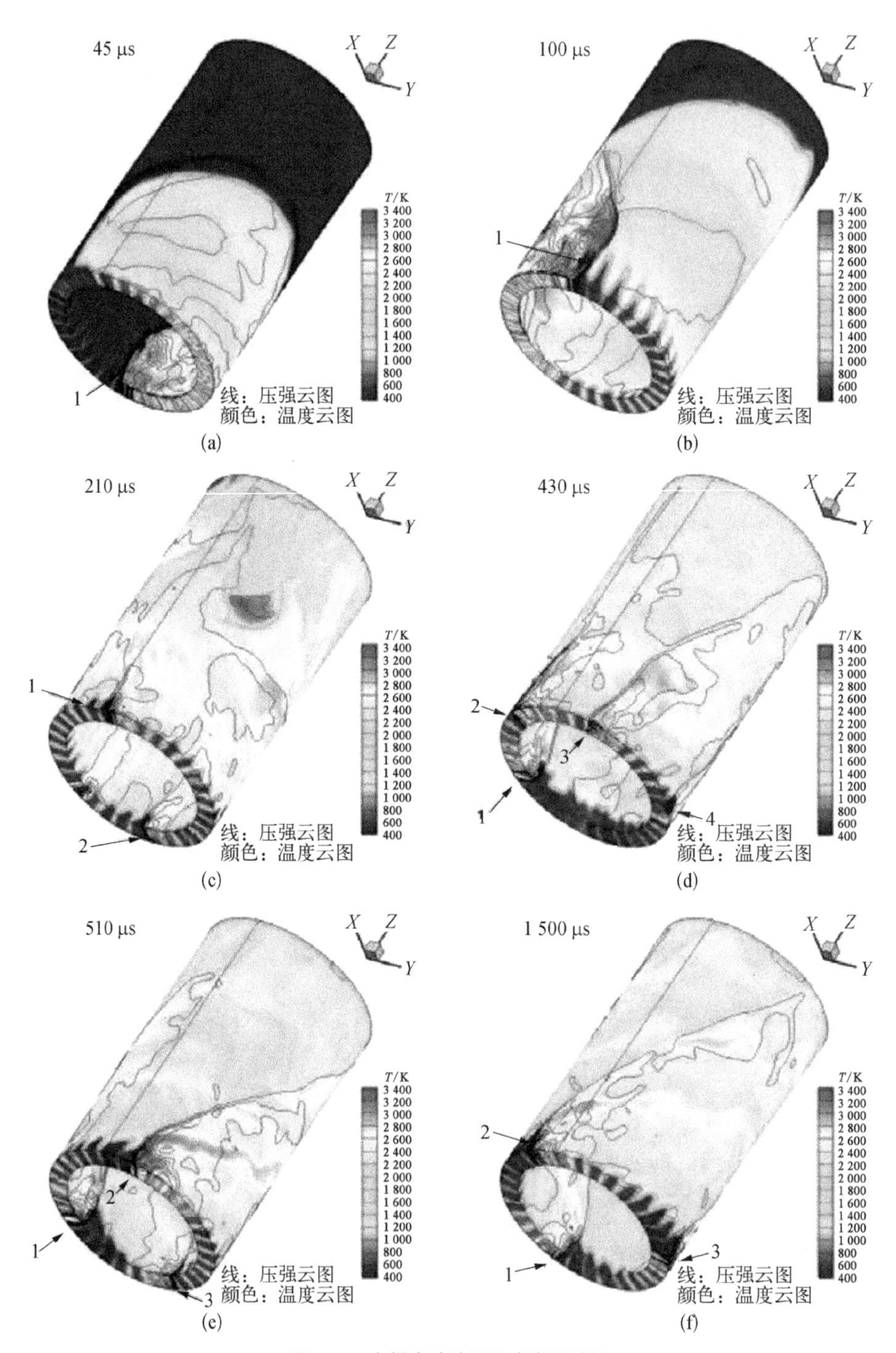

图 7.19 多爆轰波波面形成发展过程

注：其中间隔区域宽度为 2 mm，进气区域宽度为 6 mm，图中数字表示波面个数。

过整个燃烧室。由此可见当爆轰波面前方新鲜混合气体不足时，爆轰波将会熄灭，而当燃烧室进气壁面附近积聚了足够多的新鲜气体时，则又可能诱发爆炸而产生新的爆轰波。爆轰波波面的个数和方向持续变化。在 500 μs 之后，爆轰波收敛为三个逆时针方向传播的爆轰波面。从此之后，爆轰波的传播保持连续稳定。

图 7.20 显示的是 1 620 μs 时燃烧室内的三维温度等值面图。图中绿色部分为低温新鲜气体，红色部分为高温产物。为了更好地显示进气效果，进气固壁端边界条件的数据也加入图中。图中可以十分清楚地看到三个爆轰波面，新鲜气体在爆轰波经过之处无法喷入燃烧室，在爆轰波后方开始充入燃烧室。随着爆轰波的远去新鲜气体进入量增加，相邻的新鲜气体团膨胀后相连。

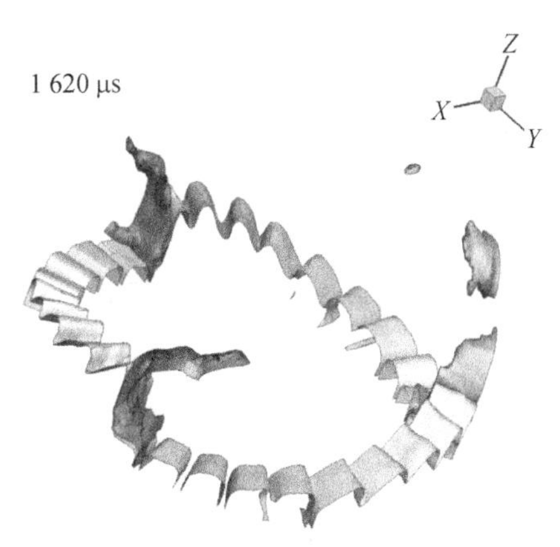

图 7.20 爆轰波稳定传播时三维温度等值面图

当进气区域宽度小于 6 mm 时，这时会有大量的间断区域分布在进气固壁端面上，因而点火后燃烧室内的新鲜气体充入量明显减少、压强降低，从而导致爆轰波的熄灭。维持稳定爆轰波的面积比临界值为 $\Delta = 75\%$。

(3) 当不透气的间隔为 3 mm 或更宽时，燃烧室内无法维持稳定的爆轰波。

7.2.5 倾斜带状进气

图 7.21 是倾斜带状进气的示意图。在这种进气条件下，间断的分布和半径之间存在一个固定夹角，使得固壁端表面进气区域在半径方向和圆周方向上都不连续。很显然，这样的进气方式会明显增加爆轰波前新鲜气体和燃烧产物的接触面积。爆轰波在不透气间断宽度小于 1.2 mm 时才能维持住稳定的爆轰，但此时进气面积比临界值可以低至 33%。可以预料，更多的燃料会在爆轰波到来前提前消耗，爆轰波会在传播过程中缺乏燃料。在图 7.22 中，新鲜气体膨胀并完全充满进气固壁端附近的空间，混合物会在被爆燃燃烧消耗前融合在一起。这会把燃烧产物挤向下游，同时也消除了在燃料气团内部发生爆炸产生新爆轰波的可能。

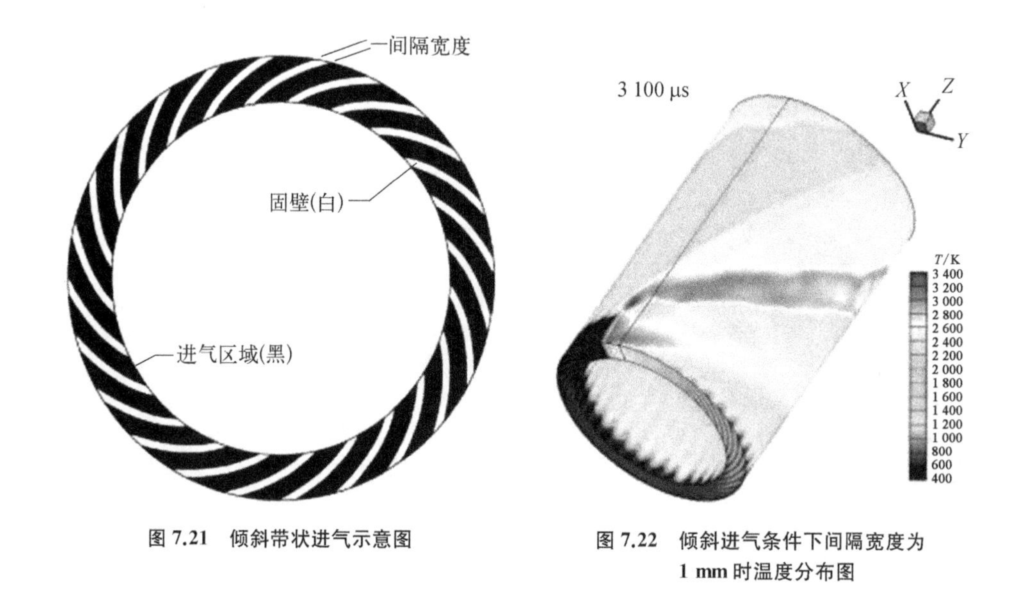

图 7.21 倾斜带状进气示意图

图 7.22 倾斜进气条件下间隔宽度为 1 mm 时温度分布图

7.2.6 讨论

当进气细缝或不透气间隔宽度大于 1 mm 时，最后形成的稳定爆轰波几乎不会是由起始点火的爆轰波维持下来的，而更可能是从自发爆炸中发展出来的。这说明只要有爆轰波或爆炸出现在燃烧室里，爆轰波就必然会出现并传播一段时间，但流场既可能是稳定的，也可能是不稳定的。由于新的爆轰波是从自发爆炸中演化而来的，因而连续爆轰发动机燃烧室里任何参数的变化都可能影响爆轰波波面的方向和个数。

在将倾斜带状进气与其他进气方式相互比较时，其燃烧产物和新鲜气体接触面的面积比其他方式都要大。这样使得燃料在接触面上消耗之后就无法维持爆轰燃烧了。这种进气方式只能在间隔的宽度小于 1 mm 时才能形成稳定爆轰，并且充入的新鲜燃料混合物扩张、融合并充满整个进气固壁面附近的空间，形成了与全面进气非常接近的流场。尽管进气间隔宽度比其他任何进气方式的都要窄，但是进气面积比却有可能降到尽可能低的值。这说明影响爆轰燃烧稳定性的首要因素，不是进气量或进气面积比，而是燃烧产物和新鲜气体的相互作用。如果充入的新鲜气体不会与燃烧产物混在一起，爆轰波的传播可以非常平顺稳定。正如前面所描述的，新鲜气体混合物的分布受两个因素影响：周围燃烧产物的阻碍和接触面上被燃烧产物提前引燃。这两个因素在不同的进气方式下影响效果是不同的。图7.23显示了在居中细缝进气和两侧细缝进气条件下爆轰波波面前的温度分布和流场的流线分布，这两种进气条件的进气面积比皆为$\Delta=77\%$。图中的截面是沿着半径截取的，截面上的温度分布显示了新鲜气体是如何进入并充满燃烧室的。在居中细缝进气条件下，流线显示在靠近内外壁夹角处的流场里燃烧产物的运动出现了涡。这在内外壁面附近的涡(图7.23(a)中数字1所指)阻碍了充入的新鲜气体的膨胀，并将其挤向下游。因而在进气壁面附近，新鲜气体顺着流线向下游运动，膨胀并不明显。在受到接触面上爆燃燃烧释放的热量加热之后，燃烧产物把新鲜气体推向爆轰波波面，如图7.23(a)中数字2所指。因此，新鲜气体的在截面上的分布区域呈波面形状。在两侧细缝进气条件下，新鲜气体充入燃烧室后运动的流线基本上是平行的，而新鲜气体区域的形状也基本上因接触面上爆燃燃烧的原因呈线性变窄分布。夹在中间的燃烧产物最初被爆轰波面推动，如图7.23(b)中数字3所指。燃烧产物只是在离进气壁面较远的下游受到了一些挤压，原因同样是中间的燃烧产物受到爆燃放热而膨胀，如图7.23(b)中数字4所指。如同图中深色区域所示，图7.23(a)居中细缝进气方式下的进气区域长度大约为30 mm，图7.23(b)两侧细缝进气方式下的进气区域长度约为27 mm。由此看来，居中细缝进气将更多的新鲜气体挤向了下游。

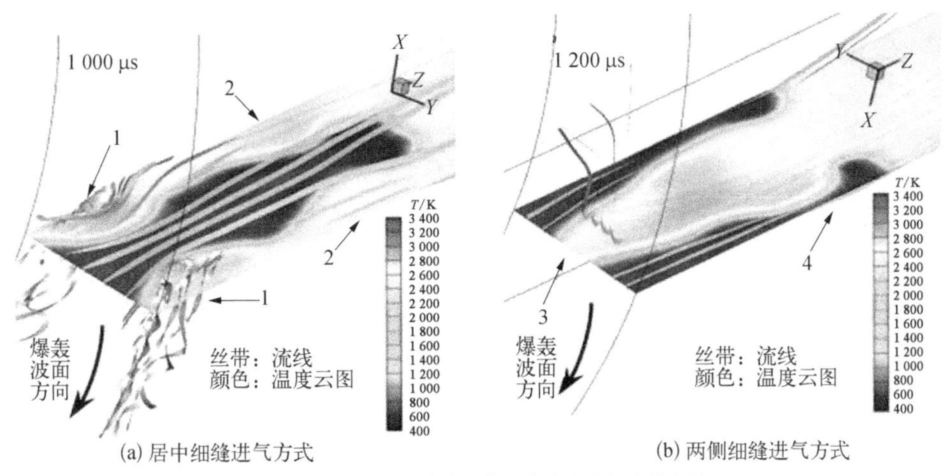

(a) 居中细缝进气方式　　(b) 两侧细缝进气方式

图7.23　爆轰波面前穿越截面的流线和温度分布图

燃烧产物和新鲜燃料的混合会从两种途径削弱爆轰波。第一，燃烧产物在爆轰波扫过时吸收其能量。爆轰波会提升燃烧产物的温度，但燃烧产物不会释放新的能量来维持爆轰波的继续传播。这使得爆轰波面局限在能够撞入新鲜气体混合物的空间中。第二,燃烧产物和新鲜气体的接触面上消耗了过多的燃料。增加进气面积比或减少接触面的面积将有利于提高爆轰波的稳定性。

连续爆轰发动机燃烧室内的爆轰波不稳定现象应该也被认为是发动机工作存在的正常现象。维持稳定爆轰波的进气面积比临界值要高于形成爆轰波进气面积比的临界值,换言之,不稳定的爆轰波并不一定会持续弱化并最后熄灭成为普通的爆燃波。连续爆轰发动机在爆轰波不稳定传播的条件下依然是可以工作的。

前面讨论的四种新型进气方式是通过对进气固壁面上边界条件的重新定义而区分开来的。这些边界条件的设置并不是为了展现实验中真实喷嘴的效果,而是用来讨论当进气区域不连续时爆轰波的传播会受到何种影响。此外,气流被设为沿轴线方向喷入燃烧室,这在真实的实验中也不是一个必要条件。

7.3 多波面自发形成过程

7.2.4 节中,放射间隔进气方式出现了实验研究中的多波面自发形成现象,而且仅有这种进气方式产生了这种现象。为了研究其产生机理,本节通过改变连续爆轰发动机进气的相关设置,探讨单处点火引发多个爆轰波面的原因。多波面自发形成现象产生的因素及其演化过程将被详细地描述和分析,一些有利于实验设计的建议也会在本节提出。

图 7.24 是燃烧室进气方式示意图。如图所示,燃烧室的基本结构为两个同轴圆柱面中间的腔体,爆轰波在其中传播。燃烧室内半径为 12 cm,外半径为13 cm,轴向长度为 12 cm。在本节数值模拟中,温度为 300 K 的混合气体从燃烧室左侧固壁面充入,固壁面在圆周方向上间隔着可进气的喷嘴区域和不能进气的固壁,即 7.2.4 节所定义的放射间隔进气。在离进气端不远处的燃烧室外表面上,还有两圈狭窄的细缝进气,混合气体通过细缝进入燃烧室。在文献[64]中,有燃烧室通过侧面进气的设计。侧面进气的混合气体与左端固壁面进气相比流量很小。混合气体在燃烧室经爆轰波充分燃烧后,从右端喷口排出。燃烧室出口环境条件为标准状态(STP)。

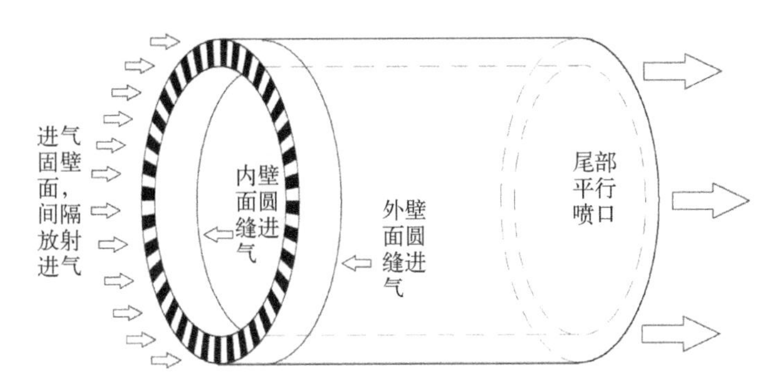

图 7.24 连续爆轰发动机燃烧室进气示意图

7.3.1 典型算例

图 7.25 为 950 μs 时典型算例中稳定传播的爆轰波的温度分布图。这个算例是所有算例中爆轰波传播最稳定的，其进气总压为 30 个大气压，进口固壁端固壁区域与进气区域按 2∶6∶3∶5 面积比交错排布，总计 128 个进气间断，内外壁细缝与固壁端同时进气。

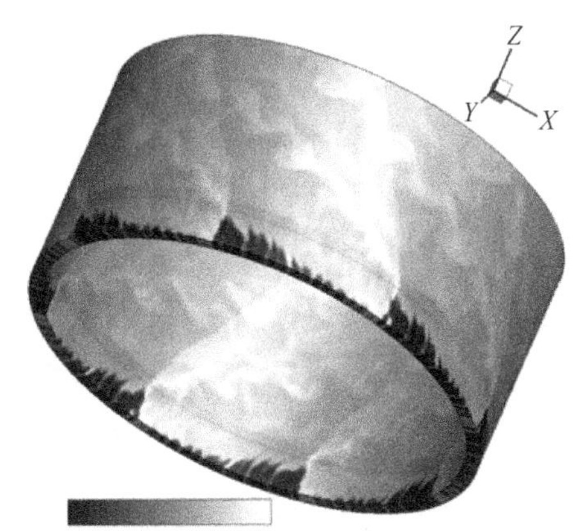

图 7.25 950 μs 时典型算例稳定传播的爆轰波温度分布图

点火方式为 C－J 爆轰波点火，将一维 C－J 爆轰波的数值结果沿圆周方向靠着进气固壁端导入燃烧室中。半径方向上从内壁扩展到外壁，轴线方向上从进气固壁端向下游扩展 2.5 cm。此 C－J 爆轰波的扩展区域为高温起爆区域，起爆区域之间的空间用温度为 300 K 的预混燃料填充。燃烧室内其他部分用温度为 300 K的燃烧产物填充。

在这个算例中，4 个完全相同的点火区域旋转对称地分布在进气固壁端，爆轰波点燃、传播并最终在燃烧室内发展成为 8 个爆轰波。爆轰波从点火到稳定燃烧的发展过程可以分为前期、中期和后期三个阶段。

1. 点火前期

点火前期为点火开始到燃烧室固壁端点火前混合气体基本燃烧殆尽为止。

在点火前期，将一维 C-J 爆轰波沿轴向和半径方向展开，模拟预爆轰管点火后爆轰波导入燃烧室的情况。点火区域之间用常温的预混气体填充，点火区域下游用常温已燃气体填充。图 7.26 是燃烧室外壁面的侧面图，显示了点火前期燃烧室内压强和温度的分布图。图中，进气固壁端位于底部，燃料从图下方向上充入到燃烧室，燃烧产物向上方运动，并从图上方燃烧室的喷口排出。在 0 μs 时，可以看到燃烧室内引入的一维 C-J 爆轰波，图 7.26(a)数字 1 所指的位置为爆轰波波面的位置，点火后初始爆轰波在图中自左向右传播。40 μs 时，压强分布图和温度分布图都清晰地显示了近似半圆形的状态轮廓。它们是以此点火区域为中心，发展和传播开来的。图 7.26(b)数字 2 所指的黑色低温区域为新充入的新鲜燃料混合物。可以看出虽然正向传播的爆轰波阻碍了新鲜气体的充入，但另一侧的进气并

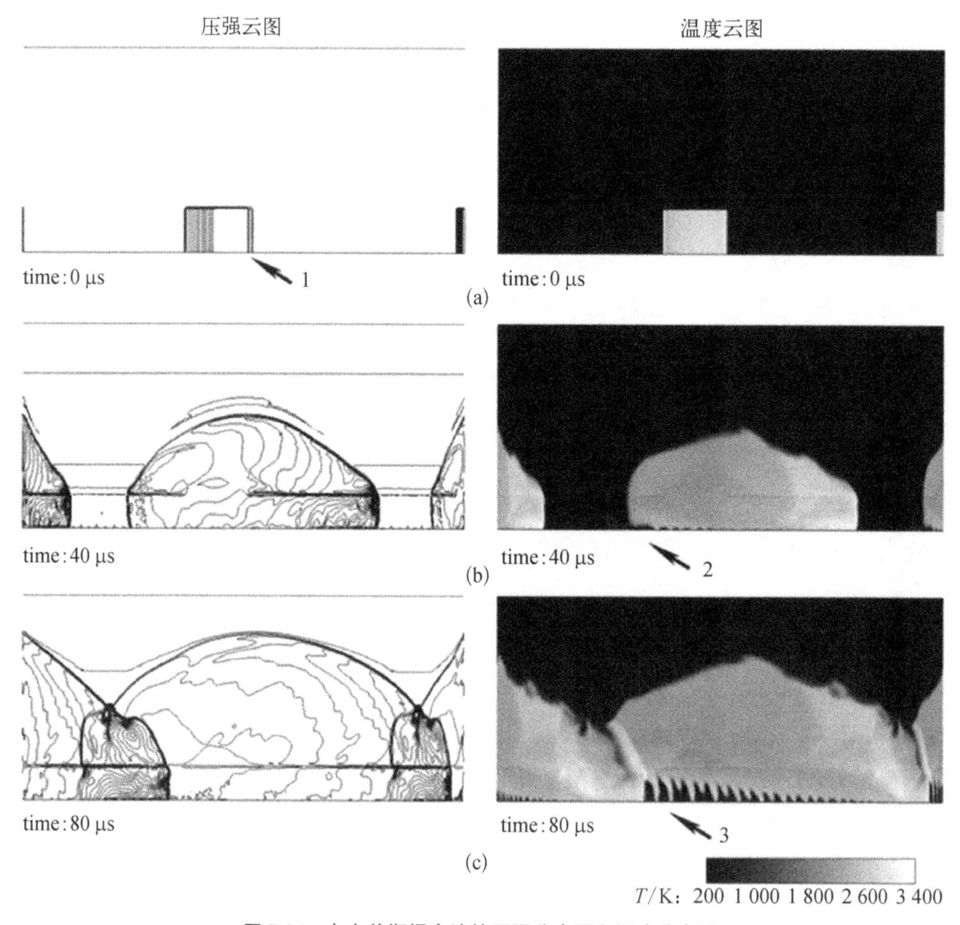

图 7.26 点火前期爆轰波的压强分布图和温度分布图

未受到影响。80 μs 时，图 7.26(c)数字 3 所指的区域显示有较为充分的新鲜气体充入，它没有被提前烧尽，将为其左侧的爆轰波面提供足够的能量。

在此阶段，C-J 爆轰波起爆的各个爆轰波面前端有充足的未燃气体，爆轰波可以维持并增强。初始爆轰波波面之间间隔合适，在其传播的过程中给新鲜气体充入燃烧室留足了时间，为下一阶段的发展奠定基础。点火区域爆轰波是向各个方向发展的，正向、反向都有压力波向四周传播。从图 7.26 中可以看出，正向传播的波面能量要远强于反向传播的波面，消耗燃料的速度也更快。这是后来多波面能单向稳定传播的基础。在这一阶段，没有新的爆轰波形成。

2. 点火中期

点火中期是以初始 C-J 爆轰波衰弱到基本消失为起始点，经过小爆轰波波面不断自发生成、熄灭，并最终达到相对稳定的过程。在此过程中，小爆轰波面的生成和熄灭会反复多次，小爆轰波的寿命取决于压力波的相互碰撞和新鲜气体在局部位置的充足程度。

图 7.27 显示的是新的爆轰波形成的过程，左侧为压强等值线图，右侧为温度分布图。新爆轰波的产生是点火中期最大的特点。数字 1 与数字 2 所指的两个压力波相对运动并产生碰撞，从图 7.27(a)的压强图来看，这两个压力波都相对很弱。数字 3 指向两个压力波相撞位置的附近区域。深色的部分显示有充分的新鲜气体聚集，并且数字 2 一侧的燃料要比数字 1 一侧的燃料更为丰富。图7.27(b)显示了两个压力波相撞后的情况。数字 4 所指的区域压强等值线十分密集，说明相撞后的压力波促使局部压强急剧升高。由于相撞位置位于新鲜气体之中，撞击引发爆炸。在图 7.27(c)中，数字 5 所指部分为新生成的爆轰波。这些诱发碰撞的压力波最开始源于点火时高温区域正向传播的爆轰波和反向传播的压力波。压力波碰撞诱发的每次爆炸都会成对增加新的压力波，继续向正反两个方向传播。这个过程如同链式反应，使得进气固壁端附近的压力波碰撞和爆炸迅速增加，因而可以产生更多的爆轰波。

点火中期爆轰波数量是不会始终上升的，在这一个过程中还会出现爆轰波退化并最后消失的过程。这个过程既可能是相对运动的爆轰波在碰撞后无法获得充足的燃料而衰减，也有可能是单个爆轰波在传播过程中由于前方燃料过于稀少而衰减。图 7.28 展示了点火中期爆轰波衰减的过程。与图 7.27 相同，图左侧为压强的等值线图，右侧为温度分布图。数字 1 所指的爆轰波是将在这一过程中衰

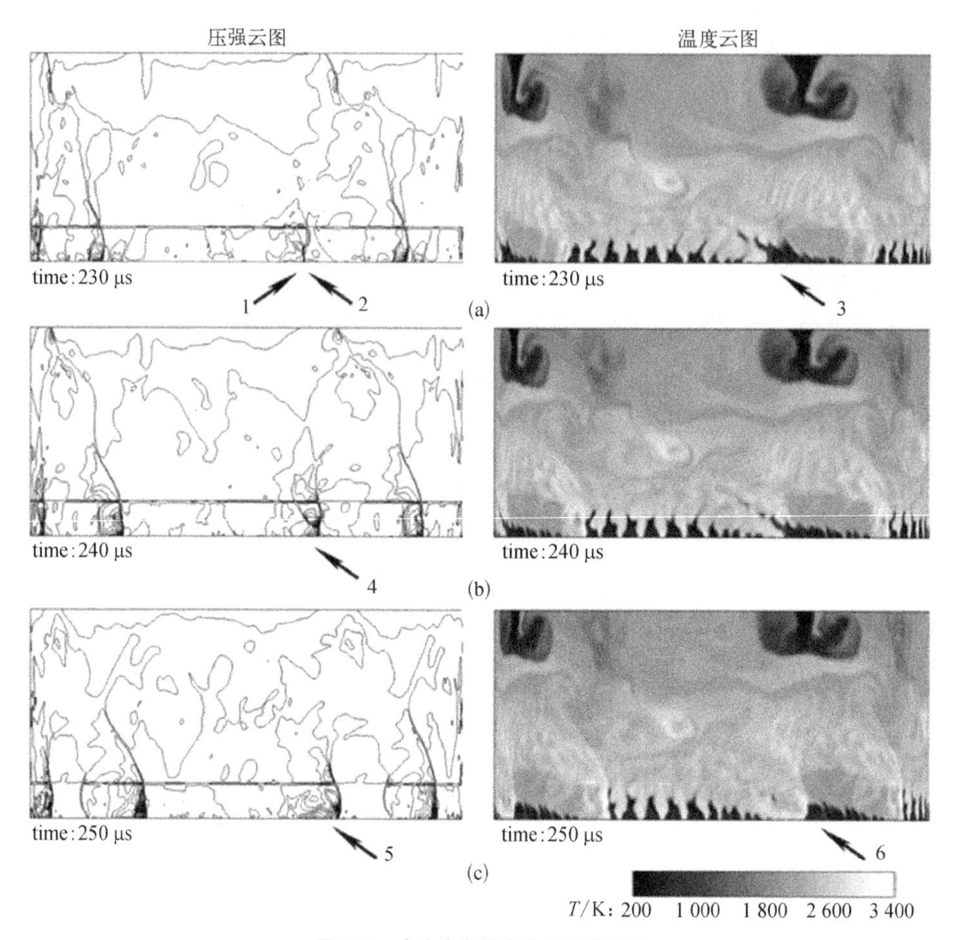

图 7.27 点火中期爆轰波的形成过程

弱的爆轰波。在图 7.28(a)中,数字 1 所指的部分可以看到密集的压强等值线,说明此时爆轰波的压强较高,能量较强;数字 2 所指的部分是爆轰波即将扫过的区域,可以看到这一部分代表新鲜气体的深色区域面积较小,形状成条状,没有相互连接。条形新鲜气团之间夹着的燃烧产物颜色较浅,说明充入的新鲜气体在这里消耗了很多,放出了许多热量。此时爆轰波通过这里就会出现燃料匮乏的情况。图 7.28(b)中数字 1 所指的爆轰波正在通过这一区域,从压强等值线来看爆轰波的能量已经衰减了很多。当爆轰波来到图 7.28(c)中数字 1 所指的位置时,压强等值线显示波面压强已经降低了很多;数字 3 所指的区域,压力波扫到新鲜燃料混合物气团但却无法将其快速燃烧,压力波面和燃烧面即将分离,爆轰波至此已经基本上退化为激波。

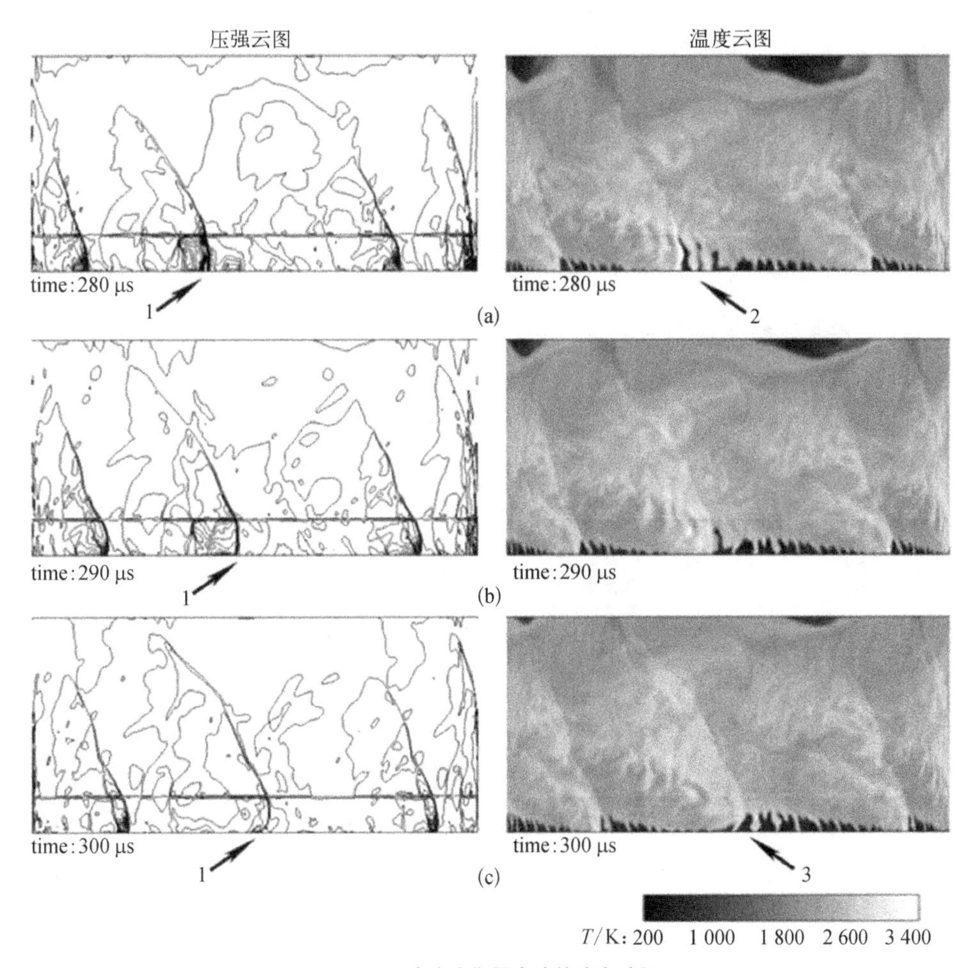

图 7.28 点火中期爆轰波的消失过程

在这个算例中，由于点火之初正、反两个方向压力波的能量不同，波后新鲜气体充入的速度也随之不同，从而造成气体充入的单向不均匀性，最终形成单向多波面现象。但是这并不是保证形成单向多个爆轰波传播的充要条件，后面将对此进行深入的讨论。

3. 点火后期

点火后期为单向多波面传播现象基本形成后，各个波面趋向稳定的过程。在这一阶段，不再有新的波面生成。每个波的尺寸和相互之间的距离也趋于稳定和均匀。由于一些燃烧产物已经排出燃烧室，并且也没有反向传播的爆轰波，爆轰波后区域的压强开始迅速下降。因此燃料流量开始上升，爆轰波的能量也随之逐渐增长。爆轰波波面后面的压强下降更为迅速，所以新鲜混合气体充入速度增快，爆轰波能量稳步增长。随着时间的推移，新充入的气体也更加容易连接并积聚成较大的气团。图 7.29 通过温度分布图展现了点火后期流场的演化过程。从 300～800 μs，爆轰波的个数没有增加，但是进气量和爆轰波波面尺寸都在增长，各个爆轰波形态趋于一致，爆轰波波面至下游的流场也更加规整。

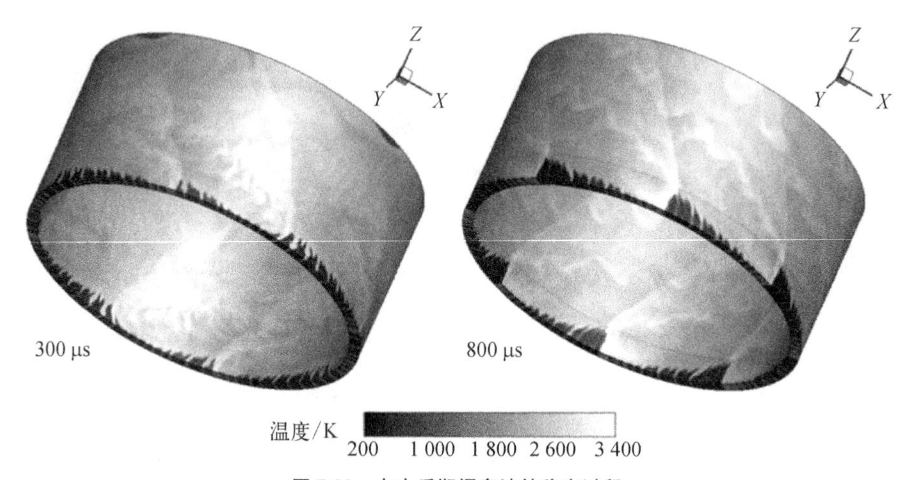

图 7.29 点火后期爆轰波的稳定过程

7.3.2 与传统数值模拟结果和实验结果的比较

为了使传统数值模拟方式与数值模拟方式的对比更加准确，两者使用同样的燃烧室、点火方式和进气参数，唯一的区别在于进气固壁面上没有进气间隔。为了记录燃烧室内的压强变化，在外壁面上距离进气固壁面 10 mm 位置处设立了一个数据采集点来记录压强，这也是真实实验中经常使用的记录手段和采集位置。图 7.30(b)是传统数值模拟的压强随时间变化的曲线图，可以看到各个爆轰波波峰形状一致，曲线较为光滑。而在图 7.30(b)的典型算例中，各个爆轰波波峰的高度有明显差异，由于此时爆轰波的传播已经基本稳定，爆轰波的尺寸也相对固定，所以波峰的差异并不代表爆轰波的大小的区别，而是说明爆轰波波面上压强的大小处在动态变化中，爆轰波波面的峰值在波面上也在不停移动。在图7.30(a)中，数字 1 所指的细小波峰在图 7.30(b)中基本上无法找出。这个细小的尖峰记录的是爆轰波波面与进气固壁端接触位置产生的爆炸向下游传播的压力波，

图 7.31(a)中数字 1 所指的位置即爆炸点。而在图 7.31(b)显示的传统数值模拟的结果中,爆轰波面十分均匀,没有爆炸现象。图 7.31(a)中这种爆炸是由于爆轰波波面压强不稳定,当波面压强较低部分接触到新鲜气体时,不能立即将所有的新鲜气体引燃,爆轰波面扫过后,燃烧产物和积聚的新鲜气体相互作用并被加热,诱发爆炸。曲线中小波峰与爆轰波峰存在一定滞后距离,这是由测量点的位置造成的,测量位置距进气固壁端越远,延后时间越长。而且在图 7.30 中可以看到,3 850 μs 时爆轰波的波峰最高,而其后的爆炸小波峰则最低,这也说明小波峰的产生与爆轰波面新鲜气体燃烧不完全相关。在传统数值模拟的结果中没有这个尖峰,也没有这种爆炸,新鲜气体完全被爆轰波面消耗。

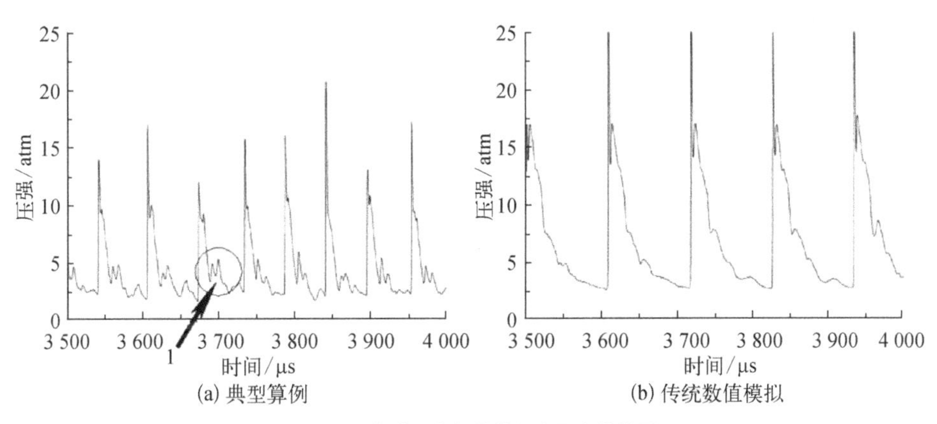

图 7.30　外壁面上记录的压力历史曲线图

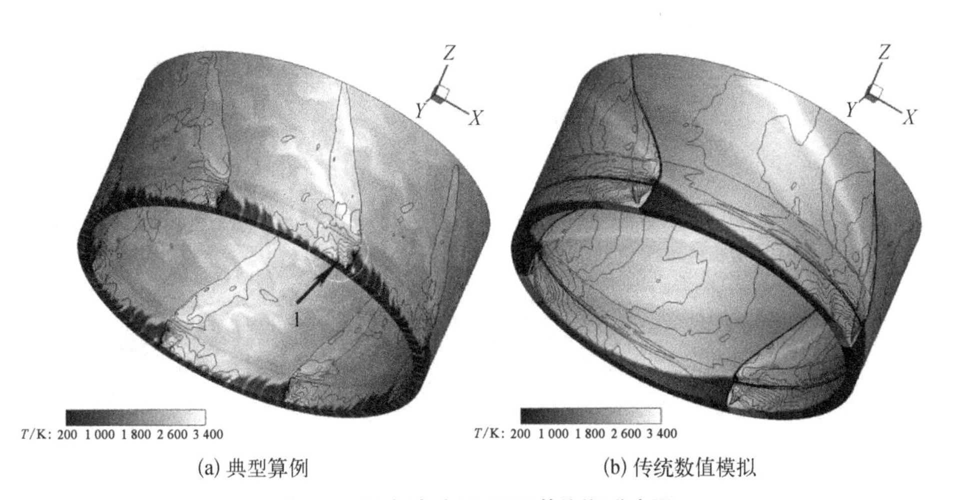

图 7.31　温度(灰度)和压强(等值线)分布图

图 7.32 是 Kindracki 等[41]实验中记录的一组压强信号曲线。其实验装置使用的燃料和本章数值模拟中的典型算例中的条件是不同的，但是压强曲线体现出类似的特征。例如，各个爆轰波波峰的高度并不完全一致，在 0.030 1～0.030 5 s 附近的爆轰波波峰比较高，波后压强下降的曲线比较光滑，而0.030 8～0.031 0 s 的两个爆轰波波峰峰值较低，波后下降的曲线有明显的振动，其形态和位置与典型算例中的爆炸小波峰十分接近。这说明数值模拟中的现象是有实验依据的，这种数值方法具有较高的可信度。

图 7.33 是在外壁面上记录的整个压强历史曲线。图 7.33(a)为典型算例的数值模拟结果，图 7.33(b)为 Kindracki 等[41]的实验数据。图中圆圈内包含的曲线

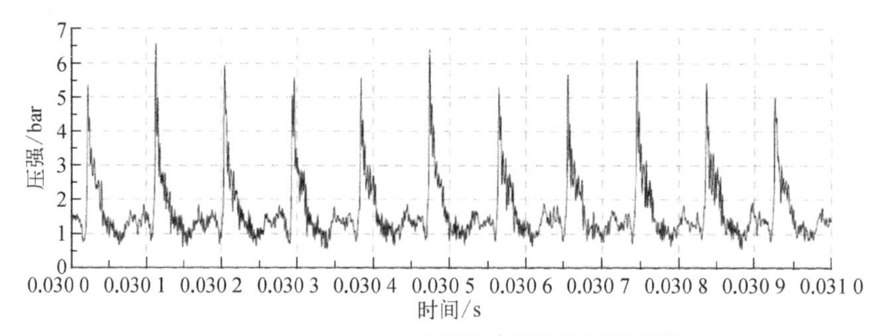

图 7.32 Kindracki 等[41]实验中记录的压强曲线

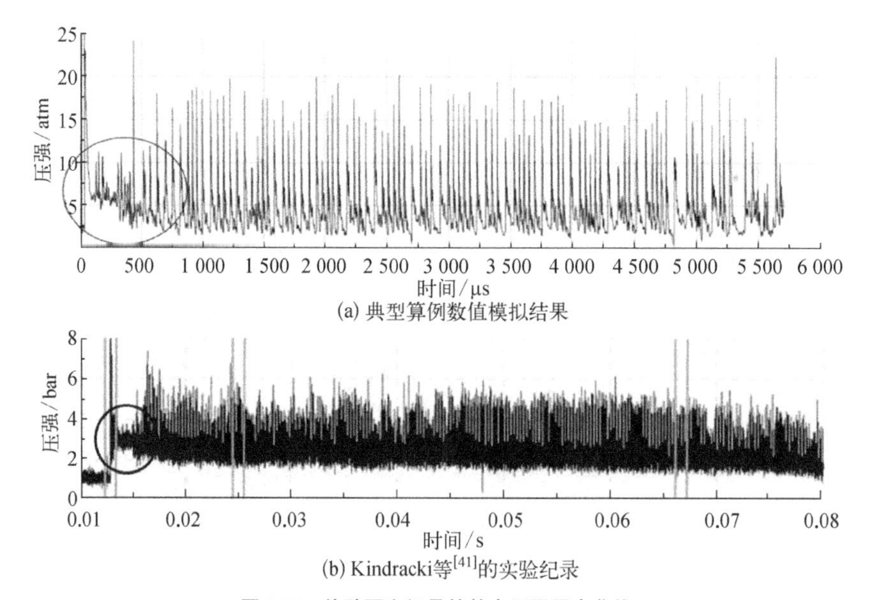

(a) 典型算例数值模拟结果

(b) Kindracki等[41]的实验纪录

图 7.33 外壁面上记录的整个压强历史曲线

具有相同的特征。这两段曲线都是紧接在点火的爆轰波之后，与其后稳定状态的曲线相比，此段曲线范围内并没有高的尖峰，但与此同时，此段曲线中压强的最低值却比稳定状态时压强的最低值要高出不少。这一段曲线所对应的主要是前面所讨论的点火中期阶段，说明数值模拟与实验在爆轰波点火后的形成过程中具有相同的性质。

除了这个典型算例，还对在其他条件下同尺寸燃烧室进行了计算，绝大部分算例都不能形成稳定的单向爆轰波。表 7.2 为部分测试结果，由于在基准算例中内外壁面的环形进气并未对流场产生太大影响，下面算例中均没有使用内外壁进气条件。

表 7.2　算例条件及结果

固壁与进气区域面积比	进气总压/atm	点火个数	基本稳定时波面个数	多波面传播方向与点火波面比较	最后能否形成稳定爆轰波燃烧
1∶1	10	4			不能形成爆轰
3∶5	10	4			不能形成爆轰
3∶5	15	4			不能形成爆轰
3∶5	20	4	12	正反向皆有	形成非稳定爆轰
3∶5	30	4	12	正反向皆有	形成非稳定爆轰
1∶3	5	4			不能形成爆轰
1∶3	10	4	3	反向	形成非稳定爆轰
1∶3	20	1	2	同向	形成非稳定爆轰
1∶3	20	4			不能形成爆轰
1∶3	30	4	9	正反向皆有	形成非稳定爆轰
2∶6∶3∶5	30	4(点火区域加长 10%)	8	反向	形成非稳定爆轰
2∶6∶3∶5*	30	4	9	反向	形成稳定爆轰

* 扩充进气间隔至 160 个。

表 7.2 中“2∶6∶3∶5”表示固壁面上不透气间隔和进气区域的布局按照宽度为 2 的不透气间隔、宽度为 6 的进气区域、宽度为 3 的不透气间隔、宽度为 6 的进气区域循环分布。“不能形成稳定爆轰”表示燃烧室内可以清楚地看到爆轰波沿壁面旋转传播的现象，但是这些爆轰波往往大小差别相对较大、传播方向也不固

定、爆轰波在传播几百微秒之后依然出现爆轰波相对碰撞而衰减再重生的现象。图 7.34 就是非稳定爆轰算例与稳定爆轰算例的流场对比。

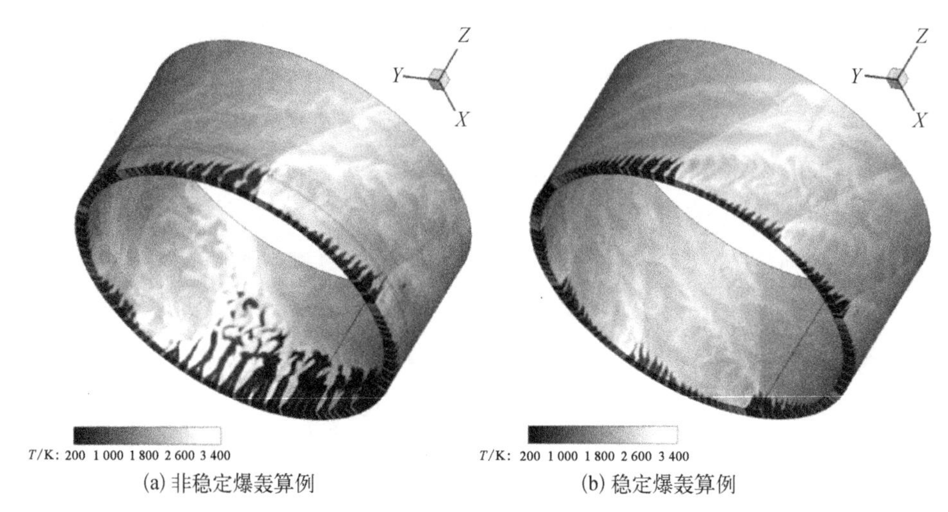

(a) 非稳定爆轰算例　　(b) 稳定爆轰算例

图 7.34　燃烧室温度等值面图对比

表 7.2 中超过半数的算例最终以不能形成爆轰结束。造成这个结果的主要原因是进气总压过低，导致燃料充入量过少，不能维持爆轰波的传播。然而这些算例中的条件在传统的数值模拟中是可以形成爆轰的。剩下的算例中，绝大多数算例最后可以形成不稳定的爆轰波传播现象，但是无法看出进气条件对爆轰波波面个数和传播方向的影响。

7.3.3　多波面现象的分析

（1）固壁端间隔进气的方式能够很好地体现多波面产生的过程。以上大部分例子点火后都出现了多波面的现象。与传统的均匀进气方式相比，在点火中期阶段，新鲜气体充入燃烧室时分布的不连续性使得爆轰波的传播必须通过燃烧产物，减弱了爆轰波的能量，甚至会使压强面和燃烧面分离。这使得燃料在被爆轰波扫过后不能及时烧尽，为压力波相互碰撞起爆，创造了条件。同时，低温新鲜混合气体中间混杂的高温已燃产物提升了混合物的能量，使得相对较弱的压力波经过时，也能诱发爆炸，产生新的爆轰波面。将进气间隔进行疏密交替搭配，可以同时起到既加入高温产物诱发新的爆炸，又不会使高温产物积聚过多削弱爆轰波的能量。

(2) 多波面现象产生的根本在于燃烧产物对爆轰波传播的干扰，因此其他对爆轰波传播有干扰作用的问题也可能会造成真实实验的多波面现象。在数值模拟中，新鲜燃料混合物与燃烧产物混杂在一起，而在实验中，燃料混合物不仅可能会同燃烧产物混杂在一起，其本身的氧化剂和燃料的混合也可能不均匀，因此实验中的多波面现象也可能意味着燃烧室内燃料与氧化物混合程度不够高。

(3) 固壁面上进气面积比和间隔的尺寸需要小心选取。2∶6∶3∶5 的面积比虽然能达到最稳定的计算结果，但这个比例的选取完全是试算出来的。使用这个比例不仅可以避免初始点火爆轰波衰减过快，也可以减少新爆轰波的生成。由于数值模拟使用的是预混气体，这种比例或间隔的分布方式并不能成为实验设备的最佳设计方案。

(4) 提高进气面积或进气总压可以提升燃料流量，有利于多波面爆轰波的形成。进气总压的提高还可以增加爆轰波波面的压强。这能增加小爆轰波的能量，延长其寿命。

(5) 以上算例中进气面积、间隔个数、点火个数、侧面进气等条件的细微变化都可能造成最终爆轰波波面数量和方向的变化。这说明多波面现象体现了燃烧室点火初期的燃烧不稳定性，在实验中保证连续爆轰发动机的点火可靠性难度较大。但是算例同时体现出，不稳定的爆轰燃烧也是可以持续的，它不会退化成普通燃烧。因此稳定的爆轰燃烧和不稳定的爆轰燃烧都应该是连续爆轰发动机的正常工作状态，而且这两种状态在实际工作中可能会相互转变。

(6) 本节的三维数值模拟使用的是不含黏性的欧拉方程。欧拉方程对爆轰波的模拟是足够精确的，但是在从爆燃波向爆轰波转变的过程中，黏性乃至湍流的影响不能轻易忽略。本章的数值模拟中波面自发形成的过程若考虑到黏性和湍流的作用，流场的变化可能会出现不同，燃烧的不稳定性可能会更加复杂。

第8章 空心圆筒燃烧室

本书第1～7章介绍的连续爆轰发动机主要基于同轴圆环腔燃烧室模型。本章介绍的是本书作者王健平首次在国际上提出的一种全新的连续爆轰发动机燃烧室模型——空心圆筒(无内柱)燃烧室(cylindrical or hollow combustor)。其主要设计思想是去除燃烧室的内柱,避免连续爆轰发动机在工作时面临的严重烧蚀问题。本章的主要内容是通过数值模拟对这一新模型开展一系列的分析[163],目前课题组已经通过实验成功地在空心圆筒燃烧室中实现连续爆轰[51]。

8.1 新模型的提出

如前所述,近十年关于连续爆轰发动机的研究在各国飞速展开并已有若干国家在实验和数值方面有了较好的成果。尽管目前连续爆轰发动机还没有达到实际应用水平,不过可预见,在不久的将来,具备诸多优点的连续爆轰发动机将在航空航天推进方面扮演越来越重要的角色。

空心圆筒燃烧室这一全新模型提出的背景因素有:一是近些年工程界对于大推力及高性能推力的迫切需求使得发动机界开始将目光转向爆轰发动机,并逐渐将目光聚焦于连续爆轰发动机这一爆轰推进装置,展开了越来越多的分析和研究;二是考虑到目前连续爆轰发动机的物理模型是有内柱燃烧室模型,内部燃烧腔为环形,内壁面要受到较高热负荷;三是学术界对爆轰的研究的积累使得越来越多爆轰的特性逐渐被认识,特别是关于空心管内螺旋爆轰波(spinning detonation)的研究,启发了在无内柱燃烧室中实现连续旋转爆轰的可能性。目前连续爆轰发动机研究中广泛使用的同轴圆环腔模型如图 8.1 所示。从实验和数值模拟方面都已经证实了这一模型的可行性,其爆轰流场分布如图 8.2 所示。在本章接下来的介绍中有时也将空心圆筒模型直接称为无内柱模型,以便与有内柱的同轴圆环腔模型进行对比和分析。

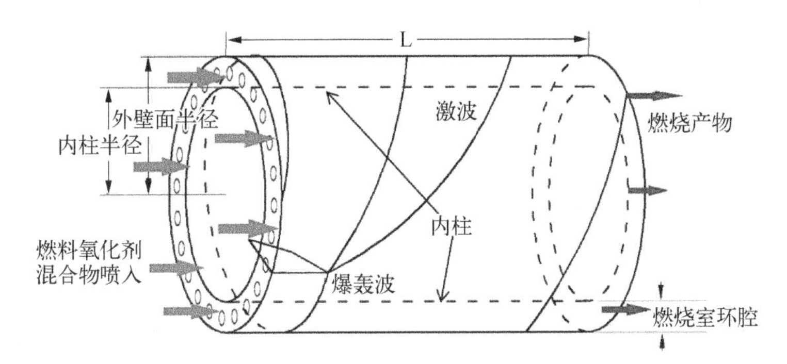

图 8.1 经典的同轴圆环腔连续爆轰发动机模型

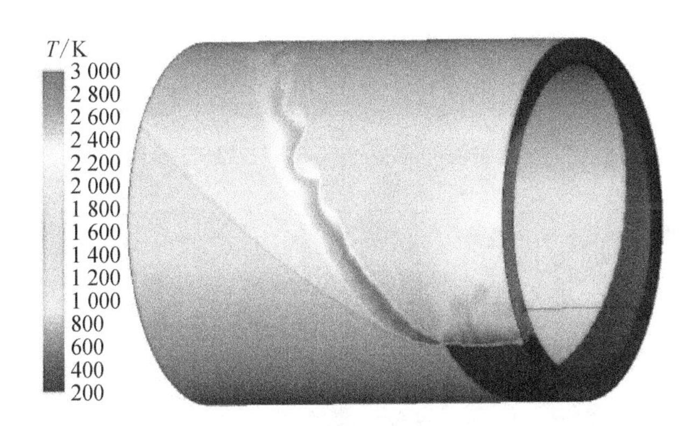

图 8.2 同轴圆环腔连续爆轰发动机模型内爆轰波三维流场分布

由于温度高达 3 000 K 的爆轰波的高频率旋转,其热负荷问题在连续爆轰发动机研究之初已引起关注并有相关研究。对于氢/氧混合气燃料,这个模型的连续爆轰发动机中热流量可以达到 12～17 MW/m^2。由于连续传播的爆轰波的高温特性,连续爆轰发动机燃烧室在工作过程中承受着严苛的热考验。目前对同轴圆环连续爆轰发动机的研究中,圆环腔的厚度一直作为一个变量来处理,其具体参数并没有一个固定参考。在数值模拟中,腔的厚度大幅调节之后,燃烧室内爆轰波仍可以连续稳定地传播。在实验中,在一定的范围内,腔的厚度也是可调的。与此同时,关于爆轰波的另外一个经典传播问题螺旋爆轰(图 8.3)[164]也给出启发,即没有内壁面时,爆轰波在空心管内螺旋式连续稳定传播。尽管二者有明显区别,但是其显示的爆轰波旋转传播特性,使得无内柱的连续爆轰发动机成为可能(图 8.4)。螺旋是圆管内静止预混气中爆轰波沿轴向螺旋式向前传播;而连续爆轰是从燃烧室顶端连续进气,爆轰波沿轴向驻定,周向旋转传播。考虑到连续爆轰发动机在实际应用中长期连续工作可能出现的热烧蚀问题以及以上的启发,作者提出了一个新的模型,即空心圆筒燃烧室模型。为了实现爆轰波在外环沿圆周方向传播,进气壁面设定为外环部分进气,中心部分不进气。如图 8.5 所

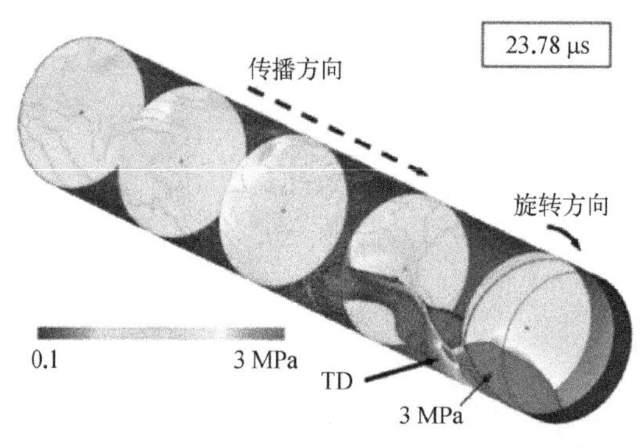

图 8.3 空心管内 Spinning detonation 三维流场分布[164]

图 8.4 同轴圆环腔连续爆轰发动机→空心圆筒连续爆轰发动机

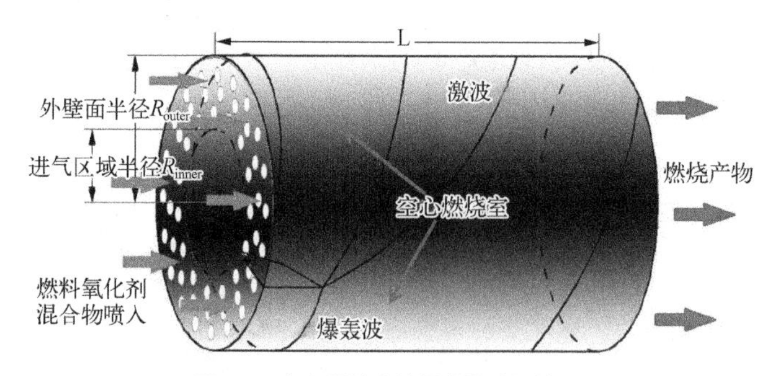

图 8.5 空心圆筒连续爆轰发动机模型

示，进气端$R_{\text{inner}}<r<R_{\text{outer}}$为进气区域，$r<R_{\text{inner}}$区域为固壁面，无可燃气喷入。控制方程仍然为广义坐标下的三维欧拉方程。

8.2 网格

在关于连续爆轰发动机有内柱模型的模拟中，由于模拟区域为圆环形，网格一般取贴体网格。结合圆柱坐标或者广义坐标即可进行模拟。在对无内柱模型进行模拟时，由于物理区域为整个圆筒，以上网格方法在圆轴处出现奇异点问题。对于这一问题，Tsuboi 等[164]在模拟空心管内螺旋爆轰时，直接运用了贴体网格并在轴线处进行简单的线性插值处理，用四周的点插值并赋值给奇异点以避免奇异性。据他们的描述，这一操作简单并且有效，并没有产生数值不稳定性。图 8.6 所示为他们所使用的网格。他们使用详细化学反应模型，计算域尺度为毫米量级。这一模型允许较大范围的网格变化。在本章研究中，如前所述，受限于较大的物理尺寸，反应源项采用总包化学反应模型，对网格要求相对较高。为解决奇异点这一问题，同时要求网格大小较均匀，本章的研究采用两套网格互相嵌套的方式进行。在网格交错处采用一定的信息传递法则进行数据的交换。嵌套网格如图 8.7 所示。两套子网格物理分界半径为R_{mesh}。外环为辐射子网格，径向和周向平均网格尺寸为 0.05 mm。内部为正交子网格，网格尺寸为 0.05 mm。在轴向两套子网格尺寸均为 0.05 mm。嵌套网格(embedded partition grid)是一种常见的网格技术[165]。其在工程计算中具有广泛的应用，尤其是对于物理尺度差别

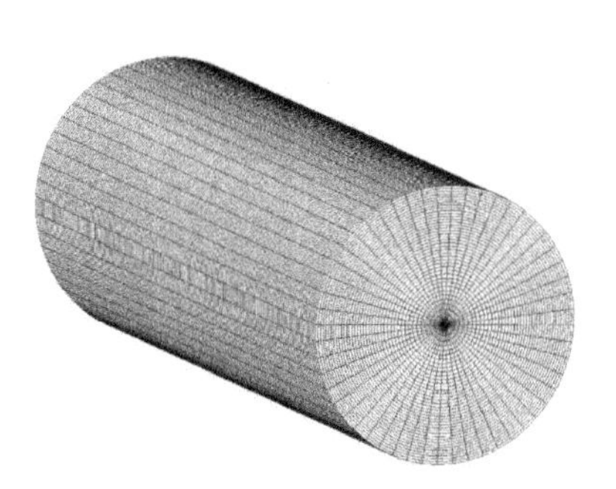

图 8.6 Tsuboi 等[164]在计算空心管内 Spinning detonation 时所使用的网格

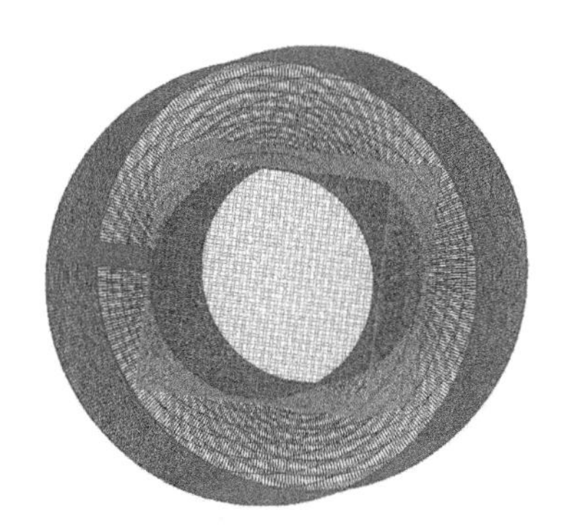

图 8.7 嵌套网格子网格示意图

较大的问题。例如，计算复杂机翼外场时，要求在机翼附近有较细致的网格而在较远外场网格可以较粗，这时需要用嵌套网格来解决。要将子网格作为单独的整体计算，就需要建立子网格的嵌套边界条件。流场计算时子网格求解过程中必须满足此边界上的边界条件：相邻域的解(流场参数)通过此边界时必须匹配。这可通过插值方法来实现。Mastin 等[166]研究了在重叠区域中插值的有关计算问题。他们证明了在二维问题中，双线性插值优于泰勒级数展开。当高阶导数的解不太重要时，他们还发现，在两个子网格的大小是同量级的情况下，通过两个网格单元的重叠，足以精确地得到插值结果。同样，在三维情况下使用三维线性插值也有这方面的优点。这种方法的另一个优点是在插值时所需要的重叠区仅为 2～3 个网格单元。由于子网格轴向大小保持一致，子网格信息传递可视为仅在周向和径向二维尺度内进行。同时，由于网格交错区网格尺寸很接近，我们采用简单的线性插值方法。即反距离加权插值法。这种方法又称为 Shepard 法，其插值原理是将待插值点邻域内已知散乱点的属性值进行加权平均，权的大小与待插点的邻域内散乱点之间的距离有关，是距离 k 次方的倒数($0 \leqslant k \leqslant 2$，$k$ 一般取值为 2)。反距离加权插值法假设一点的属性值是在局部邻域内所有数据点的距离加权平均值，可以采用确切的或者圆滑的方式插值。当计算一个待插点时，给予一个特定数据点的权值，该权值与待插点到已知散乱点的距离倒数成比例，给每个已知散乱点配给一个权重，所有权重的总和等于 1.0。当一个已知散乱点与一个待插点重合时，该已知散乱点被给予一个实际为 1.0 的权重，所有其他已知散乱点被给予一个几乎为 0 的权重[167, 168]。

计算物理模型尺寸为厘米量级，主要的算例中设置 $R_{\text{inner}} = 3$ cm，$R_{\text{outer}} = 6$ cm，轴向长度 L 为 7.8 cm，R_{mesh}设置为 3 cm。由于要采用 MPI 并行，我们将整个计算模型分成 32 个计算区块，周向分为 4 块，轴向分为 8 块，如图 8.8 所示。每个计算

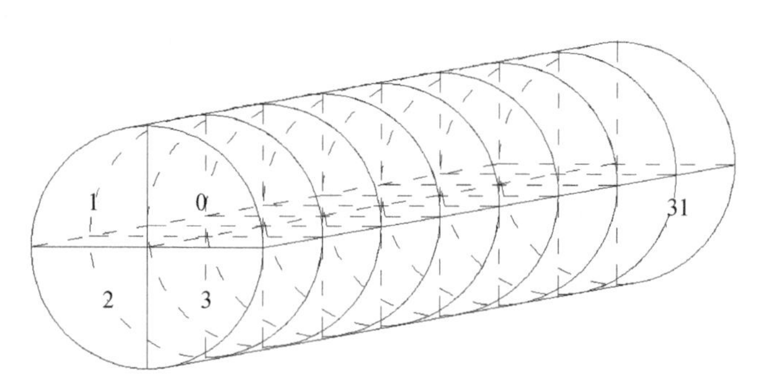

图 8.8 网格分块示意图

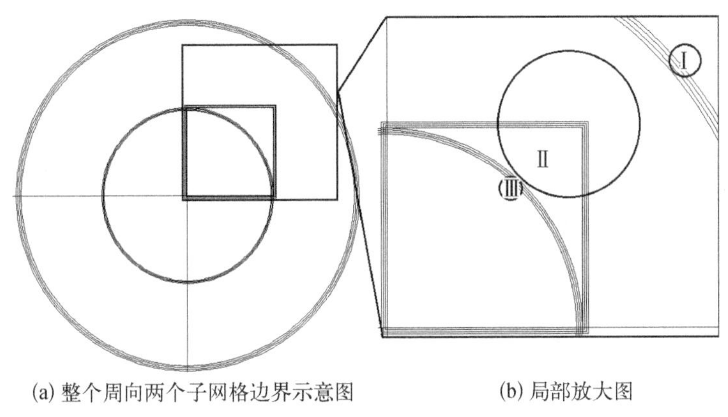

(a) 整个周向两个子网格边界示意图　　(b) 局部放大图

图 8.9　交错区域子网格边界示意图

区块均有外侧辐射子网格和内侧的正交子网格。前者每块有 67(r 方向)×150 (θ 方向)×26(z 方向)个网格点,后者每块有 67(x 方向)×150(y 方向)×26 (z 方向)个网格点。

图 8.9 所示为嵌套网格交错区域子网格边界示意图。图 8.9(a)为整个周向两个子网格边界示意图。图8.9(b) 为图 8.9(a)的局部放大。由于使用五阶 MPWENO 差分格式需要三层辅助网格,在辐射子网格外边界Ⅰ直接设置三层虚拟网格并设置壁面反射条件。在其边界Ⅲ,向正交子网格获取信息作为边界条件。在正交子网格的外边界Ⅱ,则从辐射子网格获取信息作为边界条件,具体如图 8.10 所示。每个迭代步对图 8.9 所示的Ⅱ和Ⅲ区域进行以上的子网格间插值信息交换。结果表明以上的插值方法虽然简单,但是能获得平滑的流场且不引起数值不稳定性。插值方法有很多种,如多项式内插、样条函数、加权平均值法、双线性内插、拟合多项式、样条函数内插、多层叠加面内插、最小二乘配置法内插、逐点内插、移动拟合法、基于径向基函数的插值方法等,从简单到复杂有一系列理论。在稍复杂的网格里,插值方法的选择也是一个需要慎重考虑和研究的方向。

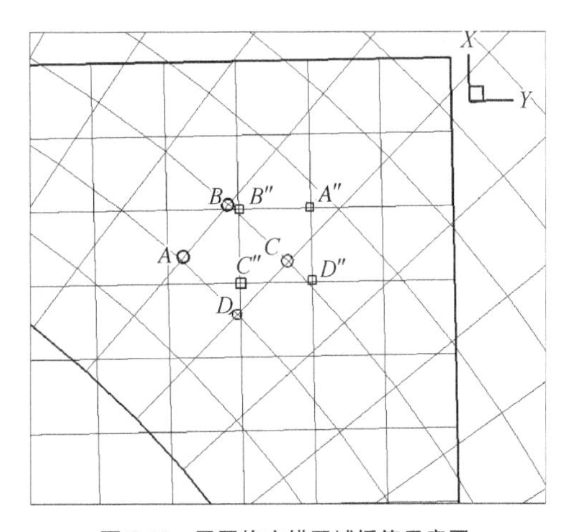

图 8.10　子网格交错区域插值示意图

8.3 流场

数值模拟算例设置如表 8.1 所示。算例 1～算例 4 为空心圆筒连续爆轰发动机模型的模拟，其中物理模型尺寸成比例地增加，半径 R_{outer} 分别为 6 cm、8 cm、10 cm 和 12 cm，相应的长度 L 为 8 cm、10.67 cm、13.3 cm 和 16 cm。算例 5、算例 6 模拟对象则为有内柱连续爆轰发动机，以便与无内柱的空心圆筒连续爆轰发动机的流场进行对比分析。其中算例 5 为厚腔同轴圆筒，算例 6 为薄腔。算例 1′和算例 3′为两个验证算例。算例 1′调整了 R_{mesh} 即嵌套网格子网格分界的参数，以便核验子网格的数值表现；算例 3′则调整了整个嵌套网格的网格尺寸进行三维的网格收敛性验证。计算的初始条件和边界条件如图 8.11 所示。

表 8.1 数值模拟算例

	模　型	R_{outer}/cm	R_{inner}/cm	L/cm	R_{mesh}/cm	网格/mm
算例 1	空心圆筒	6	3	8	3	0.5
算例 1′	空心圆筒	6	3	8	2.5	0.5
算例 2	空心圆筒	8	4	10.67	4	0.5
算例 3	空心圆筒	10	5	13.3	5	0.5
算例 3′	空心圆筒	10	5	13.3	5	0.7
算例 4	空心圆筒	12	6	16	6	0.6
算例 5	同轴圆环腔	6	3	8		
算例 6	同轴圆环腔	6	5.2	8		

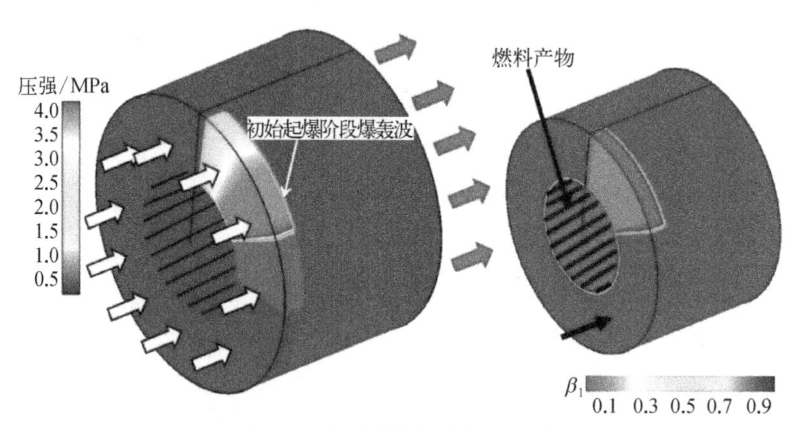

图 8.11 数值模拟的初始和边界条件

8.3.1 爆轰波稳定过程

图 8.12 所示为 $t=180\ \mu s$、$240\ \mu s$、$400\ \mu s$ 和 $1\ 360\ \mu s$ 时算例 1 在 $r=R_{outer}$ 径向截面的压强和组分分布耦合图。线条表示压强等值线，深色区域代表可燃气，浅色区域代表燃烧产物。按照模型设定，预混气从图中的下端喷入，产物从上端流出。起爆之后，爆轰波周向传播并耗尽扫过的可燃气，使之完成能量释放，转化为高温工质并向下游喷流。同时，爆轰波扫过之后，压强下降使得供气系统的新鲜可燃气可以喷入燃烧室以积累并预备供给下一个将要扫过的爆轰波。离爆轰波距离越远的位置，压强降得越低，越多的新鲜可燃气可以喷入并且也积累了更多的可燃气。如果积累的可燃气足够多，可以很好地支持将要扫过的爆轰波，例如，图 8.12(a)中的波 3 和图 8.12(b)中的波 7。反之，如果积累的可燃气不足够支持将要扫过的爆轰波，如图 8.12(a)中的波 4 和图 8.12(b) 中的波 5，则爆轰波将衰减。若像图 8.12(a)中的波 1、波 2，图 8.12(b)中的波 6，两个爆轰波相向而行，则爆轰波将碰撞、耗尽在它们前面的可燃气，然后消失。若及时遇到可燃气支持其热点，则爆轰波有可能重新生成。关于爆轰波湮灭和重新发生的更详细分析和模拟，可参考文献[139]。燃烧室内的波系在初始阶段一直进行着上述的稳定化过程，并逐渐趋于稳定。稳定的关键是爆轰波与其前方积累的可燃气的恰当关系。二者大小、位置等均要很好匹配，才能使整个流场动态稳定。最终两个稳定且近似对称的爆轰波面形成并稳定，此时流场内各项特性包括频率、

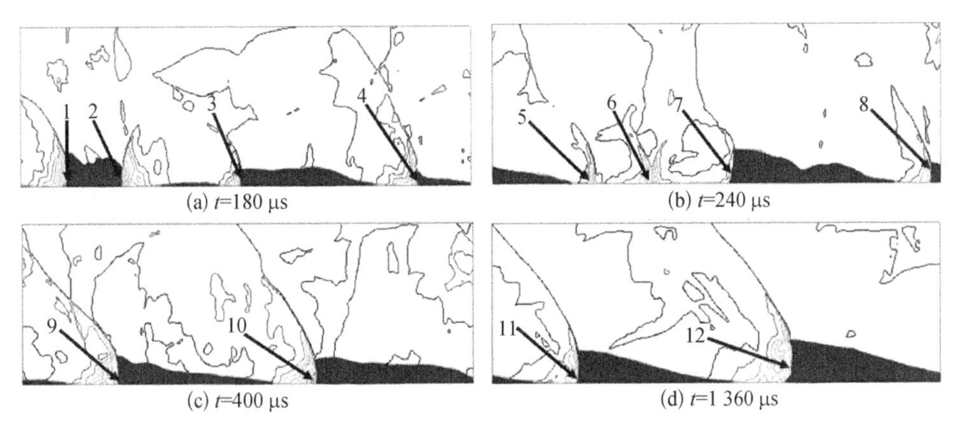

图 8.12 $t=180\ \mu s$、$240\ \mu s$、$400\ \mu s$ 和 $1\ 360\ \mu s$ 时刻算例 1$r=R_{outer}$ 径向截面的压强和组分分布耦合图

流量等均接近固定。整个稳定过程大概为400 μs，比同轴圆环腔连续爆轰发动机模型中的稳定化过程花费时间要多一些。但最重要的是，爆轰波在此空心圆筒的连续爆轰发动机模型内实现了连续旋转传播。这说明本章介绍的这一新模型可用于连续爆轰发动机。下面对其流场各方面特性作逐一分析。

图8.13和图8.14分别为$t=1\,300\ \mu s$时在$z=0.2$ cm处的轴切面上压强与温度的分布图。图8.15与图8.16则分别为此时刻前后全流场压强与温度分布图。可以很清晰地看到两个爆轰波面对称地分布在燃烧室内。纺锤状的爆轰波主要存在于有新鲜可燃气喷入的外围区域。每个爆轰波具有和有内柱连续爆轰发动机模型中相似的结构，即一个爆轰波面、爆轰波面下游拖出来的斜激波、爆轰波面前方积累的可燃气气团以及前后爆轰波产物之间的接触间断。每隔一个时间段，整个流场逆时针向前推进一定的距离和角度。初步可判断流场已达到准稳定状态。之后的压强信号图、流量等更充分地说明了流场的准稳定状态以及爆轰波的稳定传播。除了爆轰波波后区域，燃烧室中间区域同样为高温气团，填充为高温爆轰产物。这些产物占据原来有内柱连续爆轰发动机模型中内柱的位置，避免了内柱面临的严重散热问题。同时，可以看到，在外围，爆轰波与外壁面有强烈的碰撞和反射。反射后的激波延伸到空腔内部深处。整个流场结果在径向差别很大，具有明显的三维结构。不再像有内柱连续爆轰发动机模型流场那样可勉强视为二维问题。

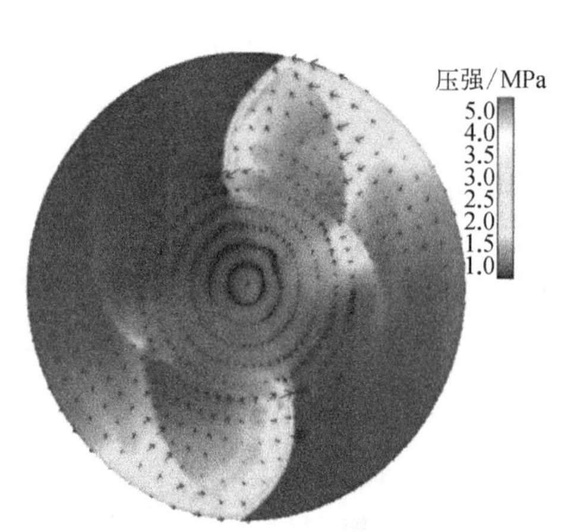

图8.13 算例1中$t=1\,300\ \mu s$时$z=0.2$ cm处轴切面上压强分布图

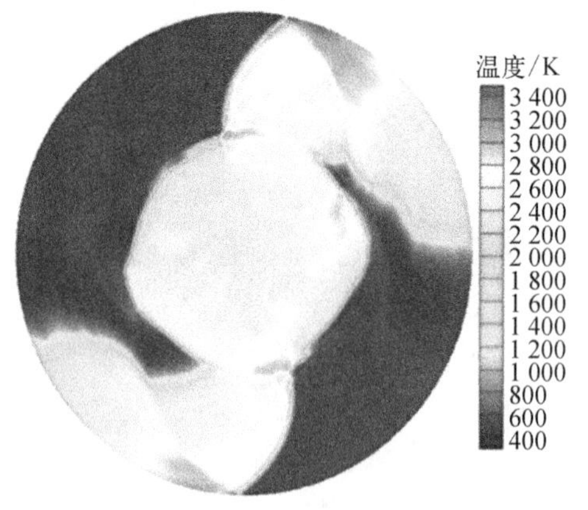

图8.14 算例1中$t=1\,300\ \mu s$时$z=0.2$ cm处轴切面上温度分布图

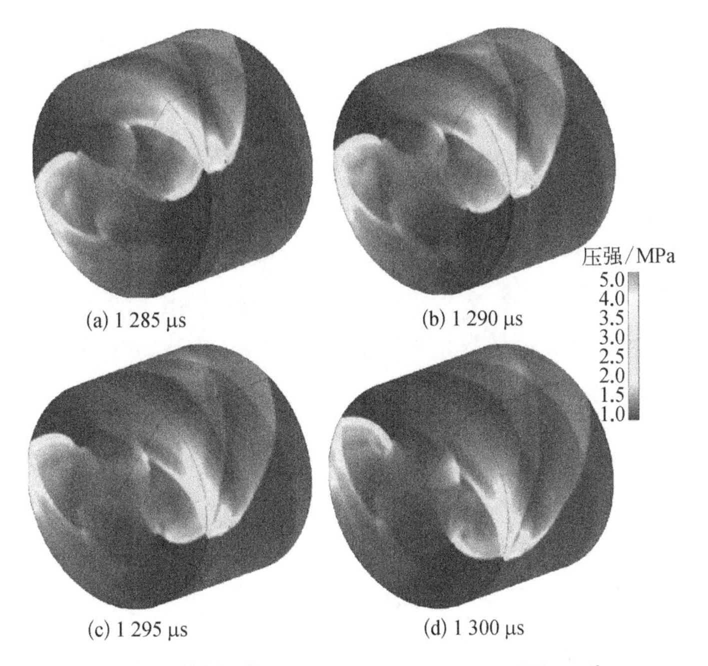

图 8.15　算例 1 中 t = 1 285 μs、1 290 μs、1 295 μs 和 1 300 μs 时压强分布图

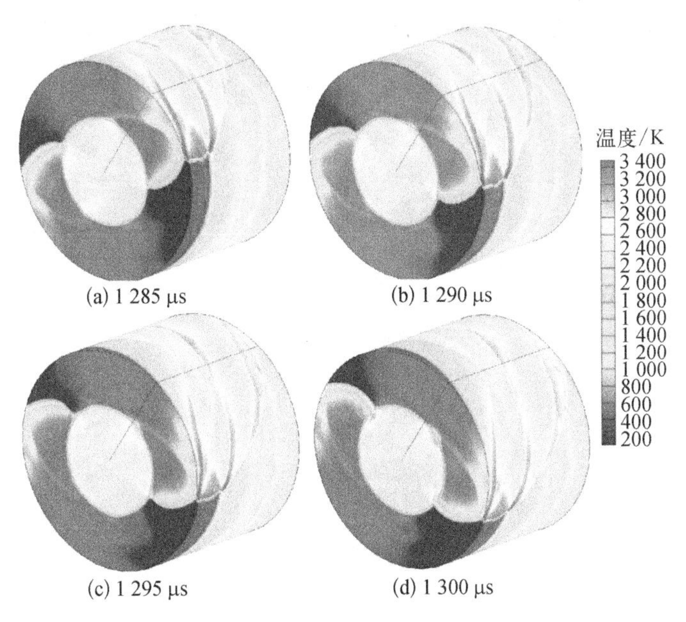

图 8.16　算例 1 中 t = 1 285 μs、1 290 μs、1 295 μs 和 1 300 μs 时温度分布图

8.3.2 波面与可燃气

图 8.17 所示为表 8.1 中算例 2～算例 4 所得到的爆轰波在连续爆轰发动机内稳定连续传播时的温度分布图。很明显,在这些空心圆筒连续爆轰发动机新型燃烧室内,都有若干个爆轰波在稳定传播。并且各自内部爆轰波传播方向一致。同时,可以看到在进气等条件都一致的情况下,燃烧室尺寸越大,内部倾向于有更多的爆轰波面。在算例 2 中波面数是 2,与算例 1 的波面数相同。尺寸继续增加的算例 3 和算例 4 则有 4 个爆轰波面。以上算例为燃烧室半径和长度同比例增加。在图 8.18 中,我们保持燃烧室长度与算例 1 中长度一致,为 8 cm,只增加其半径,也获得了稳定的爆轰波流场。图 8.18 所示为流场在 $t=$ 1 385 μs 时的温度和压强分布图。其燃烧室外半径 $R_{\text{outer}}=10$ cm,与算例 3 中外半径一致。长度则为8 cm,与算例 1 一致,比算例 3 小。即只增加燃烧室半径和同时增加半径和长度,燃烧室内波面数是一样的。燃烧室长度不是影响波面

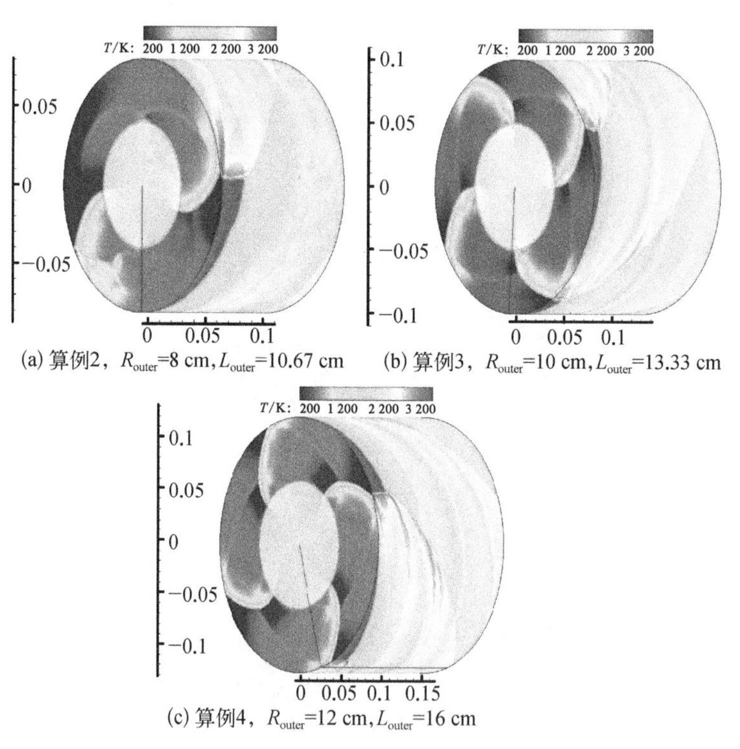

(a) 算例2, R_{outer}=8 cm, L_{outer}=10.67 cm　(b) 算例3, R_{outer}=10 cm, L_{outer}=13.33 cm

(c) 算例4, R_{outer}=12 cm, L_{outer}=16 cm

图 8.17 算例 2～算例 4 中连续爆轰发动机内稳定传播的爆轰波的温度分布图

数的主要因素(但并不能简单得出没有影响的结论)。波面数主要受燃烧室半径大小的影响。

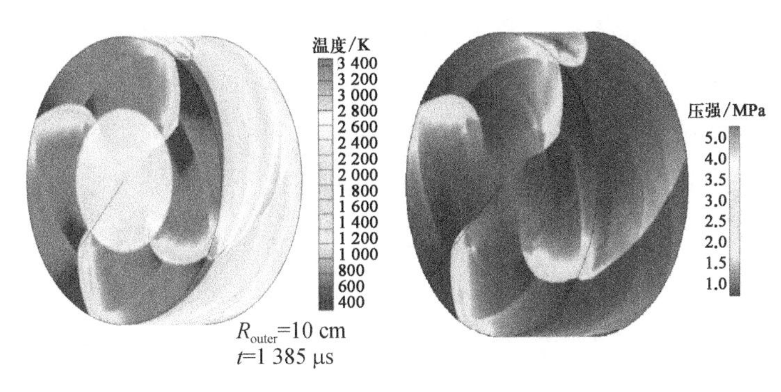

图 8.18 算例 3a 中连续爆轰发动机内在 t = 1 385 μs 时的温度和压强分布图

一方面,这是比较容易理解的。如图 8.18 所示,当燃烧室内流场稳定之后,燃烧室外周向总是会倾向于被若干个由新鲜气体组成的楔形(三维楔体)所覆盖。本书称为新鲜可燃气楔体(fresh gas wedges)。这是源于连续爆轰发动机基本的工作原理。正如前所述,爆轰波周向传播并耗尽扫过的可燃气,使之完成能量释放,转化为高温工质并向下游喷流。同时,爆轰波流过之后,压强下降使得供气系统的新鲜可燃气可以喷入燃烧室以积累并预备供给下一个将要扫过的爆轰波(燃烧室内只有一个波面的情况下则是同一个爆轰波一次次不断地扫过这一区域)。离爆轰波距离越远的位置,压强降得越低,越多的新鲜可燃气可以喷入并且积累更多的可燃气。积累的新鲜可燃气即这里的气体楔形。从这个角度看,本章介绍的空心圆筒(无内柱)连续爆轰发动机模型和同轴圆环腔(有内柱)连续爆轰发动机模型是极相似的。事实上这些规则可燃气楔体的形成正是爆轰波连续旋转传播的核心要素之一。在有内柱或者无内柱连续爆轰发动机中,流场之所以能稳定,爆轰波之所以能准稳态地连续旋转,都基于波系和进气相互影响,波前需要积累足够量的新鲜可燃气。整个系统正是这样不断随着波面往前推进,一直稳定工作下去。另一方面,这里也不能简单地说燃烧室尺寸变大了爆轰波面就一定同比例增加。一是这种比例是不存在的,二是增加与否也不一定。这里的模拟对于所有的算例设置了同样的进气条件、初始条件以及单爆轰波点火设置。这些因素都会对波面数等造成一定的影响。以点火设置为例,对于算例 5,由一个爆轰波起爆得到的流场中只存在一个大的爆轰波面。鉴于要将其与算例 1 做有无内柱模型的对比而算例 1 中流场有两个爆轰波面，本节将算例 5 的起爆方式设置为两个中心对称存在的爆轰波起爆，得到的准稳定流场是两个爆轰波面。更详细的结果将在下面给出。其他学者在数值模拟中也得到了类似的结果。例如，Yi 等[169]在对窄腔有内柱连续爆轰发动机进行的数值模拟中，使用了一个爆轰波起爆和两个爆轰波起爆分别得到了不同的准稳定流场，如图 8.19 所示。在实验中，通过对进气流量、燃烧室尺寸、点火方式等变量进行调节，获得了从 1 个到多个的爆轰波面。关于进气流量方面，Suchocki 等[60]系统讨论了在其他实验条件不变的情况下，有内柱连续爆轰发动机内进气量与波面数的关系。随着流量的逐渐增加，连续爆轰发动机内获得一个稳定波面或从一个波面变为两个波面。

如图 8.19 所示由新鲜气体组分分布线描绘的爆轰波波面轴切面形状。两个爆轰波面存在但不是完全对称的，约为 10°的偏角。此时燃烧室中的新鲜气体区域的三维形态如图 8.19(b)所示。大体上有两个可燃气楔体存在，各自的厚度在爆轰波前端最高，沿着周向逐渐降低。在径向方向可以看到，它们的厚度 h 随着半径减小也越来越小。图中黄线近似表征了上面所提到的弯曲爆轰波面的形状。同时，三维的新鲜气体区域的靠近爆轰波面的这个面与底面基本上是垂直的，意味着爆轰波面与气体入射速度是近似垂直的。在爆轰波前的这部分新鲜气体区域，静温和压强基本上都是一个常数，分别在 500 K 和 0.25 MPa左右。此外，尽管在入口端进气区域只是 $R_{inner} < r < R_{outer}$ 部分，从图 8.19(b) 中我们可以看到，在入口端的下游，一部分新鲜气体内卷流入燃烧室内部 $r < R_{inner}$ 的部分。内卷的新鲜气体的厚度大概是毫米量级。这个厚度并不足以支持爆轰波的连续存在。这意味着这部分燃烧并不是以连续爆轰的形式进行的。

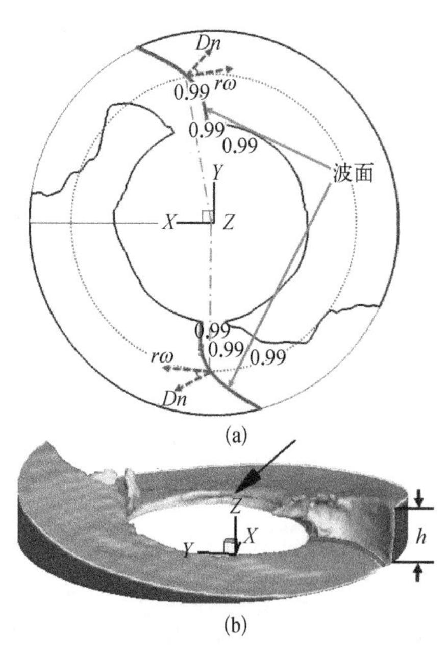

图 8.19 算例 1 中 1 285 μs 时反应参数 $\beta=0.95$ 的等值线以及三维可燃气楔体示意图

8.3.3 两种模型对比

以上讨论了在空心圆筒(无内柱)连续爆轰发动机模型内连续旋转爆轰波一系列的行为。总的来说,其与在同轴圆环腔(有内柱)连续爆轰发动机模型非常相似。然而,还是有一些不同之处。在此,将两种模型的流场做比较来探究其差异。在数值模拟中,当我们对算例 1 和算例 5 使用一个同样的爆轰波点火起爆时,两者得到的稳定流场是不一样的,如图 8.20 所示。在从初始到稳定状态的稳定化过程中,有无内壁导致了稳定流场的差别。在有内柱的圆环腔内,有一个大的爆轰波存在;而在无内柱模型的空心腔内,均匀分布着两个较小的爆轰波,如上面一系列分析所示。前面提到,爆轰波的尺寸有一个上限和下限,不能过大或者过小。由此处稳定流场的爆轰波分布可以推测,圆环腔的爆轰波的阈值相对还是比较大的,可以形成较大的爆轰波面。而无内柱模型的空心腔里爆轰波尺寸的阈值则较小,一般不会有较大的爆轰波存在。当然详细机理还需要进一步地提高数值模型精度以及网格分辨率等来进行更深层次的分析。

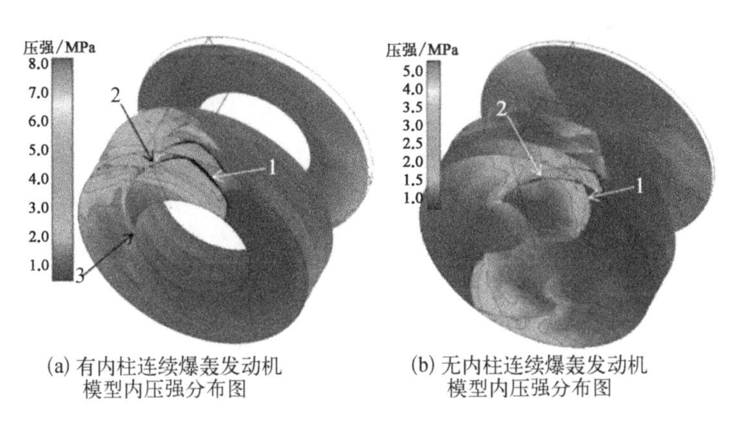

(a) 有内柱连续爆轰发动机模型内压强分布图　　(b) 无内柱连续爆轰发动机模型内压强分布图

图 8.20　同一点火方式下有内柱和无内柱连续爆轰发动机内流场在 $z=0\sim0.4L$ 系列轴向截面上的压强分布比较

1-爆轰波;2-爆轰波在外壁面上的反射激波;3-爆轰波在内壁上的波反射

为了使得两个模型对应流场的可比性更好,我们在算例 5 中用两个中心对称的爆轰波来作为点火设置并获得了两个爆轰波面的稳定流场,如前所述。图 8.21 显示了这两个模型内同有两个爆轰波面的流场的压强对比图。其中图

8.21(a)为有内柱连续爆轰发动机模型燃烧室内的压强分布,可以看到两个爆轰波面对称分布。其内爆轰波的压强峰值比无内柱空心腔中存在的爆轰波明显要高。这意味着尽管同有两个爆轰波面,燃烧室尺寸一致使得爆轰波的尺寸看起来也相差无几,但有内柱模型内的爆轰波要比无内柱模型内的爆轰波更强烈。在进气面,两种模型的静压和速度分布也有所不同。对于无内柱模型,在进气面的平均轴向速度是 365 m/s,而在有内柱的圆环腔进气面这个量则是 180 m/s。前者的量明显要比后者大。相应地,平均静压和密度则相对较低一些,分别是0.60 MPa和 2.14 kg/m^3。而在有内柱燃烧室里,这两个物理量分别是 0.92 MPa 和 2.70 kg/m^3。因此,无内柱燃烧室中爆轰波面前的压强要低于有内柱模型。

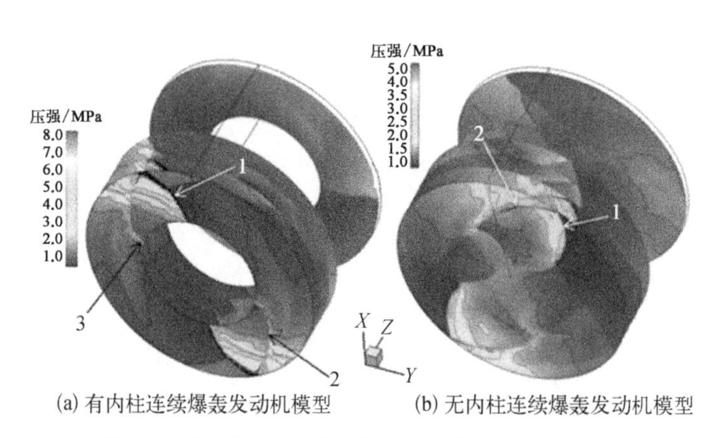

(a) 有内柱连续爆轰发动机模型　　(b) 无内柱连续爆轰发动机模型

图 8.21 有内柱和无内柱连续爆轰发动机内双波面流场在 $z=0\sim0.4L$ 系列轴向截面上的压强分布比较

另外,在可燃气楔体内,静压分布也有明显的不同。如前面提到的,在无内柱燃烧室内,可燃气楔体内静压基本保持不太高的常量,在径向并没有明显的变化,而在有内柱模型的圆环腔内,新鲜气团的静压则在径向有很明显的变化。在靠近外壁面大概是 0.59 MPa,在内壁面附件则降为约 0.25 MPa。显然,内壁面存在与否,对进气有较大的影响。可燃气楔体内的物理量分布也受到了影响。在后续研究工作中以上现象值得进一步研究讨论。前面描述分析了无内柱连续爆轰发动机内稳定爆轰流场对应的可燃气楔体的三维分布。对于其在有内柱模型的圆环腔内的分布,可以部分由图 8.22 观察到。它给出了两种模型内一系列径向截面的温度分布图。其中图 8.22(a)为单波面有内柱连续爆轰发动机流场，图 8.22(b)为双波面有内柱连续爆轰发动机流场，图8.22(c)为双波面无内柱连续爆轰发动机流场。图 8.22 中进气端深色部分代表的是温度较低的可燃气楔体。可以看到，外壁面处图 8.22(a)和图 8.22(b)中可燃气楔体的高度要稍微小于图 8.22(c)所示的无内柱燃烧室内的高度。上面提到，在无内柱燃烧室内爆轰波面前可燃气楔体的高度 h 在径向会变化，越往内部越小。然而在图 8.22(a)以及图 8.22(b)内，可以看到在有内柱模型的圆环形腔内，这个高度几乎不变。有内壁面存在的情况下，可燃气楔体分布得更为紧凑、规则。此外，在进气设置中设置的进气区域是 $R_{inner} < r < R_{outer}$。然而在图 8.22(c)中，未进气区域 $r = 0.47R_{outer}$ 显示有新鲜气团存在。我们知道由于连续爆轰发动机的工作原理，新喷入的可燃气不会在第一时间被消耗掉而是积累起来等待爆轰波扫过。这意味着在此无内柱连续爆轰发动机内，当内壁面不存在时，尽管只有外围进气，但喷入的新鲜气由于没有内壁面的约束，会在波系及压差的作用

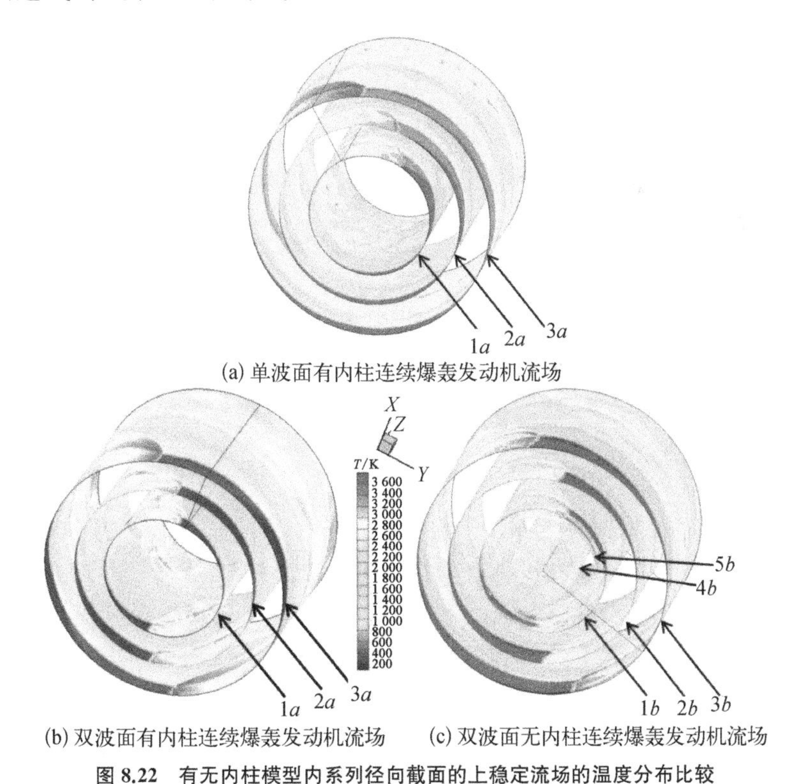

(a) 单波面有内柱连续爆轰发动机流场

(b) 双波面有内柱连续爆轰发动机流场　(c) 双波面无内柱连续爆轰发动机流场

图 8.22　有无内柱模型内系列径向截面的上稳定流场的温度分布比较

$1a: r = R_{inner}$；$2a: r = 0.75R_{outer}$；$3a: r = R_{outer}$；$1b: r = R_{inner}$；$2b: r = 0.75R_{outer}$；$3b: r = R_{outer}$；$4b: r = 0.25R_{outer}$；$5b: r = 0.47R_{outer}$

下向内卷而流向燃烧室 $r < R_{inner}$ 的较内部区域。对于内卷的这部分气体，我们可以看到其厚度在毫米量级。这个厚度对于连续旋转爆轰波来说过薄[164]。据此，我们推测这部分气体的燃烧不是以爆轰的形式完成的，此处发生的是爆燃。由于爆燃的热循环效率低于爆轰，这会对推力性能有一定程度的影响。

对于爆燃，其主要是由湍流、分子输运等过程控制的。由于本章的计算方程是欧拉方程，我们不能对爆燃展开进一步讨论。尽管如前所述在计算爆轰现象时，欧拉方程被大量地使用并且能获得与实验相比较接近的宏观流场特征，但当进一步精细化的研究和讨论时，欧拉方程还有其一定的局限性。这也是后续研究工作关于计算模型方面需要进一步改善的地方：Navier-Stokes 方程代替欧拉方程。当然受计算机容量及速度所限，在湍流尺度的网格尺寸内求解瞬态三维 Navier-Stokes 方程的全模拟还不可实现。目前可采用由 Reynolds 时均方程出发的模拟方法，这就是目前常说的“湍流模型”或“湍流模式”。利用某些假设，将 Reynolds 时均方程或者湍流特征量的输运方程中高阶的未知关联项用低阶关联项或者时均量来表达，从而使 Reynolds 时均方程封闭。这一方法在湍流研究领域很常见，目前在连续爆轰发动机的数值模拟领域已开始有这方面的发展迹象[161, 170]。

以上的现象也暗示了在此模型下的燃烧室内，进气端中间的固壁部分会有一个回流区存在。通过图 8.23 所示的轴向速度分布图我们可以看到这个区的存在。这也是此模型显著不同于有内柱连续爆轰发动机燃烧室的地方。后者，由于有内固壁的存在，这一区域没有流场发生。回流区不断受到外环区域的波系等作用而被搅动，在轴向变得越来越小并最终消失。它只存在于空心燃烧腔内部靠上游的位置。在燃烧室下游的出口处，这一区域的影响完全消失。对马赫数分布等不再有显著影响。在算例 1 中，这一回流区只存在于 $z \leqslant 2.5$ cm 的范围。

在波的行为上，两种模型在壁面上的差别较大，使得它们的波的反射等也存在很大的区别。在有内柱的燃烧室内，爆轰波面与外壁面碰撞之后，反射波还会与内壁面再次甚至多次发生碰撞，如图 8.20(a)、图 8.21(a)及图 8.24 所示。关于这些碰撞的强度，初步认为圆环腔的厚度可能是一个因素，但存有争议。具体关于有内柱连续爆轰发动机内波的反射，目前有少量研究涉及，如 Zhou

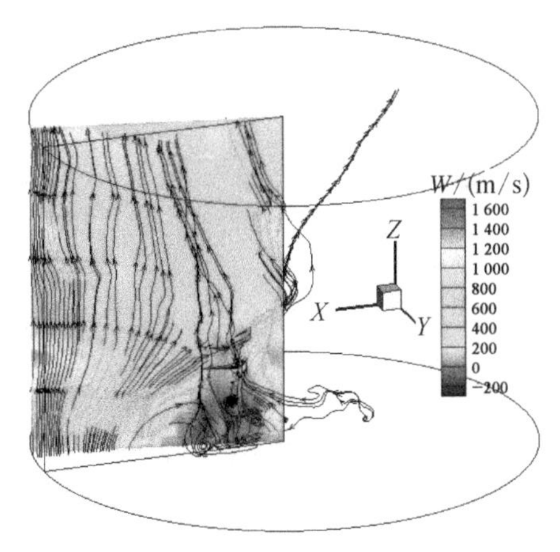

图 8.23 无内柱连续爆轰发动机内某截面轴向速度分布

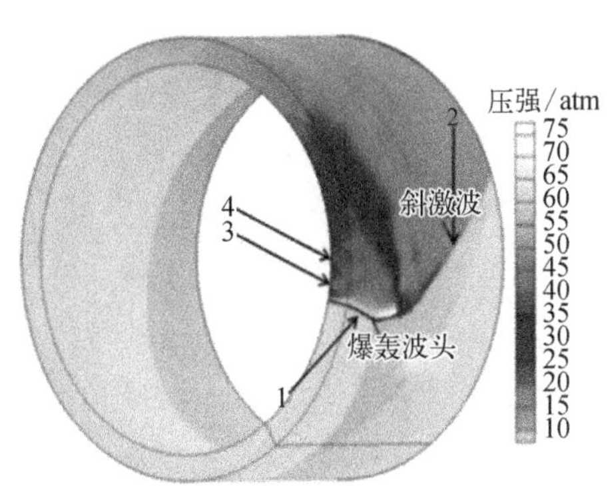

图 8.24 有内柱连续爆轰发动机在圆环腔较窄时其内的波系反射

1-爆轰波；2-斜激波；3-内壁上的第一次反射；4-内壁上的第二次反射

等[171]，对其认识还不是很充分。处理时由于已有文献较少，需要更多的讨论研究。而在无内柱燃烧室内，如图 8.20(b)所示，由于不存在内壁，没有上述的碰撞发生。爆轰波面与外壁面碰撞的激波延伸向燃烧室内部深处。同时，可看到在 $r=R_{\text{inner}}$ 的位置，有一些波的相互作用发生。一方面这一位置是进气面和进气端固壁的分界，流场分界本身就很大。越靠近进气端流场间断越大。另一方面，这里也是数值模拟时两套嵌套子网格的分界。因此，首先这些波系行为要被确定为不是网格交界的干扰，这正是算例 1′的任务。可预见这一区域真实的波行为也会相对复杂，是一个值得深入研究的方面。

以上讨论的波的行为，由于其直接面对进气面，所以定会对新鲜可燃气的喷入以及爆轰波面前可燃气楔体内部的压强等物理量的分布产生影响。不仅波的反射，实际上，燃烧室内一系列波系的相互作用，以及波系对于整个流场从进气到波面的稳定维持等，扮演着核心角色。其中一例便是上面提到的斜激波对应的稀疏波对于爆轰波临界高度的决定作用。这是后续进一步的研究工作中所值得深入研究探讨的。

无论是在有内柱还是无内柱连续爆轰发动机燃烧室内，爆轰波面以及新鲜气体只存在于燃烧室上游区。在其下游，爆轰波产生的高温高压工质向下游流动并排出燃烧室，产生推力。尽管爆轰波面是周向旋转传播的，其产生的工质的运动轨迹却是大体上沿轴向运动，直至被喷出管外。具体粒子运动轨迹跟踪参见第6章的详细介绍。这是连续爆轰发动机能作为推力装置的一个很好的特点和保障。与此同时，在非轴向，工质也有一些运动存在，而这些是不产生轴向推力的。为了分析轴向有效的能量占全部动能的比例我们以如下公式计算算例1和算例5(一个波面和两个波面两种情况)中轴向动能比率(尽管动能是标量没有方向，在此我们取速度矢量三个方向的分量的平方作为动能的三个方向的分布。表面看更直接的好像是比较动量，但事实上由于动量守恒定律，周向和径向动量几乎为0，不能正确反应轴向推力的比率)：

$$E_{w}=\frac{\int_{\text{exit}}\rho w^{2}\mathrm{d}A}{\int_{\text{exit}}(\rho(u^{2}+v^{2}+w^{2})\mathrm{d}A)}$$

结果如图8.25所示。在有内柱连续爆轰发动机内，当流场中存在一个较大爆轰波面时，轴向动能比率约为91.6%。当有两个相对较小的爆轰波面时，轴向动能比率约为89.9%。而同为两个爆轰波面的无内柱连续爆轰发动机内流场，其轴向动能比率则为89.1%。首先，这三个量都较高，说明无论是在有内柱还是无内柱的连续爆轰发动机内，尽管爆轰波是周向传播的，产生的工质主要传播方向还是轴向。能很有效的利用工质动能产生轴向的推力。其次，尽管这三个量都相对较高，但也可以看到它们还是有些差别的。同为有内柱模型，一个爆轰波面获得的比率要高于两个爆轰波面的流场的比率。这其中的原因目前受有内柱连续爆轰发动机机理研究进展的局限，并不是很明晰。同时，同

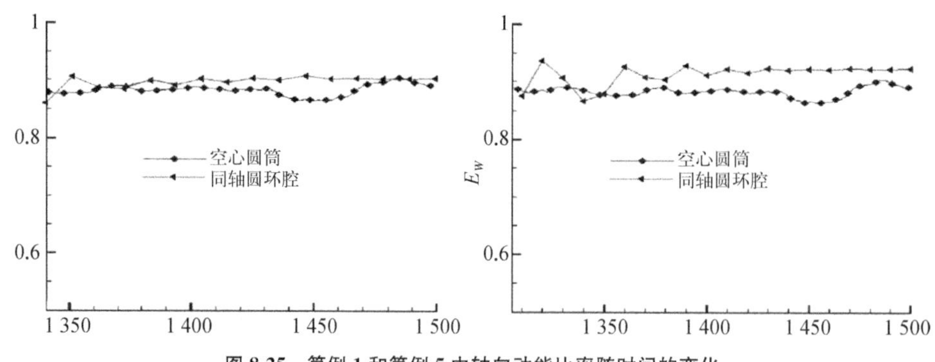

图8.25　算例1和算例5中轴向动能比率随时间的变化

为两个爆轰波面流场，无内柱连续爆轰发动机内轴向动能比率要稍低于有内柱流场。没有内壁面的约束，流动更分散了。径向和周向运动所占的比例变大。相应的轴向运动比重相对下降。这会导致如下分析得到的推力性能的稍许下降。

8.3.4　性能

本节计算比较前面一系列的连续爆轰发动机流场最终能获得的比冲大小。“比冲量”(specific impulse)又称比冲，是动力学家衡量引擎燃料的能量利用效率的一种标准量，是衡量发动机特性的重要参数，英文缩写为 I_{sp}。它是发动机产生的推力乘以工作时间再除以消耗掉的总燃料质量，即消耗单位质量推进剂(包括氧化剂和燃料)发动机所产生的冲量。按照上面的定义，用物理学的单位换算，比冲量的单位为 m/s 或 N·s/kg。除以一个重力加速度，得到的单位为 s，即工程上习惯使用的 I_{sp}的单位。可以理解为火箭发动机利用 1 kg 燃料可以持续多少秒一直产生 1 kg 的推力。比冲越高，火箭获得的总动力越大，最终的速度越快，典型的固体火箭发动机的比冲量可以达到 290 s，液体火箭主发动机的比冲量则是 300～453 s，而离子发动机则能获得更大的比冲量。比冲在数值上和有效喷气速度、比推力(单位时间内消耗单位质量推进剂所产生的推力)是相等的。“比冲量可以达到 290 s”是指火箭喷出的燃料的速度可以达到 $290\times g=2\ 900$ m/s。比冲量与火箭喷出的燃料的速度成正比，要提高比冲量，就要想办法提高火箭喷出的燃料速度。比冲量的极限即燃料喷出速度达到光速，换算成以秒作单位则是 3×10^7 s。要获得高比冲推进剂，要求推进剂具有高的化学能、高的燃烧效率和高的喷管效率，喷管形状直接影响比冲的大小。此节，我们在不涉及喷管的情况下，考虑对比连续爆轰发动机燃烧室出口获得的比冲性能。经过一段耗时各不相同的稳定化过程之后，各算例燃烧室内部流场趋于准稳态，爆轰波开始稳定传播。这时开始，取离散的若干时刻来计算流场的推进性能物理量。以各时刻所得值的平均值作为最后的结果。

计算连续爆轰发动机推力时，在此采用火箭式发动机公式。由于火箭发动机没有喷气式发动机的进风口，所以不需要从总推力中扣除冲压阻力，因为净推力就等于总推力。燃烧室推力 F[172] 为

$$F=\int_{\mathrm{exit}}(\rho V_{\mathrm{e}}^{2}+p_{\mathrm{out}}-p_{\infty})\mathrm{d}A$$

其中，p_{out} 为出口压强；V_{e} 为出口速度。此处环境大气压 p_{∞} 设置为 0.05 MPa。基于燃料的比冲 I_{sp} 为

$$I_{\mathrm{sp}}=\frac{F}{\dot{m}_{\mathrm{f}}g}$$

其中，g 为重力加速度，头部燃料质量流量 $\dot{m}_{\mathrm{f}}$ 只计算氢气(方便与其他现有数据进行对比)。马赫数对推力性能也有重要作用。由于考虑的是燃烧室直接喷出气体的比冲没有考虑喷管，这使得燃烧室出口马赫数的分布成为一个重要的参数。这里给出按以下公式计算的出口平均马赫数：

$$\overline{Ma}=\frac{\int_{\mathrm{exit}}Ma\,\mathrm{d}A}{A}$$

其中，A 为燃烧室出口面积。

首先，燃烧室出口处平均马赫数 $\overline{Ma}$ 在算例 2～算例 4 中为 0.53，在算例 5 中为 0.51，在算例 6 中则为 0.47。一方面，出口处在不带喷管的情况下平均马赫数都很低，使得此情况下燃烧室的比冲肯定要比带喷管工作时的比冲低很多。这使得计算得到的比冲并不能与目前典型的火箭发动机的比冲做直接数值比较。另一方面，各流场虽有差别，但差别不大，使得各算例之间的比较成为可能。此外，作为无内柱连续爆轰发动机，在此给出出流气体其他重要参数以做参考：比热比 γ 如化学反应模型所设，为 $\gamma=1.165\,3$，气体常数 $R=346.2\ \mathrm{J/(kg\cdot K)}$。由于采用的出流边界条件未强制对出口压强赋值，出口截面平均压强约为 $p_{\mathrm{e}}=0.48$ MPa。平均温度为 $T=2\,500$ K。平均密度约为 $\rho=0.55\ \mathrm{kg/m^{3}}$，平均速度约为 $w=550$ m/s。

计算得到的推进性能数据如表 8.2 及图 8.26 所示。如前所述，算例 1～算例 4 的模型为无内柱连续爆轰发动机，在算例 5 和算例 6 则为有内柱模型。可以看到在无内柱连续爆轰发动机燃烧室内可以获得一个 7 000 s 左右的基于燃料的比冲 I_{sp}。当燃烧室尺寸变大时，如图 8.26 所示，I_{sp} 呈现一个有限的增长。与此同时，

总质量流量则因进气面积的增加而迅速增加。至于推力 F，由于 I_{sp} 的增长十分有限，变化不大，推力的增幅与总质量流量趋势相近。

表 8.2 连续爆轰发动机推进性能数据表

算 例	模 型	总流量/(kg/s)	燃料流量/(kg/s)	推力/kN	燃料比冲/s
算例 1	空心圆筒	3.63	0.098	6.46	6 720.48
算例 2	空心圆筒	6.96	0.188	13.13	7 120.01
算例 3	空心圆筒	11.65	0.315	22.54	7 303.58
算例 2*a*	空心圆筒	6.93	0.187	13.30	7 180.01
算例 3*a*	空心圆筒	11.09	0.301	21.20	7 220.58
算例 4	空心圆筒	15.25	0.412	29.85	7 390.42
算例 5	同轴圆环腔	3.72	0.101	7.36	7 480.55
算例 6	同轴圆环腔	1.33	0.036	2.86	8 030.55

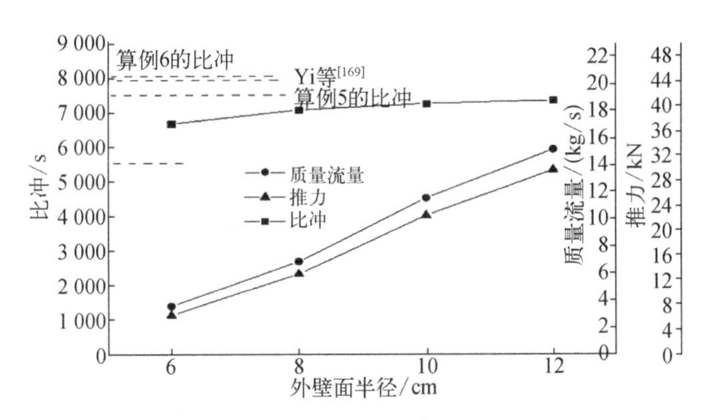

图 8.26 不同尺寸的无内柱连续爆轰发动机燃烧室对应的基于氢气燃料的比冲 I_{sp}、推进剂总质量流量以及获得的推力 F

8.4 空心圆筒燃烧室中的粒子轨迹

这一节我们利用第 6 章介绍的粒子跟踪法对流场内有代表性的粒子进行跟踪，以记录各个粒子的运动轨迹以及物理量变化。通过对具体粒子的分析进一步说明在燃料喷入燃烧室后具体怎样被爆轰波燃烧，以及燃烧之后的运动规律和热力学循环等。

8.4.1　布点

在 8.3 节中我们获得了一系列的稳定爆轰波流场。取算例 1 所得 $t = 1\,300\ \mu s$ 时的稳定流场作为本章研究的初始流场(图 8.27)。在流场中布置一系列的点作为粒子追踪对象。布点位置的选择主要考虑因素是要具有代表性。对于这一流场，其最大特点就是高频旋转的爆轰波以及其产生的高温高压工质。与此同时流场又有很明显的间断，包括可燃气楔体与爆轰产物的间断、爆轰产物之间的间断等。流场内部的波系包括爆轰波、斜激波等的角色也很突出。目前对这类流场的粒子跟踪研究只有较少的二维结果。在连续爆轰发动机内部，爆轰波的三维性是非常显著的。除了上述方面，还有一个显著的特点就是原有内柱部分即不进气部分的流动。这部分的流动在此前的模型中是从未涉及的，其流动的规律值得深入研究。为此，在跟踪点的布置上，首先选取外壁面爆轰波前后的点 1～点 10。此处具有典型的新鲜气被爆轰波面扫过这一物理过程。其次，此无内柱连续爆轰发动机流场在其内部无进气区域也是值得研究的。由于这一模型的开创性，此区域的流动目前没有相关研究。在此处布置点 11～点 14 以捕捉此处流场流动规律。此外，在爆轰波面径向内展面前后区域我们也设置一些点进行跟踪，为点 15～点 21。具体布点分布如图 8.28 所示。

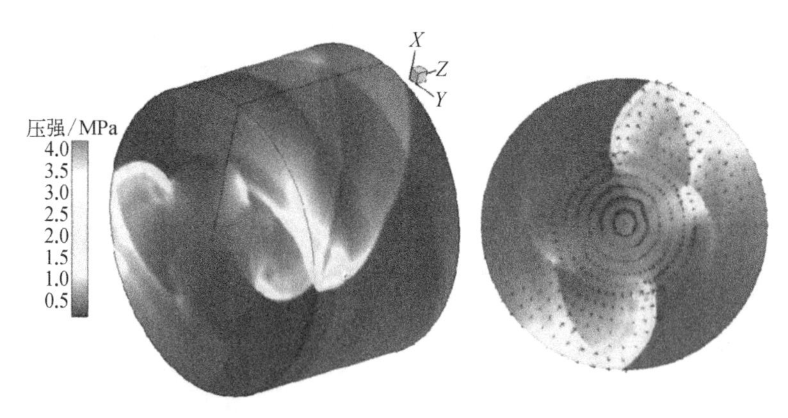

图 8.27　算例 1 中 $t = 1\,300\ \mu s$ 时的稳定流场

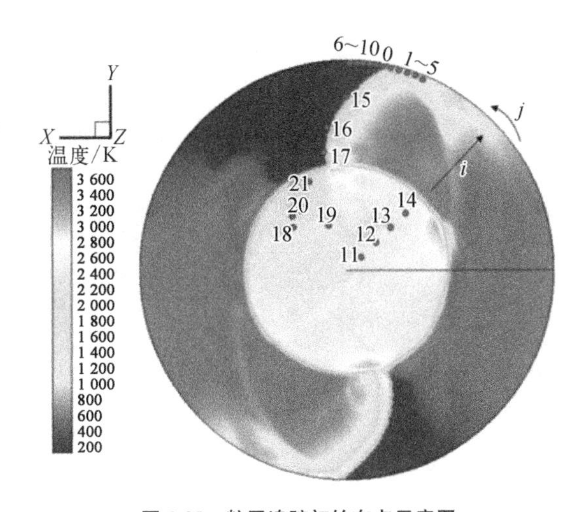

图 8.28 粒子追踪初始布点示意图

注：箭头标示了贴体子网格中网格点下标 i、j 的物理方向。

8.4.2 结果分析

图 8.29 所示为粒子跟踪法所描绘出的各个粒子从喷入燃烧室开始，直到喷出的运动轨迹示意图。轨迹已经三维渲染在燃烧室内。只是燃烧室壁面等还未作进一步的处理，显示效果有待优化。但已经可以呈现出在燃烧室内各粒子是如何运动直至喷出的。

表 8.3 为各粒子点在燃烧室内的流动时间。从前面我们知道这一爆轰波流场中每个爆轰波的周期是 138.3 μs 。有两个近似对称分布的爆轰波在燃烧室内传播，频率加倍。从表中可以看到，对于粒子 1～粒子 10，其从进入燃烧室到流出燃烧室所需的时间都在 125 μs 左右，之后便很快喷出了。这一时间甚至小于爆轰波传播一周所用的时间。从图 8.29 的轨迹图我们可以看到，这些粒子都是贴着外壁面往下游流动。在流动过程中略有拐动但基本上是沿轴向一直往下高速流动。对于其余粒子，比较靠外围，即半径方向的位置较大的，在燃烧室内流动的时间也相对较小，如粒子 15、粒子 16

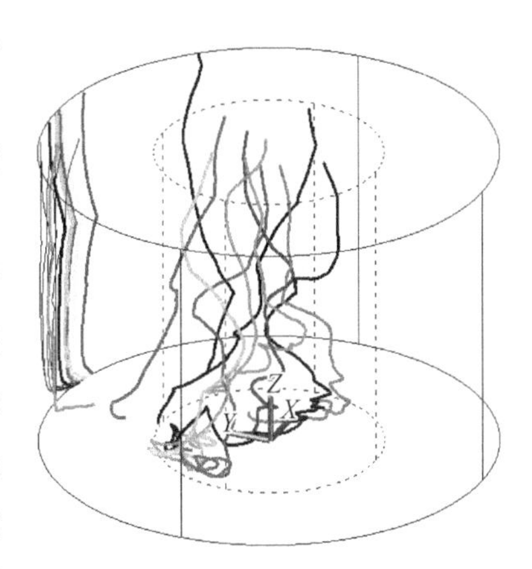

图 8.29 粒子在燃烧室内的三维运动轨迹

等。对于比较靠内，即半径方向的位置较小的粒子，要在燃烧室内流动较长的时间，为爆轰波的数个周期之久。从轨迹图我们可以清楚地看到这一点。在进气端靠内是固壁面，没有可燃气喷入。如8.3节所分析，此处存在一个回流区。粒子在此回流区内远离了外围波系的作用，沿着较为曲折的运动轨迹较缓慢地流向下游。当流出这一回流区时，所处流场因外围气流作用已经开始较为平顺地往外喷出。此时粒子的运动轨迹也相应地开始变得平顺，并加速流出燃烧室。

表8.3 各粒子流出燃烧室所需时间

点	1	2	3	4	5	6	7	8
时间/μs	120.57	121.59	121.31	119.63	119.38	127.01	126.12	124.22
点	9	10	11	12	13	14	15	16
时间/μs	131.62	133.02	311.99	394.71	350.59	141.56	131.67	166.88
点	17	18	19	20	21			
时间/μs	214.67	645.54	386.18	342.98	350.99			

第 9 章
喷管与尾流

本章主要讨论各种喷管对连续爆轰发动机的推进性能影响。关于脉冲爆轰发动机的喷管设计已有了较广泛的理论[173]、计算[106, 174]与实验研究[175]。脉冲爆轰发动机研究中由于每次循环的充气阶段中可燃气体充满整个爆轰管,爆轰波在头部起爆,并在包含尾喷管的整个爆轰管内传播,最终产物随爆轰波一同喷出管外。在液体火箭发动机中,由增压泵将燃料和氧化剂加压至极高压强,通常达几十到上百大气压。燃料在燃烧室内等压燃烧后,产物膨胀喷出燃烧室做功。连续爆轰发动机不同于脉冲爆轰发动机或火箭发动机:① 爆轰波绕周向传播,由爆轰波本身即可将可燃气体压缩到较高的压强;② 爆轰波被封闭在燃烧室内周向传播而不喷出管外。连续爆轰发动机中爆轰波在高速流动的入流中传播,其推进性能研究刚刚起步,喷管研究更少。本章把航空航天发动机中最常用的四种喷管结构(直管、拉瓦尔喷管、收缩喷管、扩张喷管)应用于连续爆轰发动机,通过数值对模拟喷管内的流动特性及喷管对爆轰发动机性能的影响进行研究。本章还将介绍现有实验研究中关于气动塞式尾喷管对于连续爆轰发动机推进性能影响的讨论,以及目前关于连续爆轰发动机尾流场的数值模拟研究。

9.1 四种喷管构型

连续爆轰发动机产生推力的过程类似于液体火箭发动机的推力产生过程。爆轰产物经膨胀后较均匀地喷出管外,无大的压强波动。本节依据火箭发动机喷管设计原理，设计拉瓦尔喷管，然后依据拉瓦尔喷管尺寸，设计具有相同长度、相同扩张口面积（扩张管）或相同收缩口面积（收缩管）的喷管，加之相同长度直管（即无喷管），共四种排放形式的喷管。为了比较四种喷管的推进性能，对爆轰波在喷管中传播进行数值模拟。控制方程为广义坐标系下的三维欧拉方程。化学反应模型为一步化学反应模型。气体是预混的、满足化学当量比的氢气/空气混合气。图 9.1 为连接喷管的四种燃烧室的轴切面图。对于四种喷管结构，燃烧室几何尺寸相同，只是喷管部分形状不同。前端燃烧室部分圆腔内径为 40 mm，外径为 53 mm。其中拉瓦尔喷管依据火箭发动机喷管模型进行设计。拉瓦尔喷管与扩张喷管具有相同的出口截面积。燃烧室宽度为出口宽度的 0.62 倍。扩张段倾斜角为 20°。喷口喉道面积与燃烧室面积比为 8/13。各种喷管网格总数均为 31（半径方向）×800（圆周方向）×300（轴方向），其中带拉瓦尔喷管的连续爆轰发动机燃烧室计算网格如图 9.2 所示，平均网格大小为 0.4 mm。来流总压为 2 MPa，入流喷嘴喉道出口比为 1/10，环境压强为 0.1 MPa，其他边界条件与前面章节相同。

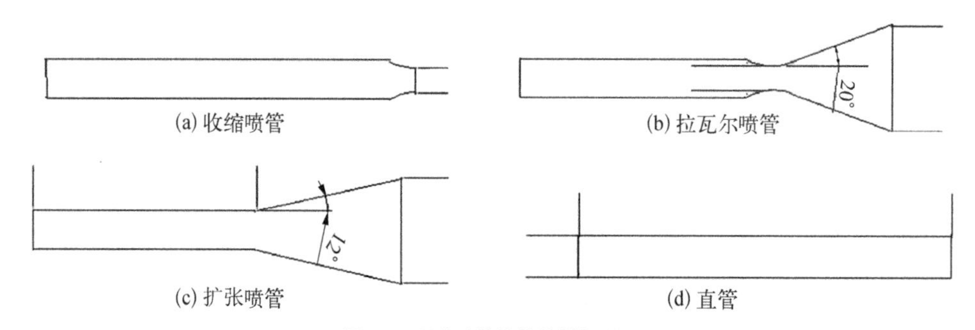

图 9.1 四种喷管结构的轴切面图

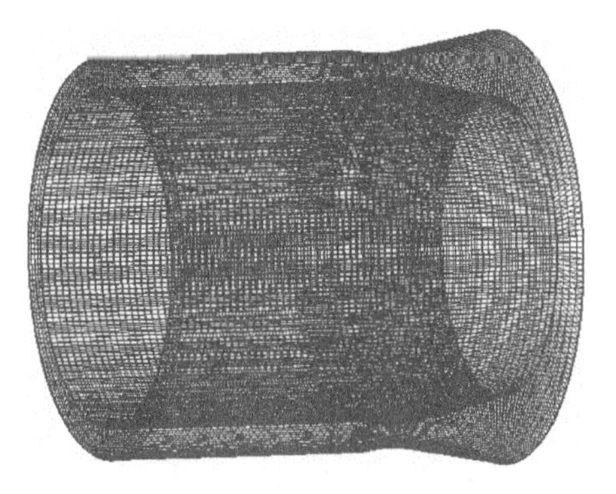

图 9.2 拉瓦尔喷管贴体结构网格

9.2 流场结构

图 9.3(a)～(d)分别为爆轰波传播至 1 500 μs 时四种燃烧室内压强分布。由图中可见,整体结构上,此四种燃烧室内爆轰波与斜激波结构基本相同,均可实现爆轰波的连续稳定传播。四种燃烧室内爆轰波前未燃气体的状态如表 9.1 所示。可燃气体均以亚声速入射。扩张喷管中燃料流动轴向速度最大,所以爆轰波面高度与入流马赫数均最大,同时造成爆轰波更加倾斜于进气壁。拉瓦尔喷管与收缩喷管中爆轰波面高度最窄,只相当于扩张喷管中波面高度的一半。由于拉瓦尔喷管可使出流在喷管的喉道处达到壅塞状态,在扩张段达到超声速,因此环境压强影响不能传播到上游燃烧室内。在拉瓦尔喷管与收缩喷管中,燃烧室进气壁端可保持较高的压强,这样可提高部分推力。后面分析中将会注意到几种喷管中混合气入流质量流量几乎相同。

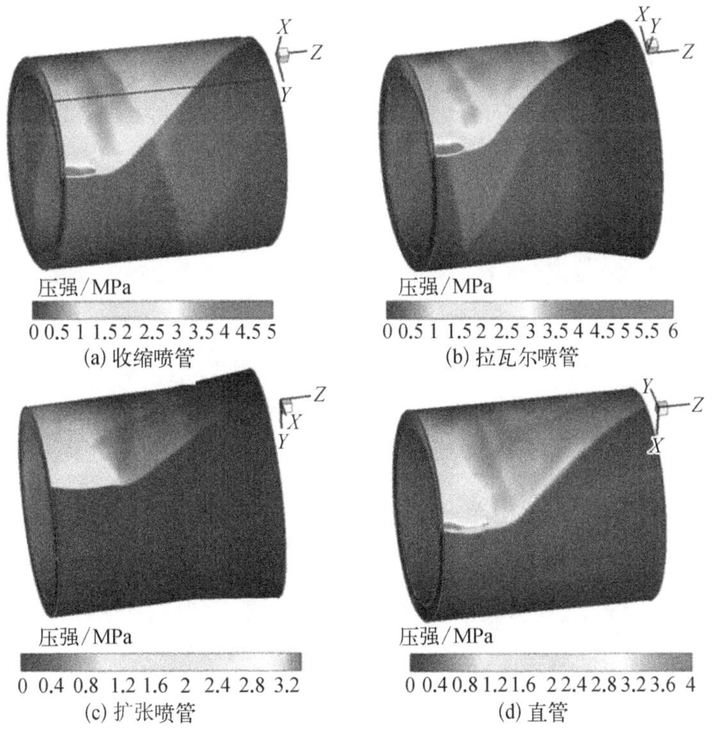

图 9.3 1 500 μs 时四种喷管内的压强分布

表 9.1 爆轰波前未燃气体状态

	压强/MPa	速度/(m/s)	波面高度/cm	温度/K	马赫数
收缩喷管	0.371	210	1.6	458	0.459
拉瓦尔喷管	0.470	60	1.6	495	0.130
扩张喷管	0.164	362	3.2	435	0.800
直管	0.343	216	2.3	470	0.467

图 9.4 为四种类型喷管中马赫数分布。由图可以看出，在拉瓦尔喷管中，流动在喉道前为亚声速流动，在喉道处达到声速，之后以超声速在扩张喷管内加速。收缩-扩张结构使爆轰产物得到充分的加速。在出口处产物马赫数均大于 2，最高马赫数是 2.5，对应轴向流动速度约为 2 100 m/s。扩张喷管中爆轰产物同样得到加速，出口处马赫数也加速到 2 以上。在等截面喷管及收缩喷管中，爆轰产物加速有限，燃料基本以亚声速喷出。受斜激波影响，管内局部存在超声速流动，但是大部分区域为亚声速流动。图 9.5 显示 0～1 500 μs 内在燃烧室内一点(r = 48 mm，z = 1 mm)的压强随时间的变化。可以看出，一旦最初的扰动衰减，爆轰波即可维持稳定的传播。

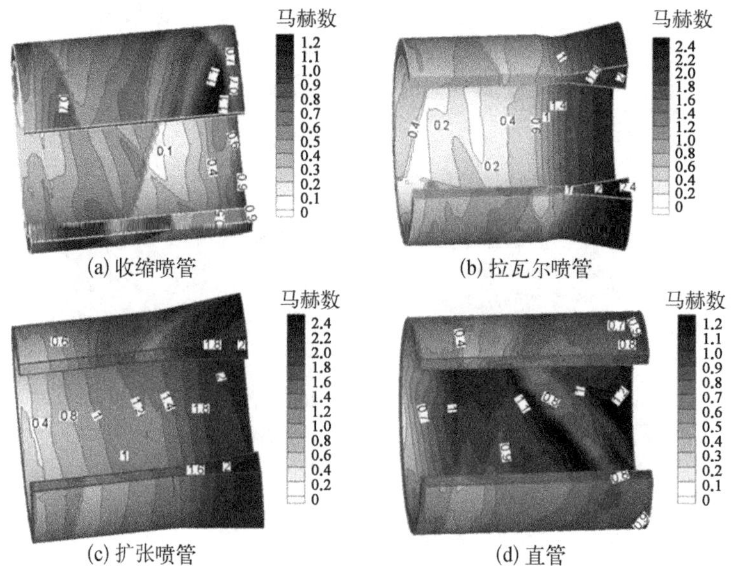

(a) 收缩喷管 (b) 拉瓦尔喷管

(c) 扩张喷管 (d) 直管

图 9.4 四种喷管中马赫数分布

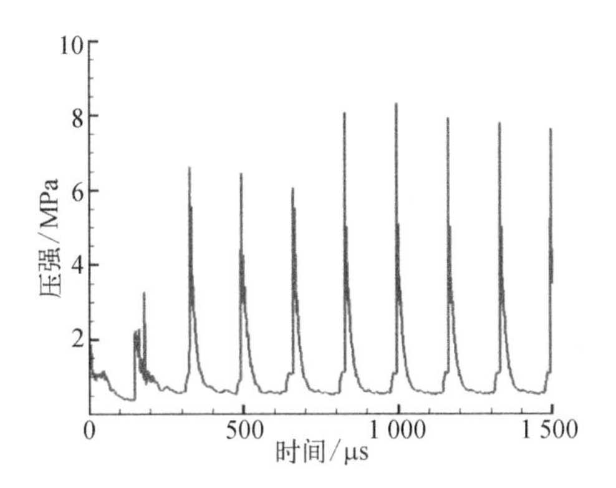

图 9.5 0~1 500 μs 内拉瓦尔喷管燃烧室内一点(r=4.6 cm, z=1 cm)上压强随时间的变化

9.3 推力性能分析

本节主要从以下几个推进性能的重要参数评估不同喷管对连续爆轰推进性能的影响,分别为总推力(gross thrust)F,总比冲(gross specific impulse) I_{sp}^{g},净比冲(net specific impulse) I_{sp}^{n},单位面积的质量流量 m。其中净比冲为总比冲中减去由来流动量产生的比冲,表示由燃烧新增的比冲。各个参数的计算表达式如下:

$$F(t)=\int_{\text{exit}}(\rho w^2+p_{\text{out}}-p_{\infty})\text{d}A \tag{9.1}$$

$$\dot{m}(t)=\frac{1}{A}\int_{\text{exit}}\rho w\text{d}A \tag{9.2}$$

$$I_{sp}^{g}=\frac{\int_{\text{exit}}(\rho w^2+p_{\text{out}}-p_{\infty})\text{d}A}{A\dot{m}_{\text{f}}g} \tag{9.3}$$

$$I_{sp}^{n}=\frac{\int_{\text{exit}}(\rho w^2+p_{\text{out}}-p_{\infty})\text{d}A-\int_{\text{exit}}(\rho w^2+p)\text{d}A}{A\dot{m}_{\text{f}}g} \tag{9.4}$$

其中,w 是轴向流动速度;$\dot{m}_{\text{f}}$ 是单位面积燃料的流量;A 是燃烧室头部的面积。图 9.6 为四种喷管在爆轰波传播过程中产生的推力。当爆轰波达到稳定后,四种

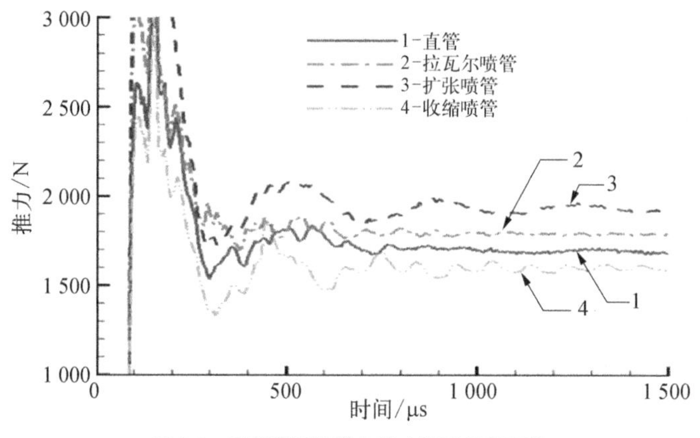

图 9.6 四种类型喷管中推力随时间的变化

喷管均可产生稳定的推力。由于计算中燃烧室较小,对于实际尺寸燃烧室,推力将是相当可观的。对于本节给定工况,扩张喷管可产生近 1 800 N 的推力,合计为 4.7×10^4 kg/m^2。

图 9.7、图 9.8 分别为总比冲与净比冲的计算值。由图 9.7 中可见,对于总比冲,拉瓦尔喷管与扩张喷管差别不大,约为 1 800 s,收缩喷管与直管的比冲约为 1 500 s。对于净比冲,拉瓦尔喷管则显示出很好的热效率,较其他几种喷管优势明显。图 9.8 中可见,拉瓦尔喷管可达到基于燃料的净比冲值约为650 s。图 9.9 为质量流量变化。由于爆轰波传播速度极快,加之燃烧更加稳定,即使是 2 000 m/s 入流,爆轰波仍可稳定传播,所以此种发动机入流流量极高。对于本节研究工况,燃料入流流量平均约为 320 kg/(m^2 · s),各种喷管间流量差别不大。

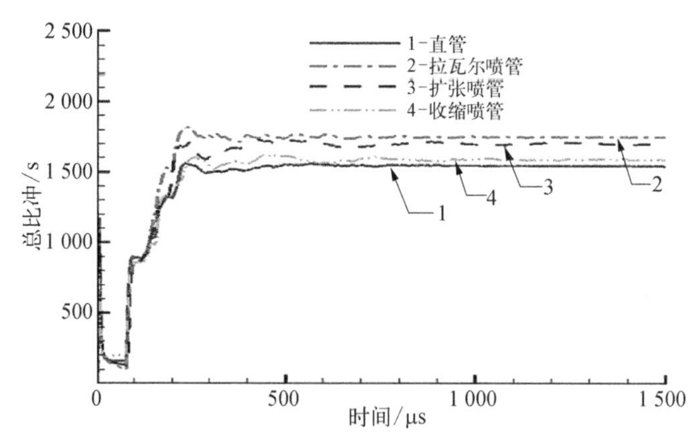

图 9.7 四种喷管中总比冲随时间的变化

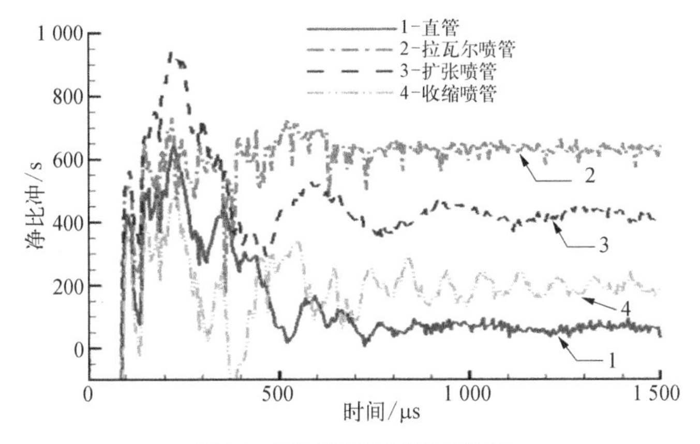

图 9.8　四种喷管产生净比冲比较

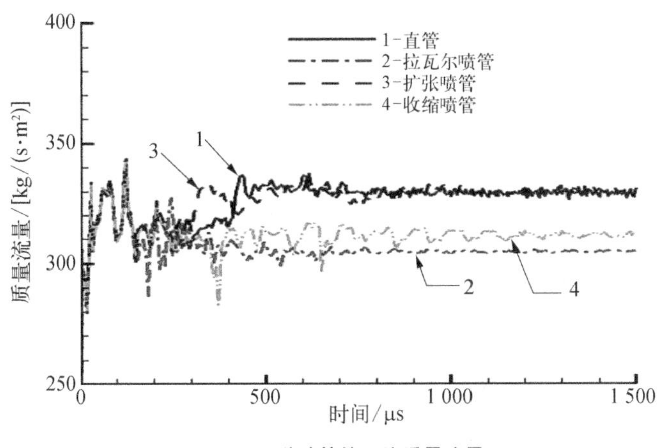

图 9.9　四种喷管的平均质量流量

由于现有计算中入流动量极大，且计算中假设可燃气体通过整个面入射，为与燃烧室内高压气体平衡，需要通过诱导激波减速，这样造成入流动能损失较大，但拉瓦尔喷管中仍得到了较为可观的比冲值。真实发动机中，燃烧剂由分散的喷嘴入射或通过缝隙喷入大的燃烧室，入射后可通过扩散、膨胀减速，这将减少入流动量损失，更有利于提高比冲。当入流动量较出流动量相差较大时，可得到接近总比冲的燃烧增加比冲值。

美国空军研究实验室和创新科学方案公司实验研究了具有不同喷管结构的连续爆轰发动机，并测量了推力和比冲[176]。他们的实验研究表明，当喷管处于完全壅塞或部分壅塞状态时，燃烧室内的总压增加，并且增压效应是当量比的函数。

取决于不同流量,实验中发现最大总压增加量可以达到 3%~7%。图 9.10 是他们使用的连续爆轰发动机实验模型。实验中他们考虑了四种不同结构的喷管(图 9.11),包括钝体喷管和塞式喷管。实验表明,不同的喷管结构对连续爆轰发动机的推进性能带来不同影响,如图 9.12 所示,实验中流量为 1.14 kg/s。比推力 F_{sp} 为

$$F_{sp}=\frac{F_g}{\dot{m}_{air}} \tag{9.5}$$

其中,F_g 为净推力;$\dot{m}_{air}$ 为空气流量。塞式喷管在较高的背压和流量下体现出了优势。实验中设计了三种塞式喷管结构。三种结构中锥型部分相同,但是对其中

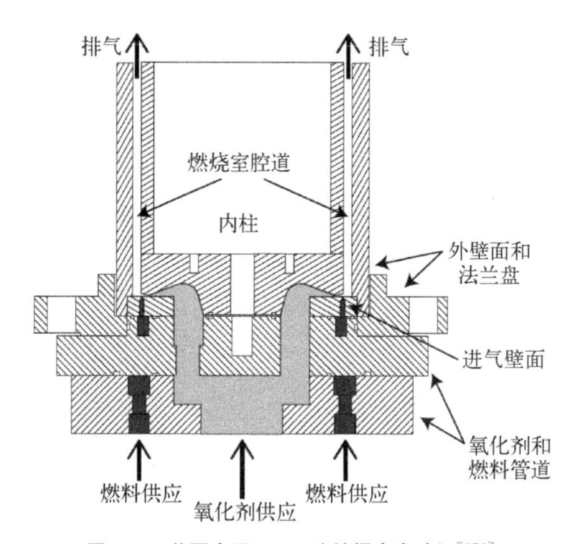

图 9.10 美国空军 SIMR 连续爆轰发动机[176]

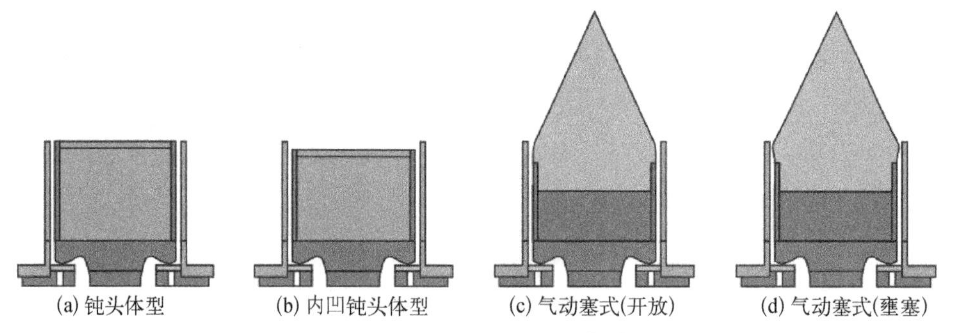

图 9.11 不同喷管结构示意图[176]

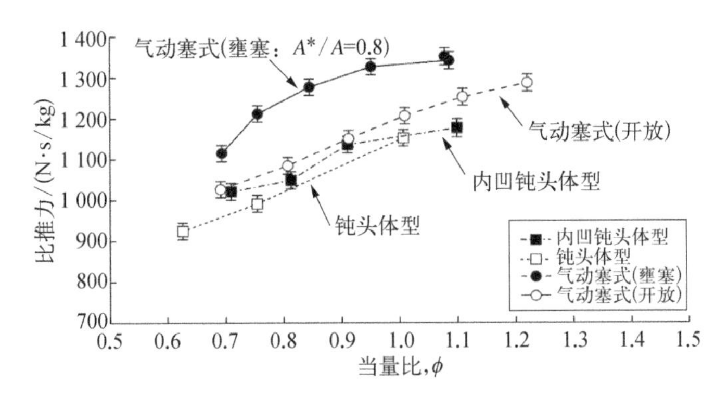

图 9.12 四种不同喷管结构性能对比(总流量 1.14 kg/s)[176]

两种结构的燃烧室环腔出口面积进行了收缩(area constriction),收缩比分别为20%和40%。开放型塞式喷管和收缩型塞式喷管的性能对比如图 9.13 所示。选取吸气式发动机比冲参数 I_{sp} 用于比较:

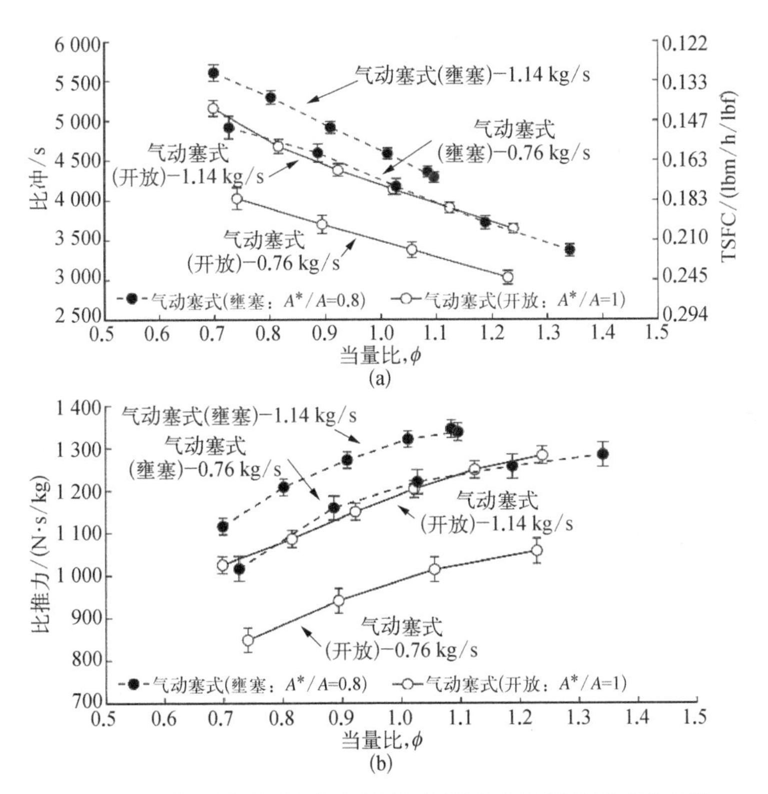

图 9.13 开放型和收缩型塞式喷管性能对连续爆轰发动机性能的影响[176]

$$I_{sp} = \frac{F_g}{\dot{m}_f g_0} = \frac{1}{g_0 \cdot \text{TSFC}} \tag{9.6}$$

其中，TSFC(thrust-specific fuel consumption)为单位推力的燃料消耗率。

9.4 尾流场的影响

目前绝大多数连续爆轰发动机的数值模拟研究中都没有考虑爆轰和燃烧产物喷出燃烧室之后形成的尾流场，实验中由于手段受限也难开展对于尾流的研究。美国海军实验室的 Kailasanath[177] 开展了考虑尾流场的连续爆轰发动机的数值模拟(图 9.14)。他们通过对比发现，在连续爆轰发动机的数值模拟中加入尾流场部分的计算域后并没有使整体结果(与不考虑尾流场时相比)发生明显的变化，只会对燃烧室内的温度和压强带来很小影响。图 9.15 和图 9.16 是靠近燃烧室出口区域的尾焰，可以看到在燃烧室内柱之后存在一个高温区，这里的压强较低，抽吸周围气体形成一个回流区。

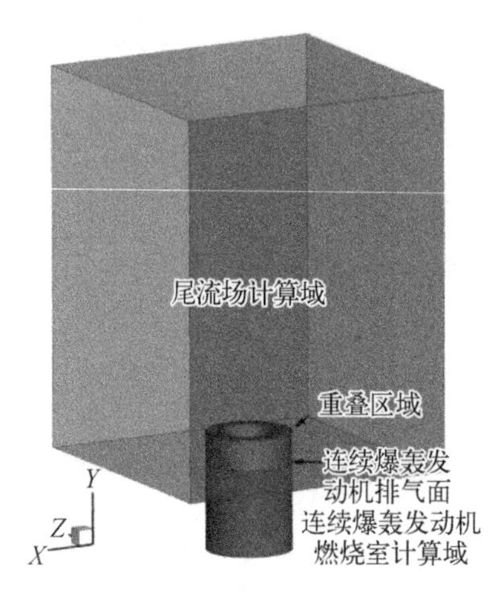

图 9.14 带尾流场的连续爆轰发动机数值模拟[177]

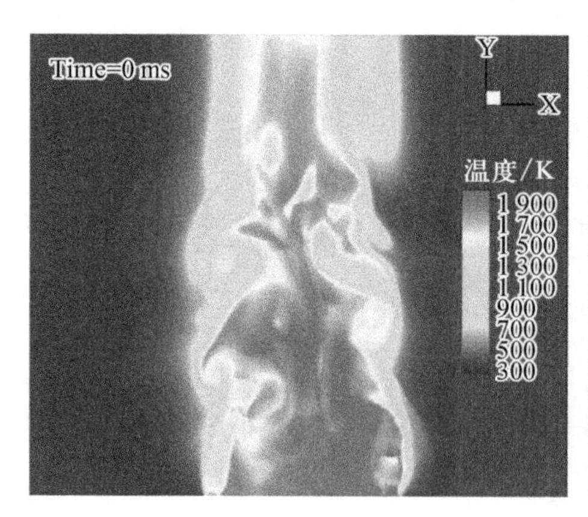

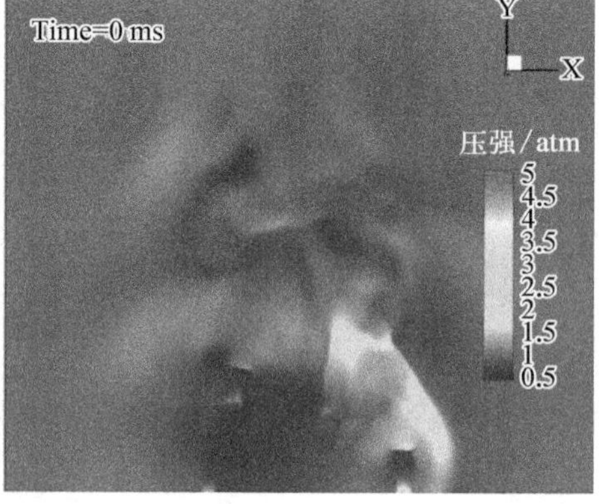

图 9.15 连续爆轰发动机尾焰[177](后附彩图)

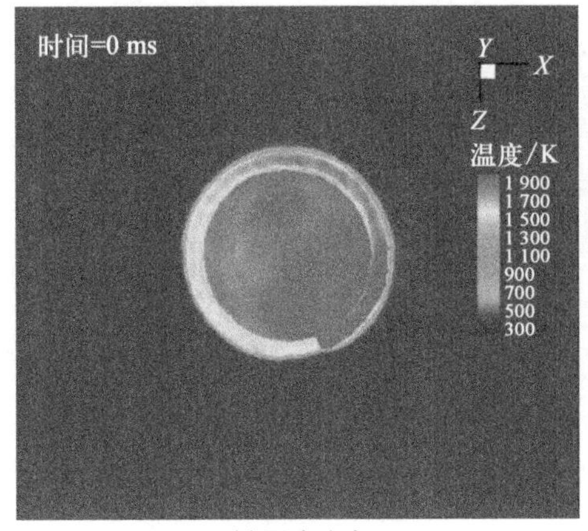

(a) 温度分布

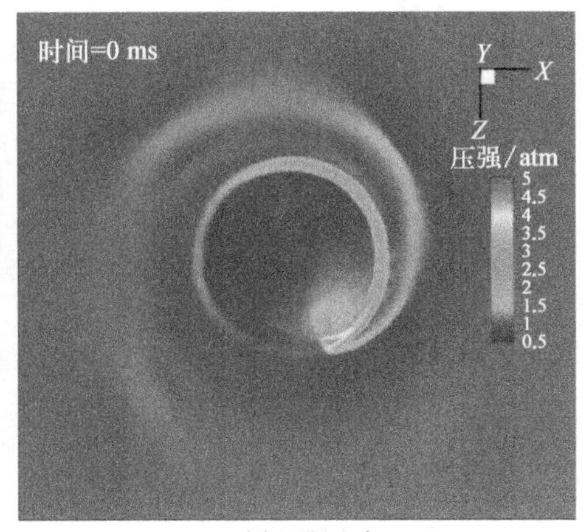

(b) 压强分布

图 9.16　连续爆轰发动机尾焰底部投影[177]

参 考 文 献

[1] Roy M. Propulsion par statoreacteur a detonation. Comptes Rendus Hebdomadaires des Séances de l'Académie des Sciences, 1946, 222: 31-32.

[2] Dunlap R, Brehm R L, Nicholls J A. A preliminary study of the application of steady-state detonative combustion to a reaction engine. Journal of Jet Propulsion, 1958, 28(7): 451-456.

[3] Nicholls J A, Dabora E K, Gealer R L. Studies in connection with stabilized gaseous detonation waves. Symposium (International) on Combustion, 1958, 7(1): 766-772.

[4] Pratt D T, Humphrey J, Glenn D. Morphology of standing oblique detonation waves. Journal of Propulsion and Power, 1991, 7(5): 837-845.

[5] Lehr H F. Experiments on shock-induced combustion. Acta Astronautica, 1972, 17: 589-597.

[6] Shepherd J E. Detonation Waves and Propulsion //Combustion in High-Speed Flows. Netherlands: Springer, 1994: 373-420.

[7] Choi J, Kim D, Jeung I, et al. Cell-like structure of unstable oblique detonation wave from high-resolution numerical simulation. Proceedings of the Combustion Institute, 2007, 31(2): 2473-2480.

[8] 董刚，范宝春.驻定爆轰的不稳定性及参数影响研究.第一届爆轰与爆震发动

机研讨会，北京，2009.

[9] Trotsyuk A V, Kudryavtsev A N, Ivanov M S. Numerical investigations of detonation waves in supersonic steady flows. Application of Detonation to Propulsion, Torus Press, 2004：125 - 138.

[10] Starik A M, Titova N S, Bezgin L V, et al. Control of combustion by generation of singlet oxygen molecules in electrical discharge. Czechoslovak Journal of Physics, 2006, 56：1357 - 1363.

[11] Hoffman H. Reaction propulsion by intermittent detonative combustion. Germa Ministry of Supply, AI 152 365, 1940.

[12] Helman D, Shreeve R P, Eidelman S. Detonation pulse engine. AIAA / ASME /SAE /ASEE 22nd Joint Propulsion Conference, Huntsville, Alabama, 1986.

[13] Bussing T, Pappas G. An introduction to pulse detonation engines. AIAA paper, 1994, 263.

[14] Roy G D, Frolov S M, Borisov A A, et al. Pulse detonation propulsion：challenges, current status, and future perspective. Progress in Energy and Combustion Science, 2004, 30(6)：545 - 672.

[15] Kailasanath K. Research on pulse detonation combustion systems：a status report. AIAA paper, 2009, 631.

[16] Fan W, Yan C, Huang X, et al. Experimental investigation on two-phase pulse detonation engine. Combustion and Flame, 2003, 133(4)：441 - 450.

[17] 范玮，严传俊，李强，等.脉冲爆震火箭发动机试验.推进技术，2006(5)：385 - 389.

[18] 邓君香，严传俊，郑龙席，等.障碍物对脉冲爆震发动机性能影响的数值模拟.航空学报，2009(4)：614 - 621.

[19] 李超，郑龙席，李勍，等.脉冲爆震发动机非接触推力测试理论与实验研究.科学技术与工程，2013(9)：2441 - 2447.

[20] 李建中，王家骅，范育新，等.煤油/空气脉冲爆震发动机激波反射起爆研究.工程热物理学报，2007(2)：347 - 350.

[21] 孙健，韩启祥，王家骅，等.助爆装置影响两相混气中爆震波触发特性实验.推进技术，2013(7)：997 - 1001.

[22] Wang C, Jiang Z, Hu Z, et al. Numerical investigation on the evolution of the cylindrical cellular detonation. Applied Mathematics and Mechanics, 2008, 29: 1347 - 1354.

[23] 李旭东,王爱峰,王春,等.脉冲爆轰发动机的系统性能分析.力学学报,2010(3): 366 - 372.

[24] 李辉煌,杨基明,徐立功.脉冲爆震发动机喷管流动的数值模拟.推进技术,2004(6): 553 - 556.

[25] 朱雨建,杨基明.爆轰波与激波对撞的实验研究.力学学报,2008(6): 721 - 728.

[26] 王昌建,郭长铭,徐胜利,等.气相爆轰在 T 形管中传播现象的实验研究.力学学报,2004(1): 16 - 23.

[27] 李应林,杨伟航,徐胜利.高精度格式在非光滑贴体网格计算中的初步应用.第二届爆震与爆轰发动机研讨会,中国北京,2011.

[28] 王健平,余荣国,刘云峰.脉冲爆轰发动机膨胀过程的数值模拟研究.第十二届全国计算流体力学会议,中国陕西西安,2004.

[29] Wang J P, Liu H W, Liu Y F. Numerical simulation of exhaust process of pulse detonation engine. Computational Fluid Dynamics Journal, 2007, 15(4): 639.

[30] Fan W. Research progress on pulse detonation rocket engines. International Workshop on Detonation for Propulsion, Korea, 2011.

[31] Naples A. Recent progress in detonation at air force research labs. International Workshop on Detonation for Propulsion, Korea, 2011.

[32] Kawai S, Fujiwara T. Numerical analysis of first and second cycles of oxyhydrogen pulse detonation engine. AIAA Journal, 2003, 41 (10): 2013 - 2019.

[33] Brophy C M, Werner S, Sinibaldi J O. Performance characterization of a valveless pulse detonation engine. Aerospace Sciences Meeting & Exhibit, 2003, 4 (3): 739 - 746.

[34] Voitsekhovskii B V. Stationary detonation. Doklady Akademii Nauk SSSR, 1959, 129(6): 1254 - 1256.

[35] Voitsekhovskii B V, Mitrofanov V V, Topchiyan M E. Structure of the detonation front in gases (survey). Combustion Explosion and Shock Waves, 1969, 5(3): 267 - 273.

[36] Adamson T C, Olsson G R. Performance analysis of rotating detonation wave rocket engine. Acta Astronautica, 1967,13: 405 - 415.

[37] Nicholls J A, Cullen R E, Ragland K W. Feasibility studies of a rotating detonation wave rocket motor. Journal of Spacecraft and Rockets, 1966, 3 (6): 893.

[38] Bykovskii F A, Zhdan S A, Vedernikov E F. Continuous spin detonations. Journal of Propulsion and Power, 2006, 22(6): 1204 - 1216.

[39] Bykovskii F A, Zhdan S A, Vedernikov E F, et al. Scaling factor in continuous spin detonation of syngas-air mixtures. Combustion Explosion and Shock Waves, 2017, 53 (2) :187 - 198.

[40] Wolański P. Detonative propulsion. Proceedings of the Combustion Institute, 2013, 34(1): 125 - 158.

[41] Kindracki J, Wolański P, Gut Z. Experimental research on the rotating detonation in gaseous fuels — oxygen mixtures. Shock Waves, 2011, 21 (2): 75 - 84.

[42] Wolański P. Recent research on RDE in Poland. International Workshop on Detonation for Propulsion, Beijing, China, 2015.

[43] 邵业涛，王健平，藤原俊隆.连续爆轰发动机的二维数值模拟研究.第十三届全国激波与激波管学术会议，湖南长沙，2008.

[44] 王健平，石天一，王宇辉，等.连续爆轰发动机的实验研究.第十四届全国激波与激波管学术会议，安徽黄山，2010.

[45] Shao Y T, Liu M, Wang J P, et al. Numerical investigation of continuous detonation engine. Proceedings of the 22th International Colloquium on the Dynamics of Explosion and Reactive Systems, Minsk, The Republic of Belarus, 2009.

[46] Liu Y S, Wang Y H, Li Y, et al. Spectral analysis and self-adjusting mechanism for oscillation phenomenon in hydrogen-oxygen continuously rotating detonation

engine. Chinese Journal of Aeronautics, 2015, 28(3): 669 - 675.

[47] Wang Y H, Wang J, Li Y, et al. Induction for multiple rotating detonation waves in the hydrogen-oxygen mixture with tangential flow. International Journal of Hydrogen Energy, 2014, 39 (22):11792 - 11797.

[48] 李洋,王宇辉,刘宇思,等.旋转爆轰发动机中激波对爆轰波传播影响的实验探究.第十六届全国激波与激波管学术会议,河南洛阳,2014.

[49] 邵业涛,王健平,李韶武,等.空心圆筒内连续旋转爆轰波三维数值模拟.第十四届全国激波与激波管学术会议,中国安徽黄山,2010.

[50] Yao S B, Han X D, Liu Y, et al. Numerical study of rotating detonation engine with an array of injection holes. Shock Waves, 2017, 27(3): 467 - 476.

[51] 刘宇思.不同内柱尺寸及无内柱的连续旋转爆轰实验研究.北京:北京大学,2015.

[52] 韩旭东.阵列式小孔进气连续爆轰发动机实验研究.北京:北京大学,2017.

[53] 何煦虹.MBDA公布英仙座超声速导弹系统概念.飞航导弹,2012(2): 3 - 6.

[54] Lentsch A, Bec R, Serre L, et al. Overview of current French activities on PDRE and continuous detonation wave rocket engines. AIAA/CIRA 13th International Space Planes and Hypersonics Systems and Technologies, Capua, 2005.

[55] Canteins G. Etude de la détonation continue rotative-application *à* la propulsion. Université de Poitiers(French), 2006.

[56] Vidal P. Recent experimental efforts at prime on detonation dynamics in gases for application to propulsion. International Workshop on Detonation for Propulsion, Singapore, 2016.

[57] Rein K D, Roy S, Sanders S T, et al. Measurements of gas temperatures at 100 kHz within the annulus of a rotating detonation engine. Applied Physics B, 2017, 123(3).

[58] Nordeen C A, Schwer D, Schauer F, et al. Role of inlet reactant mixedness on the thermodynamic performance of a rotating detonation engine. Shock Waves, 2015, 26(4): 1 - 1.

[59] Naples A, Hoke J, Karnesky J, et al. Flowfield characterization of a rotating

detonation engine. 51st AIAA Aerospace Sciences Meeting including the New Horizons Forum and Aerospace Exposition, Texas, 2013.

[60] Suchocki J A, Yu S J, Hoke J L, et al. Rotating detonation engine operation. 50th AIAA Aerospace Sciences Meeting Including the New Horizons Forum and Aerospace Exposition, January 9, 2012 - January 12, 2012, Nashville, TN, United states, 2012.

[61] Rankin B A, Fotia M L, Naples A G, et al. Overview of performance, application, and analysis of rotating detonation engine technologies. Journal of Propulsion and Power, 2017, 33(1): 131 - 143.

[62] Rankin B A, Richardson D R, Caswell A W, et al. Chemiluminescence imaging of an optically accessible non-premixed rotating detonation engine. Combustion and Flame, 2017, 176: 12 - 22.

[63] Claflin S. Recent progress in continuous detonation engines development at Pratt & Whitney rocketdyne. International Workshop on Detonation for Propulsion, Tsukuba, Japan, 2012.

[64] Smith R, Siebenhaar A. Joint development of CDE technology at GHKN engineering and aerojet. International Workshop on Detonation for Propulsion, Tsukuba, Japan, 2012.

[65] Wilson D R, Lu F K. Summary of recent research on detonation wave engines at UTA. International Workshop on Detonation for Propulsion, Pusan, Korea, 2011.

[66] Frolov S M. Directions of detonation research at Semenov Institute of Chemical Physics. International Workshop on Detonation for Propulsion, Beijing, China, 2015.

[67] Kasahara J. Research and development of rotating detonation engine for upper-stage kick motor system. International Workshop on Detonation for Propulsion, Singapore, 2016.

[68] Kasahara J. 500 - N class rotating detonation rocket engine experiments. International Workshop on Detonation for Propulsion, Beijing, China, 2015.

[69] Liu S J, Lin Z Y, Liu W D, et al. Experimental realization of H_2/air

continuous rotating detonation in a cylindrical combustor . Combustion Science and Technology, 2012, 184(9): 1302－1317.

[70] Liu S J, Lin Z Y, Liu W D, et al. Experimental and three-dimensional numerical investigations on H_2/air continuous rotating detonation wave. Proc IMechE, Part G: J Aerospace Engineering, 2012.

[71] Liu S J, Lin Z Y, Sun M B, et al. Thrust vectoring of a continuous rotating detonation engine by changing the local injection pressure. Chinese Physics Letters, 2011, 28(9): 94704.

[72] 郑权,李宝星,翁春生,等.双波对撞模态下的液态燃料旋转爆轰发动机推力测试研究.兵工学报,2017,38(4): 679－689.

[73] 郑权,翁春生,白桥栋.倾斜环缝喷孔式连续旋转爆轰发动机试验.推进技术,2014(4): 570－576.

[74] Yang C, Wu X, Ma H, et al. Experimental research on initiation characteristics of a rotating detonation engine. Experimental Thermal and Fluid Science, 2016, 71: 154－163.

[75] 高剑,马虎,裴晨曦,等.喷管对旋转爆震发动机性能影响的实验.航空动力学报,2016,31(10): 2443－2453.

[76] 高剑,武晓松,马虎,等.不同燃烧室长度的旋转爆震发动机实验研究.推进技术,2016,37(10): 1991－2000.

[77] 彭磊,王栋,裴晨曦,等.旋转爆震发动机爆震波建立过程实验研究.推进技术,2016,37(10): 1801－1809.

[78] Pan Z H, Fan B C, Zhang X D, et al. Wavelet pattern and self-sustained mechanism of gaseous detonation rotating in a coaxial cylinder. Combustion and Flame, 2011, 158(11): 2220－2228.

[79] Abel F A. Contributions to the history of explosive agents. Journal of the Franklin Institute, 1869, 88(1): 52－55.

[80] Berthelot M, Vieille P. Sur la vitesse de propagation des phénomènes explosifs dans les gaz. CR Acad. Sci., Paris, 1881, 93: 18－22.

[81] Berthelot P, Vieille P. Nouvelles recherches sur la propagation des phénomènes explosifs dans les gaz. CR Acad. Sci. Paris, 1882, 95: 151－157.

[82] Mallard E,Le Chatelier H. Combustion des mélanges gazeux explosifs. Ann Mines Série, IV (1883):274 - 388.

[83] 奥尔连科. 爆炸物理学//孙承纬，译. 北京：科学出版社，2011.

[84] Chapman D L. VI. On the rate of explosion in gases. The London, Edinburgh, and Dublin Philosophical Magazine and Journal of Science, 1899, 47(284): 90 - 104.

[85] Jouguet E. Sur la propagation des réactions chimiques dans les gaz. J. Math. Pures Appl., 1905, 1: 347 - 425.

[86] 张宝平,张庆明,黄风雷.爆轰物理学.北京：兵器工业出版社，2001.

[87] Zel'dovich Y B. On the utilization of detonative combustion energy. Technol. Phys, 1940, 10: 1453 - 1461.

[88] von Neumann J. Theory of detonation waves. Princeton, NJ: Institute for Advanced Study, 1942.

[89] Döring W. Über den detonationsvorgang in gasen. Annalen der Physik, 1943, 435(6 - 7): 421 - 436.

[90] Erpenbeck J J. Stability of idealized one-reaction detonations. The Physics of Fluids, 1964, 7(5): 684 - 696.

[91] Lee J H. The detonation phenomenon. Cambridge: Cambridge University Press, 2008.

[92] Turns S R. An introduction to combustion. New York: McGraw-hill, 1996.

[93] 孙承纬,卫玉章,周之奎.应用爆轰物理.北京：国防工业出版社,2000.

[94] Austin J M. The role of instability in gaseous detonation. Thesis Shepherd, 2003.

[95] 张博,白春华.气相爆轰动力学.北京：科学出版社,2012.

[96] 王宇辉,乐嘉陵,杨样,等.旋转爆轰发动机燃烧室的燃烧与流动特性研究.实验流体力学,2017,31(1)：32 - 38.

[97] Kato Y, Ishihara K, Matsuoka K, et al. Study of combustion chamber characteristic length in rotating detonation engine with convergent-divergent nozzle. 54th AIAA Aerospace Sciences Meeting, San Diego, California, USA, 2016.

[98] Frolov S M, Aksenov V S, Ivanov V S, et al. Large-scale hydrogen-air continuous detonation combustor. Int. J. Hydrogen Energy, 2015, 40: 1616 - 1623.

[99] Naour B L, Falempin F H, Coulon K. MBDA R&T effort regarding continuous detonation wave engine for propulsion - Status in 2016. International Space Planes and Hypersonic Systems and Technologies Conferences, 2017.

[100] Anand V, St. George A, Driscoll R, et al. Analysis of air inlet and fuel plenum behavior in a rotating detonation combustor. Experimental Thermal and Fluid Science, 2016, 70: 408 - 416.

[101] Dorofeev S B, Sidorov V P, Kuznetsov M S, et al. Effect of scale on the onset of detonations. Shock Waves, 2000, 10(2): 137 - 149.

[102] Williams D N, Bauwens L, Oran E. Detailed structure and propagation of three-dimensional detonations. Symposium on Combustion, 1996 , 26 (2): 2991 - 2998.

[103] Korobeinikov V T. Propagation of blast waves in a combustible gas. Acta Astronautica, 1972, 17: 529 - 536.

[104] Petersen E L, Hanson R K. Reduced kinetics mechanisms for ram accelerator combustion. Journal of Propulsion and power, 1999, 15(4): 591 - 600.

[105] Uemura Y, Hayashi A K, Asahara M, et al. Transverse wave generation mechanism in rotating detonation. Proceedings of the Combustion Institute, 2013, 34(2): 1981 - 1989.

[106] Ma F, Choi J, Yang V. Propulsive performance of airbreathing pulse detonation engines. Journal of Propulsion and Power, 2006, 22(6): 1188 - 1203.

[107] Taki S, Fujiwara T. Numerical analysis of two-dimensional nonsteady detonations. AIAA Journal, 1978, 16(1): 454 - 66.

[108] Zhou R, Wang J P. Numerical investigation of flow particle paths and thermodynamic performance of continuously rotating detonation engines.

Combustion and Flame, 2012, 159: 3632 - 3645.

[109] Lax P D. Weak solutions of nonlinear hyperbolic equations and their numerical computation. Communications on Pure and Applied Mathematics, 1954, 7(1): 159 - 193.

[110] Friedrichs K O. Symmetric hyperbolic linear differential equations. Communications on Pure and Applied Mathematics, 1954, 7 (2): 345 - 392.

[111] Godunov S K. A difference method for numerical calculation of discontinuous solutions of the equations of hydrodynamics. Matematicheskii Sbornik, 1959, 89(3): 271 - 306.

[112] Harten A. High resolution schemes for hyperbolic conservation laws. Journal of Computational Physics, 1983, 49(3): 357 - 393.

[113] Harten A. On a class of high-resolution total-variation-stable finite-difference schemes. Siam Journal on Numerical Analysis, 1984, 21(1): 1 - 23.

[114] 张涵信.无波动.无自由参数的耗散差分格式.空气动力学学报,1988(2): 143 - 165.

[115] Harten A, Engquist B, Osher S, et al. Uniformly high order accurate essentially non-oscillatory schemes, III. Journal of Computational Physics, 1987, 71(2): 231 - 303.

[116] Liu X D, Osher S, Chan T. Weighted essentially non-oscillatory schemes. Journal of Computational Physics, 1994, 115(1): 200 - 212.

[117] Jiang G S, Shu C W. Efficient implementation of weighted ENO schemes. Journal of Computational Physics, 1996, 126(1): 202 - 228.

[118] Balsara D S, Shu C. Monotonicity preserving weighted essentially non-oscillatory schemes with increasingly high order of accuracy. Journal of Computational Physics, 2000, 160(2): 405 - 452.

[119] Steger J L, Warming R F. Flux vector splitting of the inviscid gasdynamic equations with application to finite-difference methods. Journal of Computational Physics, 1981, 40(2): 263 - 293.

[120] Leer B V. Flux-vector splitting for the Euler equations. Numerical Methods in Fluid Dynamics，1982：507－512.

[121] Roe P L. Approximate Riemann solvers，parameter vectors，and difference schemes. Journal of Computational Physics，1981，43(2)：357－372.

[122] Osher S，Solomon F. Upwind difference schemes for hyperbolic systems of conservation laws. Mathematics of Computation，1982，38(158)：339－374.

[123] Toro E F，Spruce M，Speares W. Restoration of the contact surface in the HLL-Riemann solver. Shock Waves，1994，4(1)：25－34.

[124] Liou M，Steffen C J. A new flux splitting scheme. Journal of Computational Physics，1993，107(1)：23－39.

[125] 邵业涛.连续爆轰发动机的数值模拟研究.北京：北京大学，2010.

[126] Graf A，Riedel U. Numerical simulation of supersonic reactive flows using explicit Runge-Kutta methods：38th Aerospace Sciences Meeting and Exhibit，Reno，2000.

[127] Sezal I H，Schmidt S J，Schnerr G H，et al. Shock and wave dynamics in cavitating compressible liquid flows in injection nozzles. Shock Waves，2009，19(1)：49－58.

[128] 都志辉.高性能计算并行编程技术：MPI 并行程序设计.北京：清华大学出版社，2001.

[129] 童秉纲.气体动力学.北京：高等教育出版社，1990.

[130] Gamezo V N，Desbordes D，Oran E S. Formation and evolution of two-dimensional cellular detonations. Combustion and Flame，1999，116(1－2)：154－165.

[131] Baum M，Poinsot T，Thévenin D. Accurate boundary conditions for multicomponent reactive flows. Journal of Computational Physics，1995，116(2)：247－261.

[132] Kailasanath K，Oran E S，Boris J P，et al. Determination of detonation cell size and the role of transverse waves in two-dimensional detonations.

Combustion and Flame, 1985, 61(3): 199 - 209.

[133] Nicholls J A, Cullen R E. The feasibility of a rotating detonation wave rocket motor, TR - RPL - TDR - 64 - 113. Ann Arbor, MI: Univ. of Michigan, 1964.

[134] Rankin B A, Richardson D R, Caswell A W, et al. Chemiluminescence imaging of an optically accessible non-premixed rotating detonation engine. Combustion and Flame, 2017, 176: 12 - 22.

[135] Nakagami S, Matsuoka K, Kasahara J, et al. Visualization of rotating detonation waves in a plane combustor with a cylindrical wall injector. 53rd AIAA Aerospace Sciences Meeting, Kissimmee, Florida, 2015.

[136] 郑权,翁春生,白桥栋.当量比对液体燃料旋转爆轰发动机爆轰影响实验研究.推进技术,2015(6): 947 - 952.

[137] 刘世杰.连续旋转爆震波结构、传播模态及自持机理研究.长沙: 国防科技大学,2012.

[138] Shao Y, Liu M, Wang J. Numerical investigation of rotating detonation engine propulsive performance. Combustion Science and Technology, 2010, 182: 1586 - 1597.

[139] 刘勐.连续爆轰发动机多波面现象的三维并行数值模拟.北京: 北京大学,2013.

[140] Frolov S M, Dubrovskii A V, Ivanov V S. Three-dimensional numerical simulation of the operation of a rotating-detonation chamber with separate supply of fuel and oxidizer. Russian Journal of Physical Chemistry B, 2013, 7(1): 35 - 43.

[141] Kailasanath K, Schwer D. Rotating detonation engine research at NRL. International Workshop on Detonation for Propulsion, Taipei, 2013.

[142] Schwer D A, Kailasanath K. Feedback into mixture plenums in rotating detonation engines. 50th AIAA Aerospace Sciences Meeting Including the New Horizons Forum and Aerospace Exposition, January 9, 2012 - January 12, 2012, Nashville, TN, United states, 2012.

[143] Schwer D A, Kailasanath K. Numerical Investigation of Rotating

Detonation Engines. 46th AIAA/ASME/SAE/ASEE Joint Propulsion Conference and Exhibit, Nashville, TN, 2010.

[144] Kindracki J. Experimental studies of kerosene injection into a model of a detonation chamber. Journal of Power Technologies, 2012, 92(2).

[145] Bykovskii F A, Vasilev A A, Vedernikov E F, et al. Explosive combustion of a gas-mixture in radial annular chambers. Combustion Explosion and Shock Waves, 1994, 30(4): 510 - 516.

[146] Bykovskii F A, Zhdan S A, Vedernikov E F. Continuous spin detonation of fuel-air mixtures. Combustion Explosion and Shock Waves, 2006, 42(4): 463 - 471.

[147] Hishida M, Fujiwara T, Ito S. A multi-cycle CFD analysis of oxyhydrogen pulse detonation engine. 44th AIAA Aerospace Sciences Meeting and Exhibit, Reno, Nevada.

[148] Kailasanath K. A review of research on pulse detonation engine nozzles. 37th AIAA/ASME/SAE/ASEE Joint Propulsion Conference and Exhibit, Salt Lake City, Utah, 2001.

[149] Ebrahimi H B. Multidimensional analysis of multitube pulse detonation. 12th AIAA International Space Planes and Hypersonic Systems and Technologies, Norfolk, Virginia, 2003.

[150] Deiterding R. Parallel adaptive simulation of multi-dimensional detonation structures. Quarterly Journal of Speech, 2003, 163(4): 89 - 91.

[151] Tsugé S I, Fujiwara T. On the propagation velocity of a detonation-shock combined wave. ZAMM-Journal of Applied Mathematics and Mechanics/Zeitschrift für Angewandte Mathematik und Mechanik, 1974, 54(3): 157 - 164.

[152] Shao Y, Wang J. Change in continuous detonation wave propagation mode from rotating detonation to standing detonation. Chinese Physics Letters, 2010, 27(0347053).

[153] Fujiwara T, Hishida M, Kindracki J, et al. Stabilization of detonation for any incoming mach numbers. Combustion Explosion and Shock Waves,

2009，45(5)：603－605.

[154] Heiser W H，Pratt D T. Thermodynamic cycle analysis of pulse detonation engines. Journal of Propulsion and Power，2002，18(1)：68－76.

[155] 刘云峰.爆轰波和脉冲爆轰发动机的数值模拟研究.北京：北京大学，2004.

[156] Humphrey H A. An internal-combustion pump，and other applications of a new principle. Proceedings of the Institution of Mechanical Engineers，1909，77(1)：1075－1200.

[157] Fickett W，Davis W C. Detonation：Theory and Experiment. Courier Corporation，2012.

[158] Jacobs S J. The energy of detonation. Naval Ordnance Lab White OAK MD，1956.

[159] St. George A，Driscoll R，Anand V，et al. On the existence and multiplicity of rotating detonations. Proceedings of the Combustion Institute，2017，36(2)：2691－2698.

[160] Yi T，Lou J，Turangan C，et al. Propulsive performance of a continuously rotating detonation engine. Journal of Propulsion and Power，2011，27(1)：171－181.

[161] Frolov S M，Dubrovskii A V，Ivanov V S. Three-dimensional numerical simulation of the operation of the rotating-detonation chamber. Russian Journal of Physical Chemistry B，2012，6(2)：276－288.

[162] Hishida M，Fujiwara T，Wolanski P. Fundamentals of rotating detonations. Shock Waves，2009，19(1)：1－10.

[163] Tang X，Wang J，Shao Y. Three-dimensional numerical investigations of the rotating detonation engine with a hollow combustor. Combustion and Flame，2015，162(4)：997－1008.

[164] Tsuboi N，Eto K，Hayashi A K. Detailed structure of spinning detonation in a circular tube. Combustion and Flame，2007，149(1－2)：144－161.

[165] Paydar N. Buckling analysis of Sandwich columns of linearly varying thickness. AIAA Journal，1988，26(6)：756－759.

[166] Mastin C W, McConnaughey H V. Computational problems on composite grids. 17th Fluid Dynamics, Plasma Dynamics, and Lasers Conference, 1984.

[167] 陈述鹏,鲁学军,周成虎.地理信息系统导论.北京:科学出版社,2000.

[168] 邬伦,刘瑜,张晶.地理信息系统——方法、原理和应用.北京:科学出版社,2001.

[169] Yi T, Turangan C, Lou J, et al. A three-dimensional numerical study of rotational detonation in an annular chamber. 47th AIAA Aerospace Sciences Meeting Including The New Horizons Forum and Aerospace Exposition, Florida, USA, 2009.

[170] Frolov S M, Dubrovskii A V, Ivanov V S. Three-dimensional numerical simulation of operation process in rotating detonation engine. EDP Sciences, 2013.

[171] Zhou R, Wang J P. Numerical investigation of shock wave reflections near the head ends of rotating detonation engines. Shock Waves, 2013, 23(5): 461-472.

[172] Sutton G P, Biblarz O. Rocket Propulsion Elements. John Wiley & Sons, 2017.

[173] Roy G, Frolov S, Santoro R, et al. Advances in Confined Detonations. Moscow: Torus-Press, 2002.

[174] Yungster S. Analysis of nozzle effects on pulse detonation engine performance. AIAA paper, 2003, 1316.

[175] Lu F K, Meyers J M, Wilson D R. Experimental study of propane-fueled pulsed detonation rocket. AIAA Paper, 2003, 6974.

[176] Fotia M L, Schauer F, Kaemming T, et al. Experimental study of the performance of a rotating detonation engine with nozzle. Journal of Propulsion and Power, 2016, 32(3): 674-681.

[177] Kailasanath K. NRL simulations of a rotating detonation engine concept. International Workshop on Detonation for Propulsion, Singapore, 2016.

彩　图

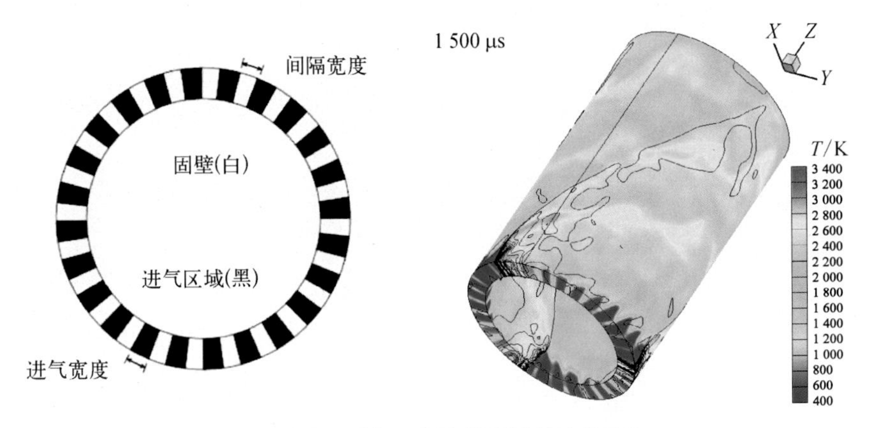

图4.2　间隔进气示意图以及爆轰波流场结构

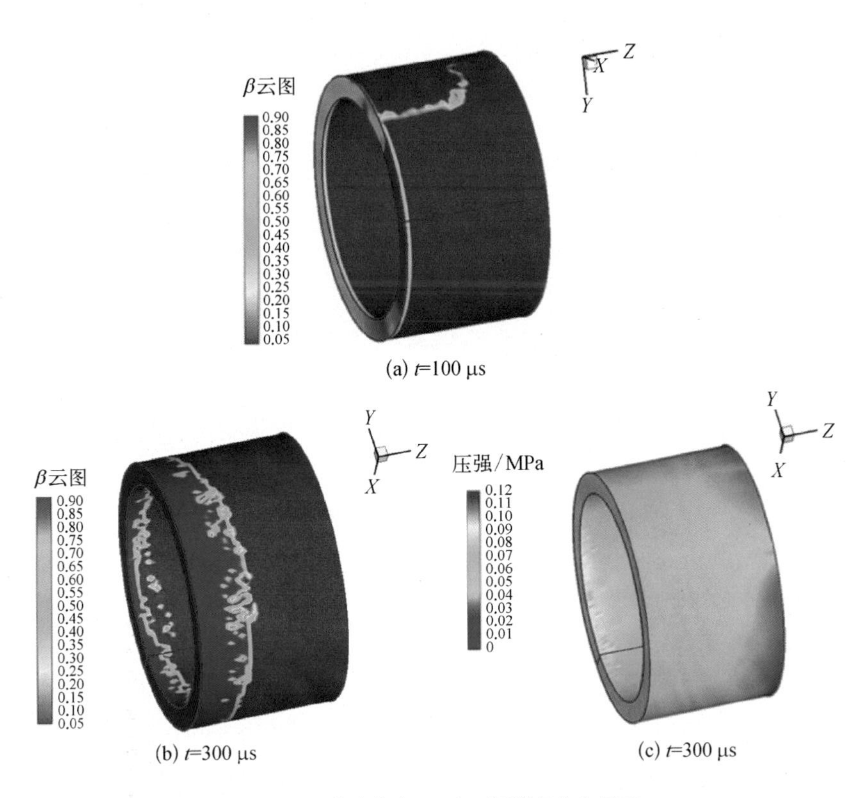

图5.37　入流速度为50m/s时可燃气分布云图

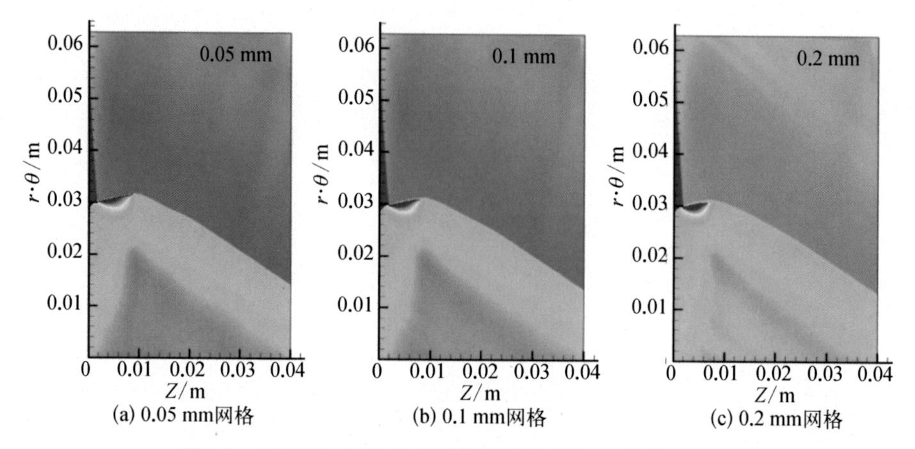

图6.6 三种网格尺寸下二维连续爆轰发动机中压强分布云图

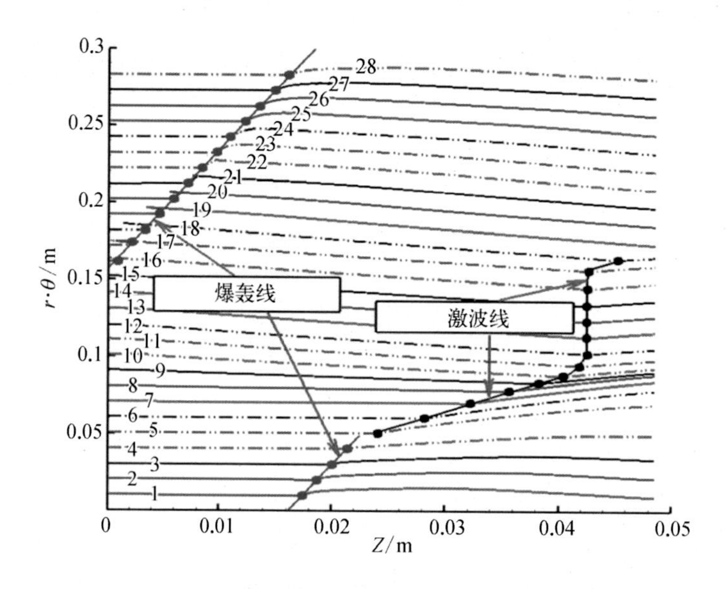

图6.26 二维数值模拟得到的粒子轨迹图

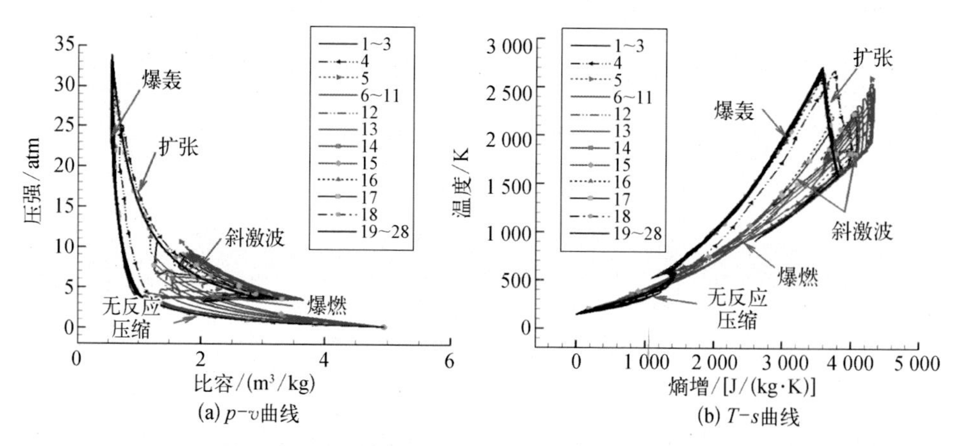

图6.27 二维计算中跟踪28个粒子得到的热力学过程曲线

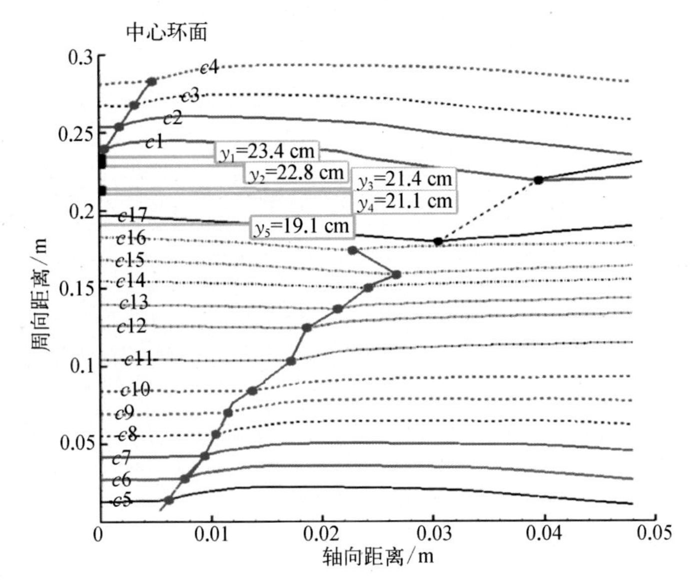

图6.29 （三维）初始位置在中间环面上的17个粒子轨迹沿周向的波动图

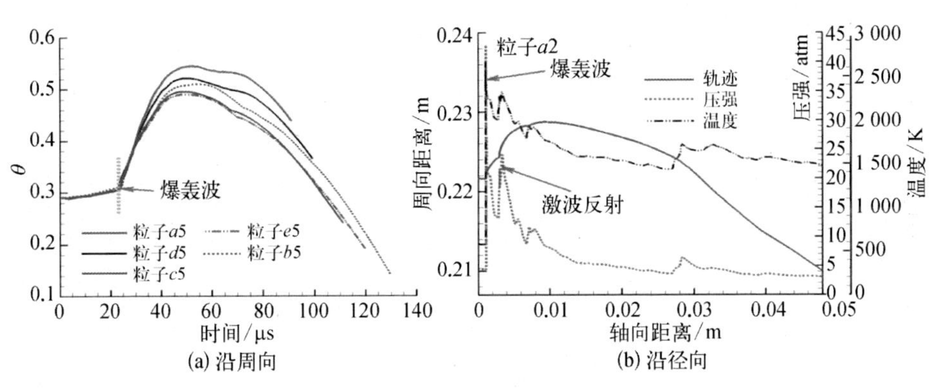

图6.31 初始位置沿径向分布不同的5个粒子的轨迹沿周向和径向的变化

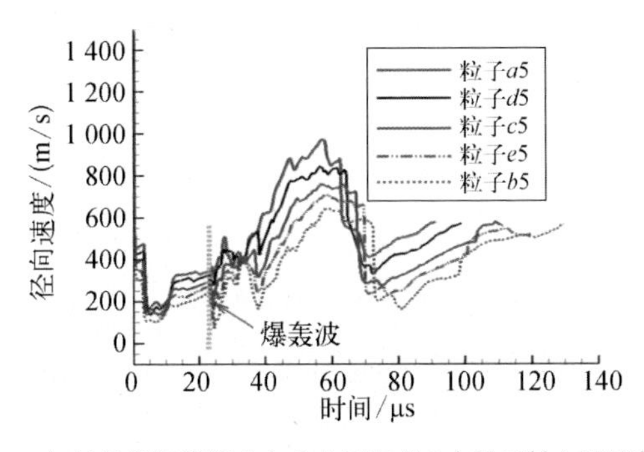

图6.33 初始位置沿半径方向分布不同的5个粒子轴向速度的变化

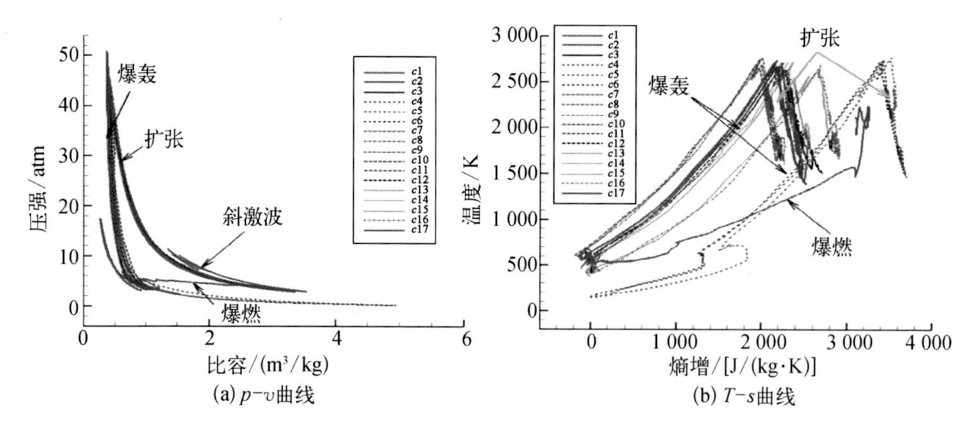

图6.34 （三维）初始位置在中间环面上的17个粒子的热力学曲线图

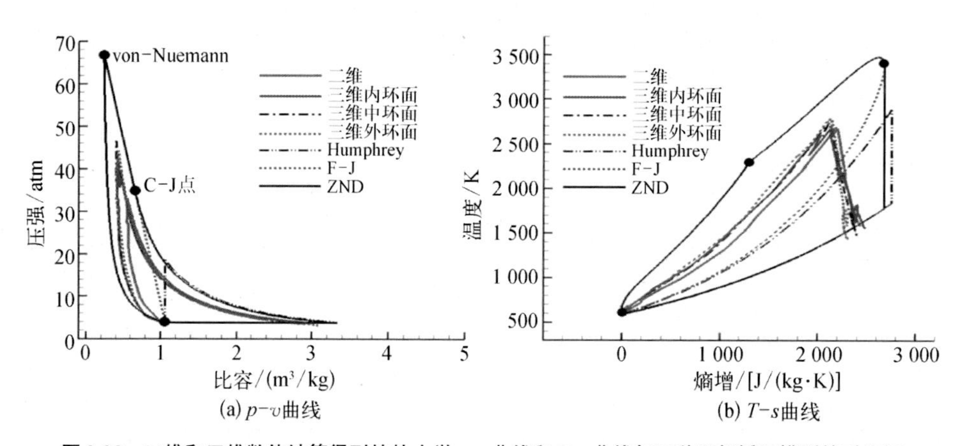

图6.36 二维和三维数值计算得到的热力学p-v曲线和T-s曲线与三种理想循环模型的对比图

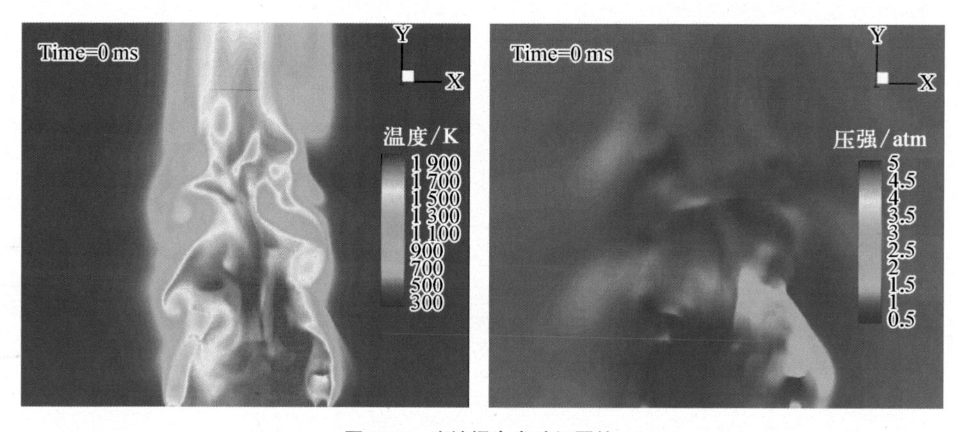

图9.15 连续爆轰发动机尾焰